Embryonenschutz und Klonen beim Menschen –
Neuartige Therapiekonzepte zwischen Ethik und Recht

RECHT & MEDIZIN

Herausgegeben von den Professoren
Dr. Erwin Deutsch, Dr. Adolf Laufs, Dr. Hans-Ludwig Schreiber

Bd./Vol. 81

PETER LANG
Frankfurt am Main · Berlin · Bern · Bruxelles · New York · Oxford · Wien

Martin Berger

Embryonenschutz und Klonen beim Menschen – Neuartige Therapiekonzepte zwischen Ethik und Recht

Ansätze zur Entwicklung eines neuen Regelungsmodells für die Bundesrepublik Deutschland

Unter besonderer Berücksichtigung der Rechtslagen in Großbritannien und der Schweiz sowie internationaler Regelungen und Vereinbarungen

PETER LANG
Europäischer Verlag der Wissenschaften

Bibliografische Information der Deutschen Nationalbibliothek
Die Deutsche Nationalbibliothek verzeichnet diese Publikation in der Deutschen Nationalbibliografie; detaillierte bibliografische Daten sind im Internet über <http://www.d-nb.de> abrufbar.

Zugl.: Göttingen, Univ., Diss., 2005

D 7
ISSN 0172-116X
ISBN-10: 3-631-55412-5
ISBN-13: 978-3-631-55412-8

www.peterlang.de

Meinen Eltern in Liebe und
großer Dankbarkeit

Vorwort

Die vorliegende Arbeit wurde als Dissertation bereits im Jahr 2002 in das Verfahren gebracht. Die mündliche Prüfung erfolgte dann im Jahr 2005, so dass eine gewisse Aktualisierung notwendig erschien. Zur Veröffentlichung im Jahr 2006 wurden die wesentlichen rechtlichen Änderungen, die noch nach Abgabe der Arbeit eingetreten sind, berücksichtigt. Auch wurde versucht, die zentrale neue Literatur auszuwerten und einzubringen. Die Vielzahl von Veröffentlichungen machte jedoch eine klare Schwerpunktsetzung notwendig. Hier sei vor allem die Neukommentierung des Art. 1 GG durch Herdegen im Grundgesetzkommentar von Maunz/Dürig erwähnt, die in dieser Arbeit auch ihre Würdigung findet. Der Beitrag berücksichtigt nunmehr die Rechtslage und ausgewähltes Schrifttum bis Anfang 2006.

Ich danke meinem sehr verehrten Doktorvater Herrn Prof. Dr. Dr. hc. mult. Hans-Ludwig Schreiber, der mir mit seiner großen Erfahrung für Fragen und Hilfestellungen wie aber auch mit vielen Anregungen zur Verfügung stand. Für die unkomplizierte Zurverfügungstellung medizinischer Grundlagen geht mein Dank an Herrn Prof. Dr. med. Axel Haverich, Leiter der Klinik für Thorax-, Herz- und Gefäßchirurgie der Medizinischen Hochschule Hannover. Ich danke meinem Zweitvotanten Herrn Prof. Dr. Harald Bogs für die schnelle Erstellung des Zweitgutachtens. Mein Dank gilt ebenfalls Herrn Prof. Dr. Dr. hc. mult. Erwin Deutsch und Herrn Prof. Dr. Dr. hc. Adolf Laufs für die Aufnahme in die Schriftenreihe.

Für großes Verständnis und Unterstützung in der Phase der Erstellung des Manuskriptes bin ich meinen Kollegen der „kwm - kanzlei für wirtschaft und medizin" dankbar.

Schließlich danke ich von Herzen meinen Eltern wie auch meinen Geschwistern deren in jeglicher Hinsicht gewährter Beistand und Rat mir eine große Hilfe war und ohne die die Erstellung der Arbeit nicht möglich gewesen wäre.

Berlin Juni 2006

Inhaltsverzeichnis

Einleitung

Seit der Geburt des Klonschafes „Dolly“ 1996 und der Entschlüsselung des menschlichen Genoms im Frühjahr 2001 sind die Fortschritte der Bio- und Gentechnologie aus den Schlagzeilen der Medien kaum mehr wegzudenken. Dabei stellt sich die mögliche Anwendung von Klonierungstechniken auf den Menschen nicht erst heute als eine diskussionswürdige und -bedürftige Praktik dar. Bereits in den dreißiger Jahren hatte der deutsche Zoologe Hans Spemann die Grundidee geäußert, „den Kern einer Ei- durch eine Körperzelle ersetzen zu wollen“. 1997 kündigte dann zunächst der amerikanische Forscher Richard Seed und später ein internationales Forscherteam um den italienischen Gynäkologen Antinori und den amerikanischen Reproduktionsmediziner Zavos sowie die Sekte der Raelianer an, zukünftig Menschen mittels der Zellkerntransfertechnik klonen zu wollen. Erste erfolgreiche Klonierungsexperimente bei Säugetieren (Mäusen) im Rahmen dieser Praktik sollen Ilmensee bereits Ende der siebziger Jahre gelungen sein, wobei der tatsächliche Erfolg in wissenschaftlichen Kreisen lange Jahre jedoch heftig bestritten wurde. Der erste Dammbruch zur Anwendung von Klonierungstechniken auf den Menschen erfolgte dann 1993: im November desselben Jahres erklärte der Washingtoner Wissenschaftler Jerry Hall, zuvor manipulierte und damit nicht entwicklungsfähige humane Embryonen im Wege des embryo-splitting erfolgreich geklont zu haben. Bei seinen Kollegen rief dieser Tabubruch keinerlei Empörung hervor. Halls Arbeit wurde sogar bei einem Kongress der American Fertility Society in Montreal mit einem Preis ausgezeichnet. Auch seit der Erzeugung von „Dolly“, dem ersten nachweisleich anhand Nukleustransfer geklonten Säugetier, gehen die Klonierungsexperimente mit ungebremsten Enthusiasmus weltweit erfolgreich weiter. Aus dieser Praktik resultierende Vorteile für die Nutztierzucht werden gegenwärtig schon in vielen Ländern anerkannt. Der Aufbau von Populationen bereits ausgestorbener Tierarten stellt als eine weitere mögliche Zielvorstellung noch nicht einmal die Spitze des Eisberges dar. Als viel größer erweist sich aber das Potential der Anwendung von Klonierungstechniken auf den Menschen sowohl für den Bereich der regenerativen Medizin als auch erst recht für die Reproduktionsmedizin. Im Januar 1999 berichteten koreanische Wissenschaftler bereits, dass sie menschliche Embryonen nach der Zellkerntransfertechnik kloniert hätten. Ergebnisse hierzu wurden jedoch niemals veröffentlicht. Nach dem Erreichen des vier-zell-Stadiums soll das Experiment dann abgebrochen worden sein.[1] Im November 2001 wurden dann erstmalig nachweisbar von der Firma ACT in Boston Embryonen mittels Zellkerntransfertechnik zu therapeutischen Zwecken erzeugt. Im Mai 2005 erschienen sodann die ersten Veröffentlichungen über die Gewinnung embryonaler Stammzelllinien aus im Wege des „therapeutischen Klonens“ gewonnenen Blastozysten[2], wobei sich jedoch im nachhinein herausstellen sollte, dass die Ergebnisse

[1] Baker, M. “Report casts doubt on Korean experiment“ in Science (1999) 283: 617-619.

[2] Hwang et al. 2005 „Patient-Specific Embryonic Stem Cells Derived from Human SCNT Blastocysts“, in *Science*, Vol 308, Issue 5729, 1777-1783.

gefälscht waren und tatsächlich keine einzige Stammzellline gewonnen werden konnte. Unabhängig davon wird die Notwendigkeit der Forschung mit menschlichen Embryonen zur Entwicklung neuer Therapiekonzepte schon seit geraumer Zeit in Deutschland heftig diskutiert. Vor dem Erlass des Embryonenschutzgesetzes im Dezember 1990 wurde nahezu ein gesamtes Jahrzehnt über den rechtlichen und moralischen Status des menschlichen Embryos gestritten. Restriktive Grenzziehungen des Embryonenschutzgesetzes im Bereich der Embryonenforschung schienen zumindest schon daher gerechtfertigt, als das herausragende Forschungsergebnisse durch die Forschung an menschlichen Embryonen nicht zu erwarten waren. Dieser Sachverhalt könnte sich nunmehr durch erste Ergebnisse der Stammzellenforschung grundlegend geändert haben. Mit der Berichterstattung von den naturwissenschaftlichen Forschritten wurde dem Medienkonsumenten in den Boulevardblättern wohl ein übertriebenes Bild von potenziellen Wunderwaffen gegen derzeit kaum oder überhaupt nicht behandelbare Krankheiten bis hin zur Unsterblichkeit des Menschen suggeriert, doch können erste Erfolge auch nicht hinweggeleugnet werden. Die Presseartikel zu diesen Themengebieten verlagern sich nunmehr stetig vom Feuilleton in den politischen Teil der großen deutschen Zeitungen. Die Forderungen in Richtung des Gesetzgebers, Regelungen zu schaffen, welche die neuesten bio- und gentechnologischen Fortschritte explizit aufgreifen, werden dabei auch unter den politischen Parteien heftig und kontrovers diskutiert. Hierbei stellt sich insbesondere die Frage, ob das Embryonenschutzgesetz von 1991 als strafrechtlich sanktionierende Regelung, den neuen naturwissenschaftlichen Standards noch gerecht zu werden vermag und eine effektive und konsequente Rechtsanwendung gewährleisten kann, bzw. eine rein strafrechtliche Regelung dieser Sachverhalte überhaupt noch zeitgemäß ist. So könnten sich mit Blick auf den 1994 neu eingeführten Art. 74 I Nr. 26 GG, der nunmehr dem Bundesgesetzgeber ausdrücklich die Gesetzgebungskompetenz für diese Bereiche einräumt, möglicherweise auch zivilrechtliche oder öffentlich-rechtliche bundesgesetzliche Regelungen dieser Materie als hinreichend erweisen. Des Weiteren stellt sich die Frage, inwieweit eine rechtliche Regelung in Deutschland von ausländischen und internationalen Regelungen beeinflussbar und auch abhängig ist. In diesem Zusammenhang werden die Regelungssysteme der Schweiz und Großbritanniens eingehend behandelt, da sie mit ihren gegensätzlichen Lösungen liberale sowie restriktive Ansätze zum Embryonenschutz in besonderer Weise zu verdeutlichen vermögen. Für eine spätere verfassungsrechtliche Analyse des Rechtsstatus des menschlichen Embryos kann und darf eine Auseinandersetzung mit ethischen und moralischen Prinzipien unseres Kulturkreises nicht übergangen werden. Eine ergebnisorientierte Aufarbeitung muss im Gegenteil ihre Grundlage in der Respektierung und Würdigung unabdingbarer Moralvorstellungen finden. Die Sorge, Menschen oder totipotente menschliche Zellen könnten zum bloßen Objekt des „Fortpflanzungswahns“ und zu medizinischen Rohstofflagern degradiert werden, steht bei den Gegnern im Vordergrund. Ambivalent hierzu können möglicherweise neue medizinische Behandlungstechniken jedoch bisherige Wertvorstellungen modifizieren. In Deutschland und Europa steht bei dieser

Deutschland und Europa steht bei dieser Kontroverse die Zulässigkeit der Forschung mit menschlichen Embryonen und das sog. therapeutische Klonen vornehmlich zur Diskussion. Diesem Bereich wird daher innerhalb dieser Arbeit besondere Beachtung geschenkt. Dabei geht es nicht allein um die mittels Klonierungstechniken erzeugte entwicklungsfähige Eizelle, sondern insbesondere auch um den aus menschlichen Keimzellen gewonnenen Embryo in seiner Rechtsstellung. Die Diskussion umfasst beim zugrundegelegten Sachverhalt drei verschiedene Fragestellungen, deren juristische Aufarbeitung schließlich auch das Ziel dieser Arbeit darstellt: Bedarf es strafrechtlicher Reglementierung im Bereich der verbrauchenden Forschung mit menschlichen Embryonen und totipotenten menschlichen Zellen und gilt dies auch, wenn diese Praktiken für die Forschung im Rahmen der regenerativen Medizin nach bisherigen Erkenntnissen äußerst vielversprechend sind?

Ist der Rückgriff auf Klonierungstechniken zum Zwecke der Vervielfältigung und Produktion von menschlichen Embryonen zu Forschungs- und medizinisch-therapeutischen Zwecken notwendiger Weise strafrechtlicher Regelung zu unterstellen?

Stellt sich die Klonierungstechnik als ein neues, juristisch vertretbares, Verfahren für die Fortpflanzungs- und Reproduktionsmedizin dar oder muss es strafrechtlich verboten sein?

Zu diesem Zweck setzt sich diese Arbeit eingehend mit den naturwissenschaftlichen Grundlagen auseinander und versucht auch, die nach dem gegenwärtigen Forschungsstand zu erwartenden Aussichten der Bio- und Gentechnologie im Bereich der Forschung mit humanen Stammzellen und der Anwendung von Klonierungstechniken auf den Menschen in dem erforderlichen Maß darzustellen. Insbesondere werden hierbei auch die für eine ethische und juristische Betrachtung wesentlichen Punkte, wie die frühe Embryogenese (Embryonalentwicklung), die Entwicklungsfähigkeit von embryonalen Stammzellen sowie mögliche Alternativmethoden zur Gewinnung vergleichbarer Zellstrukturen und Therapiekonzepte besonders berücksichtigt. Im zweiten Teil werden dann die einzelnen Forschungsbereiche im Hinblick auf den gegenwärtigen Meinungsstand unter dem Aspekt des ethischen Diskussionstandes betrachtet. Eine wertende Auseinandersetzung soll hier jedoch noch nicht erfolgen; ethische Diskussionsansätze werden aber bei der Bewertung des rechtlichen Status des menschlichen Embryos an der jeweilig für die Fragestellung bedeutsamen Stelle unter funktionalem Anspruch entfaltet. Die notwendige Betrachtung anderer Fachbereiche wird insgesamt nur im Überblick erfolgen und erhebt keinen Anspruch auf Vollständigkeit. Denn eine vertiefende und ergebnisorientierte Betrachtung kann allein durch einen fachlich ausgewiesenen Personenkreis von Spezialisten sowie interdisziplinären Gremien in seinen relevanten Kontexten dargestellt werden. Im Zentrum der Arbeit muss stattdessen die rechtliche Auseinandersetzung stehen. Dafür wird im Anschluss an die ethische Begutachtung zunächst die rechtliche Situation de lege lata in der Bundesrepublik Deutschland - unter Berücksichtigung der neuesten Rechtsetzungen mit dem

Stammzellgesetz - ausgearbeitet und eine rechtsvergleichende Darstellung von ausgewählten ausländischen Modellen und internationalen Regelungen und Vereinbarungen erfolgen. Anhand der gewonnenen Erkenntnisse werden die einschlägigen Regelungen des Embryonenschutzgesetzes und des Stammzellgesetzes daraufhin überprüft, ob sie den neuesten naturwissenschaftlichen Erkenntnissen und ebenfalls auch einem internationalen Regelungsstandard zu entsprechen vermögen. Abschließend wird versucht, Regelungsvorschläge zu erarbeiten, die anhand der gezogenen Ergebnisse, Lücken der derzeitigen Normierung schließen bzw. bestimmte Sachverhalte einem absoluten strafrechtlichen Verbot entheben sollen.

Bei der strafrechtlichen Bewertung der Forschung mit und der Gewinnung von humanen embryonalen Stammzellen sowie der Anwendung von Klonierungstechniken auf den Menschen, sind die Übergänge zu anderen strafrechtlich relevanten Sachverhalten, wie z.B. der Präimplantationsdiagnostik, der Hybrid- und Chimärenbildung wie auch der Manipulation menschlicher Keimbahnzellen oft fließend. So werden innerhalb dieser Arbeit Berührungen unausweichlich sein, wobei eine vertiefende Darstellung aufgrund der eigenen Komplexität dieser Themen aber nicht erfolgen wird.

1. Kapitel: Darstellung des naturwissenschaftlichen Sachverhaltes
A. Stammzellenforschung und „therapeutisches Klonen"

In den Rahmen dieser Arbeit fallen notwendigerweise verschiedene naturwissenschaftliche Sachverhalte. Zum einen bedarf es in Grundzügen der Darstellung der Forschung mit humanen *Stammzellen*, ferner der Quellen dieser Zellen sowie der mögliche therapeutische Nutzen. In diesen Bereich fällt auch das sog. „therapeutische Klonen", da es sich als Quelle der Stammzellgewinnung anbietet. Der Bereich des sog. „reproduktiven Klonens" fällt hingegen nicht in den Bereich der Stammzellenforschung zu therapeutischen Zwecken, sondern ist allein dem Bereich der Fortpflanzungs- und Reproduktionsmedizin zu unterstellen und ist daher in einem abgetrennten Punkt darzustellen.

Bei der Aufbereitung des naturwissenschaftlichen Sachverhaltes soll zunächst eine Klärung der Begrifflichkeiten mit Blick auf die Gebiete der Stammzellenforschung und des „therapeutischen Klonens" unter funktionalen Gesichtspunkten im Vordergrund stehen.

I. Der Begriff Stammzelle

Im Organismus eines Mehrzellers besteht zwischen den verschiedenen Zellverbänden eine Art Arbeitsteilung, wobei den einzelnen Zellen und Zellverbänden verschiedene Aufgabengebiete innerhalb des Organismus zugeteilt werden. Diese Zuteilung erfolgt durch *Differenzierung* der einzelnen Zellen in einen bestimmten Zelltyp. Ein ausgewachsener Mensch verfügt über ca. 10^{13} Zellen[3], wobei bei einer groben *histologischen* Kategorisierung zwischen ca. 200 verschiedenen Zelltypen unterschieden werden muss.[4] Die Gesamtheit dieser Zellen und Zelltypen hat dabei einen gemeinsamen Ursprung in einer Ur – Zelle, die am Anfang der Entwicklung des Organismus steht. Innerhalb der Weiterentwicklung von dieser Ur – Zelle bis hin zum lebensfähigen Organismus, werden mit jeder Zellteilung in den einzelnen Zellen biochemische Prozesse aktiviert, welche die Entwicklung der Zelle in einen bestimmten Gewebetyp bestimmen. Die Richtung der *Differenzierung* einzelner Zellen zu verschiedenen Zelltypen wird schon sehr früh, zumeist bereits während der *Embryogenese*, festgelegt. Die Festlegung zu einem bestimmten Gewebetyp ist zumeist irreversibel und bringt den Verlust der weiteren *Differenzierungsfähigkeit* einer Zelle mit sich.[5] Noch nicht ausdifferenzierte Zellen, aus denen durch Teilung wiederum eine undifferenzierte und eine zur Differenzierung fähige Zelle entstehen

---

[3] Schiebler, Histologie, S. 43.

[4] National Institutes of Health "Stem Cells: Scientific Progress and Future Research Directions" Chapter 1, S. 1.

[5] National Institutes of Health "Stem Cells: Scientific Progress and Future Research Directions" Chapter 1, S. 1.

können, werden als *Stammzellen* bezeichnet.[6] Diese Zellen lassen sich während der *Embryonal-* und *Fetalentwicklung* sowie auch im erwachsenen Organismus und sogar in bestimmten *Tumoren* finden. Die Möglichkeit der Isolierung dieser wandlungsfähigen Zellen eröffnet für die regenerative wie auch reproduktive Medizin weitreichende Perspektiven.

II. Das Entwicklungs- und Differenzierungspotential von Stammzellen

Stammzellen können in verschiedenen Gewebetypen und Entwicklungsstufen beim Menschen gefunden und auch isoliert werden. Obwohl verschiedene Formen von Stammzellen in jeder Entwicklungsstufe im menschlichen Organismus vorliegen, sind diese in ihren Fähigkeiten oftmals nicht miteinander vergleichbar. Die Unterschiede bezüglich des *Differenzierungs-* und *Entwicklungspotentials* verschiedenartig gewonnener Stammzellen ist teilweise erheblich. Dies liegt daran, dass sich einige Stammzellarten im Laufe der Entwicklung eines Organismus in einem gewissen Grad auf bestimmte Gewebeformen spezialisieren und sie nur noch einen vorprogrammierten Aufgabenbereich ausführen können. Die Fähigkeit dieser zwar noch undifferenzierten Zellen kann sich dabei auf einen einzigen Differenzierungsweg beschränken; hierbei handelt es sich dann um *sog. unipotente* oder auch *monopotente Stammzellen.* So werden z.B. die *Epidermiszellen* der Haut aus einer Lage solcher *unipotenten Stammzellen* produziert. Der erwachsene Organismus verfügt jedoch auch über Stammzellen, welche die Fähigkeit besitzen, sich in verschiedene Körperzelle differenzieren zu können; sie sind *pluripotent.*[7] Hierzu gehören insbesondere Stammzellen, die aus dem Knochenmark isoliert werden können und für die Regeneration aller Blutzellen zuständig sind. Eine andere Zellart, aus der sich der frühe Embryo zusammensetzt, hat jedoch ein sehr viel weitergehendes *Differenzierungs-* und *Entwicklungspotential.* So können sich aus den ersten Zellen des frühen Embryos bis hin zu einem bestimmten Entwicklungsstadium in der Embryonalentwicklung nicht nur alle Formen von Körperzellen bilden, sondern es ist die Entwicklung zu einem harmonischen Organismus möglich. Die Fähigkeit einer isolierten Zelle nicht nur jede Gewebeform zu bilden, sondern sich zu einem lebensfähigen Organismus entwickeln zu können, wird als *totipotent* bezeichnet.[8] Diese Fähigkeit der einzelnen Zellen bzw. einer Zellmehrheit lässt jedoch mit zunehmender Entwicklung des frühen Embryos nach.

Pluripotente Zellen finden sich aber auch bei bestimmten Tumorarten, den sog. *Teratomen* und *Terato-Karzinomen.*[9] *Teratome* und *Terato-Karzinome* entstehen spontan,

---

[6] Pschyrembel, S.1494.

[7] National Institutes of Health "Stem Cells: Scientific Progress and Future Research Directions" Chapter 1, S. 1.

[8] Römpp-Lexikon, S. 791.

[9] Denker „Embryonale Stammzellen und ihre ethische Wertigkeit" in: Jahrbuch für Wissenschaft und Ethik 5 (2000), S. 291 (292).

zumeist in den Eierstöcken oder Hoden. Die Entartung des Gewebes ist bei diesen Tumorarten darauf zurückzuführen, dass der *Keimbahn* nahestehende Zellen beginnen, unkontrolliert andersartige Gewebearten zu produzieren.[10] Diese Zellen werden auch *embryonale Karzinomzellen (EC-Zellen)* genannt.

III. Grundzüge der frühen Embryonalentwicklung unter Berücksichtigung der Differenzierung embryonaler Zellen

Die natürliche Entstehung eines Embryos setzt zunächst immer die Verschmelzung der weiblichen und männlichen Keimzellen, der sog. *Gameten*, voraus. Dabei enthält das *Zytoplasma* der weiblichen Eizelle, der *Oozyte*, alle notwendigen Programmierungsfaktoren, die für die frühe Embryonalentwicklung wesentlich sind. Das männliche Spermium hingegen nimmt an dieser Entwicklungsperiode nur geringfügig teil. Im wesentlichen obliegt der männlichen Keimzelle die Aufgabe, den väterlichen Chromosomensatz bei der Befruchtung mit dem weiblichen Chromosomensatz zu verbinden. Sowohl die männliche als auch die weibliche Eizelle verfügen jeweils nur über einen *haploiden Chromosomensatz*. Bei der Verschmelzung von Eizelle und Samenzelle kommt es zur Verbindung und Vermischung dieser beiden *haploiden* zu einem *diploiden*, also zweistrangigen, Chromosomensatz.[11] Bei der Befruchtung muss die Samenzelle die äußere steife Proteinhülle der weiblichen Eizelle durchdringen. Durch das Eindringen des Spermiums in die Eizelle werden biochemische Reaktionen ausgelöst, die den Beginn der Embryonalentwicklung einleiten.[12] Aus dem Zellkern der *Oozyte* bildet sich nun der *sog. weibliche Vorkern.*[13] Ebenso entwickelt sich der Zellkern der männlichen Keimzelle in der Eizelle zum *sog. männlichen Vorkern.*[14] Beide Vorkerne durchlaufen zunächst eine *DNA – Reduplikation*, wodurch die jeweils 23 *Chromosomen* ein zweites *Chromatid* erhalten. Die Membrane der Vorkerne lösen sich auf und es entsteht für kurze Zeit ein vereinigter neuer Kern, dessen Bildung das Ende der Befruchtung darstellt.[15] Hierbei wird bereits das Geschlecht des neuen Organismus bestimmt.[16] Mit dem Abschluss der Befruchtung wird die Eizelle als *Zygote* bezeichnet.[17] Die nun folgenden Zellteilungen im Inneren der *Zygote* stellen das *Furchungsstadium* dar.[18] Die dabei innerhalb der *Zy-*

[10] Pschyrembel, S. 1556.
[11] Sadler, S. 33.
[12] Christ/Wachter, S. 22.
[13] Christ/Wachter, S. 22.
[14] Christ/Wachter, S. 22.
[15] Viebahn „Achsenbildung und Individuation“ in: Jahrbuch für Wissenschaft und Ethik 5 (2000), S. 277 (280).
[16] Sadler, Medizinische Embryologie, S. 33.
[17] Viebahn „Achsenbildung und Individuation“ in: Jahrbuch für Wissenschaft und Ethik 5 (2000), S. 277 (280); Sadler, S. 36.
[18] Viebahn „Achsenbildung und Individuation“ in: Jahrbuch für Wissenschaft und Ethik 5 (2000), S. 277 (281).

gote neuentstehenden Zellen heißen *Blastomeren.*[19] Während dieser Zellteilungsphase wird kein weiteres *Zytoplasma* gebildet, d.h. der Embryo wächst trotz der Zellteilungen nicht.[20] Etwa drei Tage nach der Befruchtung erreicht die Zygote das *16–Zell–Stadium* und sieht wie eine Maulbeere aus; das sog. *Morulastadium* ist erreicht.[21]

Am ca. 4. Tag nach der Befruchtung kommt es zu einer Hohlraumbildung innerhalb des Zellhaufens. Hierdurch wird das *sog. Blastozystenstadium* eingeleitet. Durch den Hohlraum, die *sog. Blastozystenhöhle*, wird der Embryo in zwei asymmetrische Abschnitte zerteilt. Innerhalb des einen Teils finden sich die Zellen der inneren Zellmasse zum *sog. Embryoblast* zusammen. Aus diesem Zellgewebe entwickelt sich der spätere Fötus.[22] Den anderen Teil der Blastozyste macht die *Blastozystenhöhle* selbst aus. Ummantelt wird die *Blastozyste* von einer einschichtigen Zelllage, dem *Trophoblast.* Aus diesem bildet sich später das *extraembryonale* Hilfsgewebe, wie z.B. die *Plazenta.*[23]

Isoliert man einzelne Zellen aus dem Zellverband des frühen Embryos, so kann sich aus einer solchen ein vollständiges Individuum entwickeln. Die einzelnen Zellen sind somit zunächst *totipotent.*[24] Noch nicht abschließend geklärt ist, bis zu welchem Entwicklungsstadium die *Totipotenz* anhält. Gegenwärtig wird jedoch in der Entwicklungsbiologie davon ausgegangen, dass die *Blastomeren* beim Menschen zumindest im *2 – 4 Zellen Stadium* regelmäßig noch die Möglichkeit haben, sich jeweils isoliert in einen vollständigen und lebensfähigen Organismus differenzieren zu können. Die zufällige Abspaltung einzelner isolierter Zellen in diesem Stadium kann daher noch zur Mehrlingsbildung führen. Ab dem *4 Zell* – bis hin zum sog. *Blastozystenstadium* geht man dann davon aus, dass die Zellen in ihrem Differenzierungspotential einbüßen. Nach derzeitigen naturwissenschaftlichen Erkenntnissen ist der Differenzierungsgrad ab dem *8 - Zell - Stadium* schon derart hoch, dass eine Entwicklung einer einzelnen entnommenen Zelle zu einem harmonischem Organismus kaum mehr möglich ist.[25] Eine Mehrlingsbildung aus den einzelnen *Blastomeren* wird von diesem Entwicklungsstadium an ausgeschlossen. Daher wird ab dieser Entwicklungsphase von manchen Medizinern vom Beginn des individuellen menschlichen Lebens gesprochen.[26] Die *Embryoblastzellen* können sich isoliert je-

---

[19] Christ/Wachter, S. 23.
[20] Viebahn „Achsenbildung und Individuation" in: Jahrbuch für Wissenschaft und Ethik 5 (2000), S. 277 (281).
[21] Sadler, S. 36.
[22] Sadler, S. 36.
[23] Viebahn „Achsenbildung und Individuation" in: Jahrbuch für Wissenschaft und Ethik 5 (2000), S. 277 (281).
[24] Christ/Wachtler, S. 25.
[25] Beier „Zur Problematik von Totipotenz und Pluripotenz" in: Humane Stammzellen, S. 62f; ders. „Zum Sinn des Klonens: die Erkenntnisse über natürliche und experimentelle Totipotenz ebnen den weg neue Perspektiven in der Transplantationsmedizin" in nova acta leopoldina 2000; 83: 37 – 54.
[26] Christ/Wachtler, S. 25.

doch noch nahezu in jede beliebige Gewebeform differenzieren, sie sind daher *pluripotent.*[27]

Am ca. sechsten Tag nach der Befruchtung beginnt sich die *Blastozyste* in die innere Oberfläche der Gebärmutter einzunisten. Im Verlauf der zweiten Woche versinkt sie dann in der Gebärmutterschleimhaut. *Der Embryoblast* flacht dabei ab und teilt sich in zwei Schichten; es entsteht die *sog. zweiblättrige Keimscheibe.* Hierbei wird die Rücken-Bauch-Achse als erste Achse des Körpers gebildet. Auch während dieser Phase ist das embryonale Zellgewebe der Keimscheibe noch in der Lage verlorenes Gewebe zu reproduzieren. Eine spontane Teilung des Zellgebildes kann daher noch zur Zwillingsbildung führen. Diese Fähigkeit entspringt jedoch nicht mehr dem Potential einer einzelnen Zelle, sondern obliegt dem gesamten Zellverband. Nur im harmonischen Zusammenwirken einer Vielzahl von Zellen ist bei der Teilung der Keimscheibe die *Totipotenz* noch gegeben.[28] Am ca. 11. Tag p.c. ist die *Nidation* (Implantation) abgeschlossen.[29] In der weiteren Entwicklung schränkt sich von nun an die Fähigkeit des Zellverbandes verlorengegangenes Gewebe zu reproduzieren immer weiter ein.

Am ca. 16 Tag nach der Befruchtung bildet sich dann die dreiblättrige Keimscheibe, aus deren Keimblättern sich alle weiteren Entwicklungsstrukturen für die *Organo-* und *Histogenese* des Embryos ableiten. In diesem Stadium ordnen sich die Gewebeanlagen entsprechend dem Körperbauplan an und die Körperachsen werden definitiv festgelegt. Die einzelnen Zellschichten der Keimscheibe sind dabei schon soweit differenziert, dass ihnen jeweils ein eigenes weiteres Entwicklungsprogramm zukommt. So ist die mittlere Schicht der primitiven Keimblätter, das *Mesoderm,* für die Entwicklung der Muskulatur und des Bindegewebes des Körpers zuständig. Dabei bildet sich zunächst eine lockere, raumfüllende dreidimensionale Zellmasse, das sog. *Mesenchym* (auch embryonales Bindegewebe genannt), und schließlich Knorpel, Knochen und Fasergewebe sowie das Urogenital- und das Gefäßsystem mit Herz, Blutgefäßen und Blutzellen.[30] An der Außenseite der Keimscheibe liegt das sog. *Ektoderm.* Die in dieser Zellschicht enthaltenen Zellen haben sich zur Bildung der Oberflächenstruktur und der Sinnesorgane sowie des zentralen Nervensystems und der Kopfstrukturen differenziert.[31] Bei der dritten Zellschicht handelt es sich um das sog. *Entoderm,* das die Urdarmröhre bildet. Aus dem *Entoderm* entstehen in der weiteren Entwicklung der gesamte Verdauungsapparat und die mit ihm in Verbindung stehenden Drüsen und Organe. Hierzu gehören die Speicheldrüsen, Leber und Bauchspeicheldrüse sowie die Lunge, Luftröhre und der Vorderlappen der Hypophyse.[32] In diesem Stadium zeichnen sich somit die grundlegenden Zelldifferenzierungen für die weitere Entwicklung des Organismus bereits

---

[27] Christ/Wachtler, S. 28.
[28] Beier „Zur Problematik von Totipotenz und Pluripotenz" in: Humane Stammzellen, S. 55 (58).
[29] Schiebler, Anatomie, S. 104.
[30] Römpp-Lexikon, S. 505.
[31] Pschyrembel, S. 404.
[32] Römpp-Lexikon, S. 240.

ab. Abgespaltenes Zellmaterial kann von nun an nur noch begrenzt erneuert werden, eine Aufspaltung des Zellgebildes zu totipotenten Gewebeverbänden ist nicht mehr möglich.

IV. Die embryonale Stammzelle und die Herstellung von embryonalen Stammzelllinien

Embryonale Stammzellen (ES – Zellen) konnten erstmalig 1981 aus einem Mäuseembryo gewonnen werden.[33] Der Begriff der *embryonalen Stammzelle* ist aber bis heute noch nicht einheitlich definiert. Unter anderem werden hierunter die aus dem *Embryoblast,* also dem Inneren der Zellmasse der *Blastozyste,* entnommene, *in vitro* konservierbaren Zellen verstanden.[34] Derartige Zellen konnten 1998 auch beim Menschen isoliert werden.[35] Die Entnahme von Zellen aus der *Blastozyste* zur *in vitro* Kultivierung von *ES – Zelllinien* beschränkt sich dabei beim Menschen auf den Zeitraum vom 4. – 6. Tag p.c. und bietet sich an, wenn die Masse der *Blastozyste* ungefähr eine Größenordnung von 100 - 200 Zellen in ihrem Inneren aufweist. Da für die Isolierung des Zellverbandes innerhalb der *Blastozyste* die äußere *Trophoblastschicht* zerstört werden, muss, können *ES – Zellen* nur *in vitro* gewonnen werden.[36] *ES – Zellen* verfügen über einen normalen unveränderten *diploiden Chromosomensatz* und besitzen die Eigenschaft, sich bei der Implantation in einen Organismus schnell differenzieren zu können. Bereits 1994 ist es im Tierversuch gelungen, innere Zellmasse aus der *Blastozyste* zu isolieren und sie für zwei Zellteilungen *in vitro* zu kultivieren.[37] In neueren Versuchen konnten auch menschliche *ES – Zellen* isoliert und über mehrere Monate in Kultur aufbewahrt werden.[38] Anhand von Versuchen mit *murinen ES – Zellen* hat sich gezeigt, dass sogar Konservierungen über mehrere Jahre möglich sind. Während der Kultivierung dieser *ES – Zellen* konnte zusätzlich beobachtet werden, dass *in vitro* gehaltene *ES – Zellen* ihr Differenzierungspotential nicht einbüßen und sich in alle Ableitungen von *Mesoderm, En-*

[33] Evans et a. 1981.

[34] Thomson et al. 1998; Viebahn „Achsenbildung und Individuation während der embryonalen Entwicklung des Menschen" in: Jahrbuch für Wissenschaft und Ethik 5 (2000), S. 277 (286); Auf die anderen Formen isolierbarer differenzierungsfähiger embryonaler Zelllinien, die in Form embryonaler Keimzellen (EG-Zellen) vorliegen können, wird im Folgenden noch eingegangen. Bereits an dieser Stelle sei erwähnt, dass innerhalb dieser Abhandlung als *ES-Zellen* jedoch nur die aus der *Blastozyste* isolierten in vitro kultivierten Zellen bezeichnet werden.

[35] Thomson et al. 1998.

[36] Denker „Embryonale Stammzellen und ihre ethische Wertigkeit" in: Jahrbuch für Wissenschaft und Ethik 5 (2000), S. 291 (296).

[37] Bongso et al. 1994.

[38] Thomson et al. 1998; Gearheart 1998.

toderm und *Ektoderm* entwickeln können;[39] sie besitzen daher grundsätzlich die Fähigkeit, sich in jede Art von Körperzellen entwickeln zu können.[40]

Die aus der *Blastozyste* gewonnenen *ES – Zellen* sind somit zumindest *pluripotent.*[41] Da *ES – Zellen* jedoch bereits einen gewissen Differenzierungsgrad erreicht haben, wird von vielen Forschern davon ausgegangen, dass sich aus ihnen kein gesamter Organismus mehr entwickeln kann, sie somit nicht mehr *totipotent* sind.[42] Gegen eine vorschnelle Kategorisierung von *ES – Zellen* zu nicht *totipotenten* Zellen erheben manche Wissenschaftler jedoch Einwände.[43] Lässt man Kulturen von *ES - Zellen in vitro* sehr dicht wachsen, bilden sich spontan sog. *embryoid bodies.* Hierbei handelt es sich um Zellverbände, die Embryonen im *Postimplantationstadium* äußerlich sehr ähneln. Bei der Züchtung eines solchen *embryoid body* aus *ES – Zellen* eines *Weißbüschelaffens* konnte 1996 sogar die Bildung einer Struktur aus zwei Keimblättern beobachtet werden.[44] Darin könnte möglicherweise der Beginn einer weiteren Embryonalentwicklung aus dem *embryoid body* liegen, wodurch Anzeichen für eine *Totipotenz* von *ES – Zellen* bestehen würden. Gegen eine solche Annahme spricht beim gegenwärtigen Erkenntnisstand jedoch, dass eine Implantation eines aus *ES – Zellen* erzeugten *embryoid body* in den Uterus keine weitere Embryonalentwicklung *in vivo* herbeiführt.[45] Hinzu kommt, dass diese Beobachtungen nur bei Zellverbänden von *ES – Zellen* gemacht wurden, bei einzelnen ES – Zellen ist dieses Phänomen hingegen nicht aufgetreten.[46] Anhand dieser Gesichtspunkte kann gegenwärtig nicht von einer *Totipotenz* einzelner *ES – Zellen* ausgegangen werden.

Durch die Zugabe von Biomolekülen lässt sich die Differenzierung dieser *pluripotenten* Zelllinien in bestimmte Gewebestrukturen in der Petrischale bereits steuern.[47] Des weiteren verfügen *ES - Zellen* über die Eigenschaft, sich selbst erneuern zu können.[48] Es ist daher bereits möglich, *ES – Zellen in vitro* nahezu beliebig weiterzuvermehren.[49] Diese besondere Fähigkeit bringt den Vorteil mit sich, dass man

---

[39] Lanza et al. 1999.

[40] Thomson et al. 1998; Eine Übersicht mit den bisherigen *in vitro* gezüchteten Zelltypen aus *ES – Zellen,* bei Rohwedel „Neue Perspektiven für Zell und Gewebeersatz“ in: Zeitschrift für medizinische Ethik 2001; 47: 213 (222).

[41] Thomson et al. 1998; Viebahn „Achsenbildung und Individuation während der embryonalen Entwicklung des Menschen” in: Jahrbuch für Wissenschaft und Ethik 5 (2000), S. 277 (286).

[42] Gearheart „Potential der Stammzellenforschung“ in: Humane Stammzellen, 7 (14); Problematisiert wird ein mögliche Totipotenz von embryonalen Stammzellen von Denker „Embryonale Stammzellen und ihre ethische Wertigkeit: Aspekte der Totipotenz“ in: Jahrbuch für Wissenschaft und Ethik 5 (2000).

[43] Denker „Die ethische Wertigkeit embryonaler Stammzellen“ in: Jahrbuch für Wissenschaft und Ethik, S. 297ff.

[44] Thomson et al. 1996.

[45] Gearheart „Potential der Stammzellenforschung“ in: Humane Stammzellen, S. 21.

[46] Beier „Zur Problematik von Totipotenz und Pluripotenz“ in: Humane Stammzellen, S. 65.

[47] Viebahn „Achsenbildung und Individuation während der embryonalen Entwicklung des Menschen” in: Jahrbuch für Wissenschaft und Ethik 5 (2000), S. 277 (286).

[48] Gearheart „Potential der Stammzellenforschung“, in: Humane Stammzellen, S. 9.

[49] Gearheart „Potential der Stammzellenforschung“, in: Humane Stammzellen, S. 9.

embryonales Gewebe nicht ständig neu gewinnen muss.[50] Diese bisherigen Erkenntnisse über *ES - Zellen* wurde jedoch bisher zum größten Teil nur am Mausmodell erarbeitet. Inwieweit diese bei *murinen ES – Zellen* erzielten Ergebnisse auch bei *humanen ES – Zellen* erreicht werden können, ist momentan noch nicht nachhaltig gesichert. Es steht jedoch zu erwarten, dass diese über ein ähnliches Differenzierungspotential verfügen, wie die *murinen ES – Zellen.*[51]

Das Differenzierungs- und Entwicklungspotential von *ES – Zellen* ist nach derzeitigem Erkenntnisstand unabhängig davon, ob der Embryo im Wege der Kernverschmelzung, also auf natürliche Art und Weise erzeugt oder biotechnologisch durch *Zellkerntransfer* hergestellt wird.[52] Ob und inwieweit es zukünftig in der regenerativen Medizin zum Einsatz von *ES – Zellen* kommen wird, ist gegenwärtig noch fraglich. Die medizinische Forschung geht aufgrund der steuerbaren Wandlungsfähigkeit jedoch davon aus, dass *ES – Zellen* u.a. für die Erforschung neuer Therapiemöglichkeiten bisher nur unzureichend behandelbarer Krankheiten neue Dimensionen eröffnen können.

Für die spätere ethische und juristische Auseinandersetzung mit diesem Thema ist ein weiterer Punkt von großer Relevanz: Die Gewinnung und Herstellung von ES – Zelllinien verhindert ein weitere Entwicklung der *Blastozyste.* Durch immunchemische Verfahren werden die äußeren *Trophoblastzellen* der *Blastozyste* aufgelöst, was zur Zerstörung bzw. zu späteren Unimplantierbarkeit des Embryos in den weiblichen *Uterus* führt.[53] Der verbrauchende Eingriff in einen menschlichen Embryo ist zur Erzeugung von menschlichen *ES – Zellen* daher gegenwärtig noch unabdingbare Voraussetzung.

V. Quellen zur Gewinnung von ES - Zellen

1. Gewinnung von ES – Zellen aus Embryonen nach in-vitro-Fertilisation

Eine Möglichkeit der Gewinnung embryonaler Stammzellen liegt darin, bereits existenten Embryonen, die in ihnen enthaltenen *Blastomeren* zur Erzeugung von *ES – Zellen* zu entnehmen. Hierfür könnte auf Embryonen zurückgegriffen werden, die nach einer *in-vitro-Fertilisation* übriggeblieben sind. Trotz der strengen Regelungen des ESchG und der Richtlinien der Ärztekammer zur assistierten Reproduktion kann es vorkommen, dass *in vitro* erzeugte Embryonen, z.B. auf Grund von Krankheit oder Versterbens der Mutter, nicht mehr in den Mutterleib implantiert werden

---

[50] Gearheart „Potential der Stammzellenforschung", in: Humane Stammzellen, S. 8.

[51] Haverich/Martin „Potential adulter Stammzellen: Kann auf die Verwendung embryonaler Stammzellen verzichtet werden?, S. 22 f; Thomson et al. 1998.

[52] Munsie et al. 2000.

[53] Heinemann, „Klonierung menschlicher embryonaler Stammzellen" in: Jahrbuch für Wissenschaft und Ethik 5 (2000), S. 259 (260), ders. „Gewinnung und Verwendung humaner embryonaler Stammzellen" in Gesundheitswesen 2001; 63: 2 (3); in diesem Sinne auch die DFG – Empfehlung vom Mai 2001, Naturwissenschaftliche, ethische und juristische Hintergründe, S. 3f.

können. In Deutschland beläuft sich die Anzahl *kryokonservierter* imprägnierter Eizellen, die sich noch im *sog. Vorkernstadium* befinden, auf mehrere 10.000 Stück.[54] Dagegen ist die Anzahl der sog. „verwaisten Embryonen", bei denen bereits die Verbindung der Chromosomensätze stattgefunden hat, wesentlich geringer. Gegenwärtig geht man bundesweit von ca. 15 *kryokonservierten* Embryonen aus, die faktisch nicht mehr in den Uterus der Eizellspenderin implantiert werden können. Mit den aus der *IVF – Behandlung* übriggebliebenen Embryonen und imprägnierten Eizellen könnte somit eine Basis für die Gewinnung humaner embryonaler Stammzelllinien geschaffen werden.

Die Isolierung von *ES – Zellen* aus übriggebliebenen befruchteten Eizellen führt jedoch nicht zur Gewinnung *autologer* (körpereigener) *ES – Zellen.* Die Verwendbarkeit so gewonnener *ES - Zellen* zu therapeutischen Zwecken ist voraussichtlich damit nur eingeschränkt, da aufgrund der *Histoinkompatibilität* bei der Transplantation von Gewebeverbänden außerhalb des Gehirns mit großen Abstoßungsreaktionen zu rechnen und daher die Vergabe von *Immunsuppressiva* angezeigt sein wird. Zur Verhinderung von Abstoßungsreaktionen könnte sich zukünftig eher der Rückgriff auf nach Zellkerntransfer gewonnenen *ES - Zellen* oder reprogrammierten *AS – Zellen* anbieten.

Uneingeschränkt sind beim jetzigen Forschungs- und Erkenntnisstand *ES – Zellen,* unabhängig von ihrer Herkunft, für die Erkenntnisgewinnung über das Proliferations- und Differenzierungspotential von humanen *ES – Zellen,* einen potenziellen therapeutischen Einsatz sowie über Entwicklungsfehler während der *Embryogenese* nutzbar. Ethische Bedenken und eine juristische Bewertung nach dem ESchG werden hierzu im folgenden noch abgehandelt.

2. Das „therapeutische Klonen"

Wie soeben dargelegt kann die Erzeugung von ES – Zellen aus IVF-Blastozysten erfolgen. Ein anderer Weg zur Gewinnung von ES-Zellen ergibt sich aus der Möglichkeit Blastozysten im Rahmen des Klonens und aus eben diesen Blastozysten wiederum ES-Zellen zu gewinnen.[55]

Die Praktik des „therapeutischen Klonens" oder des sog. „Forschungsklonens" ist bei weitem komplexer, als der Begriff selbst herzugeben vermag. Denn nicht allein die Technik des Klonens verdient besondere Aufmerksamkeit, sondern auch der therapeutische Einsatz des Klons, d.h. die Verwendung des so gewonnen Embryos in der Forschung für die regenerative Medizin.

---

[54] Nach Angaben des BGM handelte es sich Anfang 2001 um 61.370 Stück, nach Angaben des zentralen IVF Registers um lediglich 32.123 Stück. Von 1998 – 2000 sollen jedenfalls 126.721 Vorkernstadien *kryokonserviert* worden sein, Quelle: Zweiter Teilbericht der Enquete-Kommission „Recht und Ethik in der modernen Medizin", Ziff. 3.1.1, S. 69, BT-DS **14**/7546.

[55] Hwang et al. 2005 „Patient-Specific Embryonic Stem Cells Derived from Human SCNT Blastocysts", in *Science*, Vol 308, Issue 5729, 1777-1783.

a) Der Begriff „Klon"

Ein Klon ist eine von einem gemeinsamen Ursprung abgeleitete Population, wobei alle Mitglieder des Klons genidentisch sind. Es kann sich hierbei um einen bloßen Zell- oder DNA- Klon aber auch um einen Klon eines anderen Organismus handeln.[56] Im Allgemeinen wird unter dem Klon eines Individuums ein auf asexuellem Wege erzeugter, genetisch identischer, also erbgleicher Organismus verstanden.[57] Grundsätzlich kann die Entstehung von Klonen ein natürlicher biologischer Vorgang sein; so stellt sich die Zellteilung als natürlicher Vermehrungsmechanismus von Bakterien und auch höherer Mikroorganismen wie Hefen und Pilzen dar.[58] Aber auch innerhalb der Flora erfolgt die Vervielfältigung teilweise durch Spross- und Ablegerbildung, wobei es sich ebenfalls um einen Fall der Zellteilung und somit um Klonierung handelt.[59] So findet die Bezeichnung Klon ihren tatsächlichen Ursprung auch in der Pflanzenzucht, da sie dem Griechischem entstammt und „Spross" oder „Zweig" bedeutet.

Die Vermehrung bei den Wirbeltieren erfolgt dagegen allein aufgrund bisexueller Vorgänge; bei den Säugern bedeutet dies, dass zur Befruchtung die Verschmelzung von *Ei- und Samenzelle* notwendig ist, wobei durch die Verschmelzung der jeweils *haploiden Chromosomensätze* der elterlichen Keimzellen ein neuer *diploider Chromosomensatz* mit einer eigenen genetischen Information entsteht.[60] Der Abkömmling eines Wirbeltieres kann bei einem natürlichen Fortpflanzungsvorgang somit niemals genidentisch mit seiner Parentalgeneration sein. Trotzdem ist auch unter den Wirbeltieren die Bildung von Klonen möglich: so stellt sich der eineiige Zwilling bei der Gattung des *homo sapiens* regelmäßig als der natürliche Klon seines Zwillingsgeschwisters dar.[61] Dieses natürliche Phänomen entsteht dadurch, dass in der Embryonalentwicklung eine spontane Aufspaltung des frühen Embryos erfolgt und sich somit die einzelnen Teile unabhängig voneinander zu eigenständigen Individuen entwickeln können.[62] Bei vielen Wirbeltierarten handelt es sich hierbei sogar um einen regelmäßig auftretenden Vorgang bei der Fortpflanzung. Grundsätzlich muss bei dieser natürlichen Entstehung von Klonen jedoch festgestellt werden, dass die Individuen zwar den gleichen *Genotyp* aufweisen, also die Individuen das gleiche Erbgut besitzen, jedoch müssen die vom *Genotyp* beeinflussten äußeren

---

[56] Römpp-Lexikon, S. 438; Kollek „Klonen ist Klonen – oder nicht?" in „Hello Dolly"?, S. 23.

[57] Eser et al. „Biologische Grundlagen und ethisch-rechtliche Bewertung", in „Hello Dolly", S. 223 (224).

[58] Römpp-Lexikon, S. 438; Eser et al. „Biologische Grundlagen und ethisch-rechtliche Bewertung", in „Hello Dolly?", S. 223 (224); Rendtorff et al., Ziff. 1.1.

[59] Römpp-Lexikon, S. 438; Eser et al. „Biologische Grundlagen und ethisch-rechtliche Bewertung", in „Hello Dolly?", S. 223 (225); Kollek „Klonen ist Klonen – oder nicht?" in „Hello Dolly?", S. 22f.

[60] Sadler, S.33.

[61] Eser et al. „Biologische Grundlagen und ethisch-rechtliche Bewertung", in „Hello Dolly?", S. 223 (225).

[62] Sadler, Medizinische Embryologie, S. 121.

Merkmale nicht identisch sein. Dieser sog. *Phänotyp* eines Individuums ergibt sich nicht allein aus den genetischen Anlagen, sondern wird zu einem großem Teil auch durch Entwicklungsbedingungen, wie z.B. die auf das Individuum einwirkenden Umweltfaktoren beeinflusst.[63]

b) Die technische Bildung von Klonen

Der Fortschritt in der Biotechnologie lässt es jedoch bereits seit geraumer Zeit zu, dass neben der natürlichen Entstehung von Klonen, Gene und sogar genidentische Individuen durch gezielte technische Eingriffe vervielfältigt werden können. Für die Vervielfältigung gesamter Organismen wurden verschiedene Techniken entwickelt, die teilweise bereits in den frühesten Entwicklungsstufen eines Individuums ansetzen oder es sogar erlauben, die genetische Information eines bereits existenten oder sogar schon verstorbenen Individuums zu reproduzieren.

aa) Exkurs: Das „embryo- splitting"

Eine Möglichkeit der Vervielfältigung genetischen Erbgutes, sogar von ganzen Individuen, ist das sog. *embryo–splitting*. Hierbei handelt es sich um den Fall einer künstlichen Mehrlingsbildung.[64]

Eine Variante dieser Praktik zur künstlichen Erschaffung eineiiger Zwillinge setzt in der frühesten Entwicklungsphase des Embryos, in dem sog. *Zwei-Zellen-Stadium*, an. In diesem Entwicklungsstadium sind die *Blastomeren* noch *totipotent*, sodass jede einzelne Zelle die Fähigkeit besitzt, sich alleine zu einem eigenen Organismus zu entwickeln.[65] Innerhalb dieser Periode wird eine Isolierung von *Blastomeren* vorgenommen, um diese sich einzeln zu einem vollständigen Organismus entwickeln zu lassen.[66]

Eine andere Möglichkeit, die auch in den Bereich des *embryo–splitting* fällt, ist die Teilung der *Keimscheibe* bzw. des *Embryoblasten*. Die künstliche Erzeugung von Mehrlingen ist in diesen Stadien noch möglich, da der frühe Embryo in der Lage ist, verlorenes Gewebe entsprechend nachbilden zu können.[67] So ist es daher durchführbar, während des *Blastozystenstadiums*, in dem Teil der *Blastocyste*, aus dem sich der Embryo weiterentwickelt, eine Teilung vorzunehmen, sodass sich die Anzahl der Embryonen theoretisch mit der Teilungsquote im *Embryoblast* beeinflussen lässt. Die Teilung der *Keimscheibe* führt den gleichen Effekt herbei.[68]

---

[63] Eser et al. „Biologische Grundlagen und ethisch-rechtliche Bewertung", in „Hello Dolly?", S. 223 (225).
[64] Kollek „Klonen ist Klonen – oder nicht?" in „Hello Dolly?", S. 23.
[65] Christ/Wachtler, S. 25.
[66] Kollek „Klonen ist Klonen – oder nicht?" in „Hello Dolly?", S. 23.
[67] Sadler, S. 121.
[68] Kollek „Klonen ist Klonen – oder nicht?" in „Hello Dolly?", S. 23.

Beide Techniken ermöglichen also die künstliche Erzeugung von Mehrlingen; mit keiner dieser Techniken ist es jedoch möglich, ein bereits entstandenes lebendes oder bereits verstorbenes Individuum zu reproduzieren bzw. seine DNA zu vervielfältigen oder überhaupt Embryonen mit einer fremden DNA herzustellen. Beim *embryo-splitting* handelt es sich schon gegenwärtig um eine häufig angewandte Technik in der Rinderzucht.[69]

bb) Der „Zellkerntransfer"

Allein die Klonierungstechnik des *sog. Zellkerntransfers* (*Somatic Cell Nuclear Transfer*) lässt es derzeit jedoch zu, nicht allein künstlich Mehrlinge zu erstellen, wobei zunächst eine Kernverschmelzung und somit die Beteiligung einer männlichen Keimzelle unabdingbar ist, sondern einen nahezu genidentischen und entwicklungsfähigen Abkömmling eines bereits existenten Zellgebers auf asexuellem Wege zu entwickeln.

Beim *Zellkerntransfer* wird die genetische Information eines Spenderindividuums in eine entkernte weibliche Eizelle eingepflanzt. Hierzu wird eine vollständige ausdifferenzierte, *sog. somatische*, Zelle des Zellkernspenders mit der entkernten weiblichen Eizelle, der *Oozyte*, des Eispenders verschmolzen.[70] Aufgrund des *diploiden Chromosomensatzes*, der nun in der Eizelle vorhanden ist, liegt ein der Befruchtung entsprechender Zustand vor und die Eizelle kann zur Zellteilung angeregt werden. Ebenso wie bei der natürlichen Befruchtung führt auch der Zellkerntransfer zur Entwicklung einer Zygote, die in ihrem Inneren *totipotente* Stammzellen enthält. Ein vollständiger Organismus kann sich somit entwickeln. Erste Forschungen ermöglichten allein das Klonen mittels Zellkerntransfer, wenn es sich bei der *Donator-Eizelle* um eine *embryonale* oder *fetale* Zelle gehandelt hat.[71] Nach derzeitigem Erkenntnisstand können aber auch bereits bestimmte hochdifferenzierte Körperzellen in der Eizelle eine Reprogrammierung erfahren und entwickeln sich zu einer der *totipotenten Blastozyste* entsprechenden Zelle zurück.[72] Somit ist der Zellkerntransfer nunmehr auch mit *adulten Zellen* möglich. Nach dieser Methode ist auch das Klonschaf Dolly erzeugt worden.[73] Im Tierversuch zeigte sich dann, dass bei einer normalen Zellteilung und Embryonalentwicklung ein Heranwachsen bis zu einem *extrauterin* lebensfähigen Individuum möglich ist. Allerdings waren bei den bisher durchgeführten Tierversuchen die Erfolgsquoten bis zu diesem Stadium hin äußerst gering, so wurden für die Erzeugung von Dolly 277 fusionierte Embryonen verbraucht.[74] Vielfach werden auch schwere Missbildungen, Aborte und Totgebur-

[69] Wolf „Kerntransfer und Reprogrammierung" in: Humane Stammzellen, S. 83 (85).
[70] Wilmut et al. 1997; Wakayama et al. 1998.
[71] Campbell et al. 1996.
[72] Wakayama et al. 1998; DFG – Stellungnahme 1999, S.3; Kollek „Klonen ist Klonen – oder nicht?" in „Hello Dolly?", S. 25 u. 26.
[73] Wilmut et al 1997.
[74] Wilmut et al. 1997.

ten bei der Anwendung dieser Technik beobachtet. Die meisten Fehlbildungen sind dabei genetisch bedingt und Folge von Fehlern bei der Reprogrammierung der geklonten Zelle.[75]

Zu beachten ist bei dieser Klonierungstechnik weiterhin, dass der Abkömmling nicht zu hundert Prozent das gleiche genetische Erbgut in sich trägt wie der *Zelldonator.*[76] Der Grund hierfür liegt darin, dass der Abkömmling genau genommen zwei genetische Vorfahren hat; zum einen ist dort der Spender der *somatischen Zelle*, die mit der entkernten *Oozyte* verschmolzen wird, zum anderen der Spender der *enucleirten Eizelle.*[77] Genetische Informationen enthält die Eizelle aber nicht allein in ihrem Zellkern: so befindet sich in dem *Mitochondrium*, der Energieversorgungseinheit der Zelle, weiteres Erbgut in Form eines kleinen *Genoms.*[78] Grundsätzlich wird die *mitochondriale DNA* der *Oozyte*, also eben die der Mutter, an den Nachkömmling weitergegeben.[79] Nach dem derzeitigen Erkenntnisstand ändert sich daran auch nichts, wenn wie beim *Zellkerntransfer* eine ganze *somatische Zelle* mit einer eigenen *mitochondrialen DNA*, in die entkernte Eizelle implantiert wird. Auch in diesem Fall wird die *mitochondriale DNA* der Eizelle an den Abkömmling weitergegeben. Es handelt sich somit nur um im Kerngenom identische Wesen. Zwar ist diese genetische Abweichung insgesamt als verschwindend gering zu beurteilen[80], trotzdem liegt bei genauer Betrachtung tatsächlich eine Form eines sog. *Chimären*[81], also eines Individuums mit genetisch verschiedenen Gewebebestandteilen, vor[82]. Für den weiteren Entwicklungsprozess des Individuums sind die daraus resultierenden Konsequenzen jedoch noch nicht bekannt. Festgestellt werden kann jedoch beim Zellkerntransfer, dass sich die *genomischen* Kopien auffällig unähnlicher sehen, als es bei *monozygoten* Zwillingen der Fall ist. Ob diese Unterschiede allein auf die *mitochondriale DNA* zurückzuführen sind, ist beim jetzigen Forschungsstand noch ungeklärt.[83]

cc) Gewinnung von ES – Zellen durch „therapeutisches Klonen"

Beim *therapeutischen Klonen* handelt es sich also zunächst ebenfalls um die künstliche Erzeugung eines menschlichen Embryos mittels Zellkerntransfertechnik. Tatsächlich liegt somit auch hier die Klonierung des Erbgutes eines bereits existenten Organismus vor. Die Entwicklung eines neuen Individuums wird jedoch gerade nicht

---

[75] Young et al. 2001; Wolf „Kerntransfer und Reprogrammierung" in: Humane Stammzellen, S. 83 (89f).

[76] Evans et al. 1999.

[77] Evans et al. 1999.

[78] Evans et al. 1999; Eser et al. „Biologische Grundlagen und ethisch-rechtliche Bewertung", in „Hello Dolly?", S. 223 (230).

[79] Christ/Wachtler, S. 20.

[80] Eser et al. „Biologische Grundlagen und ethisch-rechtliche Bewertung", in „Hello Dolly?", S. 223 (230).

[81] Römpp-Lexikon, S. 153.

[82] Evans et al. 1999.

[83] Wolf, „Kerntransfer und Reprogrammierung" in: Humane Stammzellen, S. 83 (85f.).

bezweckt. Ziel des therapeutischen Klonens ist es, dem frühen Embryo Zellen zu entnehmen, um daraus *ES – Zellen* zu gewinnen und diese zur Forschung für die regenerative Medizin zu nutzen und möglicherweise in der Zukunft zu therapeutischen Zwecken beim Menschen einzusetzen. Hierbei will man sich insbesondere zu Nutze machen, dass eine *somatische Zelle* anscheinend durch Verpflanzung in eine Eizelle auf den Status einer frühembryonalen Zelle reprogrammiert werden kann.[84] So können zum einen Embryonen auf asexuellem Weg erstellt, zum anderen embryonale Zellen mit einer der *Donator – Zelle* nahezu gleichen genetischen Information erzeugt werden. Auf diesem Weg erhofft man sich, die mögliche *Histoinkompatibilität* (Abstoßungsreaktionen), die derzeit bei der Transplantation fremden Gewebes regelmäßig auftritt, umgehen zu können.[85]

Der Begriff *therapeutisches Klonen* ist dabei äußerst irreführend. Die Klonierung selbst hat keinen therapeutischen Wert, sondern erst die Verwendung des geklonten Embryos zu medizinischen Forschungszwecken bzw. die Entnahme von Zellen zur Herstellung von *ES – Zelllinien* und deren Weiterzüchtung zu speziellen Gewebearten *in vitro* für Einsätze zu Forschungs- und zukünftig zu therapeutischen Zwecken in der regenerativen Medizin. Aus diesem Grunde wird häufig der Begriff „Forschungsklonen" anstelle der Bezeichnung „therapeutisches Klonen" verwendet.

Ein großer praktischer Nachteil bei der Gewinnung *autologer Spenderzellen* durch das sog. therapeutische Klonen liegt jedoch darin, dass für eine hinreichende Bedarfsdeckung eine Vielzahl von Spendereizellen notwendig wird.[86] Ihre Beschaffung bringt unter anderem aufgrund der im Vorfeld erforderlichen starken Hormonbehandlung bei der potenziellen Spenderin und der Entnahme der Zellen weitere medizinische, juristische und ethische Probleme mit sich.

3. Embryonale Stammzellen und Zellkerntransfer in ihrer Bedeutung für die medizinische Forschung

Gegenwärtig ist noch nicht geklärt, inwieweit der Einsatz von *ES – Zellen* zu therapeutischen Zwecken überhaupt möglich sein wird. Zumindest ist es zwischenzeitlich gelungen aus humanen *Nukleustransferblastozysten* embryonale Stammzelllinien zu züchten.[87] Es kristallisieren sich aber bereits jetzt bestimmte Bereiche der regenerativen Medizin heraus, bei denen eine genaue Erforschung des Potentials von *ES – Zellen* angezeigt scheint.

---

[84] Munsie et al. (2000).

[85] Munsie et al. (2000).

[86] Wobus, „Entwicklungspotenz embryonaler Stammzellen – Gegenwärtige und zukünftige Anwendungen" in nova acta leopoldina 2000; 83: 59 (71); Prelle „Embryonale Stammzellen – Grundlagen und Perspektiven in der Humanmedizin" in: Zeitschrift für medizinische Ethik 2001; 47 :227 (233).

[87] Hwang et al. 2005 „Patient-Specific Embryonic Stem Cells Derived from Human SCNT Blastocysts", in *Science*, Vol 308, Issue 5729, 1777-1783.

a) Forschung mit humanen Stammzellen im Bereich der Transplantationsmedizin und tissue engineering

Grundsätzlich besitzen die meisten Organe und Gewebeverbände im entwickelten menschlichen Körper die Möglichkeit zur Selbstregeneration, wenn sie durch Krankheiten oder Verletzungen geschädigt wurden. Liegen jedoch Krankheitsverläufe oder Gewebebeeinträchtigungen vor, die eine Eigenregeneration der geschädigten Gewebepartien ausschließen, bleibt vielfach nur noch die Möglichkeit der Transplantation von gesunden Organen oder Zellgewebe. Seit über 35 Jahren wird daher in Deutschland Transplantationsmedizin betrieben, wobei besonders in neuerer Zeit die Lebenserwartung und Qualität bei vielen Patienten trotz der teilweise hohen Vergabe von *Immunsuppressiva* stark verbessert werden konnte. Der Bedarf an Transplantaten übersteigt die Zahl der zur Verfügung stehenden Spenderorgane aber bei weitem. Ungefähr nur die Hälfte des jährlichen Mindestbedarfes an Organen kann jährlich transplantiert werden. Die *Mortalitätsrate* der auf den Wartelisten stehenden Patienten liegt bei ca. 20 - 30 %. Hinzu kommt, dass auch bei der Transplantation von Spenderorganen schwerwiegende Nebenwirkungen, wie z. B. die Bildung maligner Tumore, die Entstehung unkontrollierbarer Infektionen sowie starke Abstoßungsreaktionen trotz hochdosierter Vergabe von *Immunsuppressiva* auftreten können. Die Forschung mit *ES – Zellen* verspricht für die Transplantationsmedizin Möglichkeiten zur Überwindung dieser Engpässe und Nebenwirkungen. Ob mit *ES - Zellen* jemals ganze Organe *in vitro* erzeugt werden können, scheint bei dem gegenwärtigem Forschungsstand noch fraglich.[88] Vielversprechender scheint im Moment das sog. *tissue engineering* zur *extrakorporalen* Züchtung von einzelnen Zell- und Gewebekulturen. Das auf diese Weise gewonnene Gewebe könnte dem Patienten implantiert und so geschädigtes Gewebe ersetzt oder zur Selbstregeneration angeregt werden. So konnten zunächst im Tierversuch auf diesem Wege u.a. bereits spontan und synchron pulsierende Herzmuskelzellen gewonnen[89] und mit regenerativem Erfolg in geschädigte Bereiche injiziert werden.[90] Diese Untersuchungsergebnisse fanden ihre Bestätigung auch an späteren Forschungen mit menschlichen *ES-Zellen*.[91] *ES - Zellen* könnten hierfür in nahezu unbegrenzter Zahl *in vitro* erzeugt werden, wodurch das derzeitige Problem der Begrenztheit von Gewebe umgangen werden könnte. Des Weiteren könnte der Einsatz von *ES - Zellen* es ermöglichen, die Zellen in Kultur zu solchen Organzellen auszudifferenzieren,

---

[88] Oliver Brüstle „Dem Leid zu Liebe" im Rheinischen Merkur 7/2001, S. 33.

[89] Wobus, „Entwicklungs- und Differenzierungspotential von Stammzellen" in: Humane Stammzellen, S. 71 (73).

[90] „Stammzell-Ersatz nach Herzinfarkt" in FAZ vom 5. Dezember 2001, Nr. 283/S. N1 u. N2.

[91] Heng et al. (2005). Comments about possible use of human embryonic stem cell-derived cardiomyocytes to direct autologous adult stem cells into the cardiomyogenic lineage. Acta Cardiol
Smits et al.(2005). The role of stem cells in cardiac regeneration. J Cell Mol Med.
Reppel et al. (2004). Beta-adrenergic and muscarinic modulation of human embryonic stem cell-derived cardiomyocytes. Cell Physiol Biochem.

deren künstliche Gewinnung derzeit noch nicht möglich ist. Die dritte große Hoffnung für die Transplantationsmedizin liegt darin, dass bei durch Zellkerntransfer gewonnenen *ES - Zellen* aufgrund des nahezu identischen Genmaterials keine Abstoßungsreaktionen des Transplantatempfängers und gleichzeitigen Zellspenders gegen das Transplantat auftreten.[92]

b) Ausblicke für die Behandlung neurodegenerativer Erkrankungen

Neue Therapieansätze zur Behandlung *neurodegenerativer* Erkrankungen werden von einigen Wissenschaftlern als der zentrale Nutzen der Forschung mit *ES-Zellen* angesehen.[93] Der Grund liegt darin, dass Nervenzellen bei höheren Säugetieren und auch beim Menschen nur sehr bedingt regenerationsfähig sind. Bis vor wenigen Jahren wurde sogar noch davon ausgegangen, dass alle Nervenzellen bereits kurz nach der Geburt nicht mehr teilungsfähig sind und degenerierte Zellen somit überhaupt nicht mehr ersetzt werden können.

Bei den meisten neurodegenerativen Erkrankungen wie *Morbus Parkinson, Multiple Sklerose, Morbus Alzheimer, Chorea Huntington* liegt der Krankheitsauslöser im Verlust von Nervenzellen, die nicht reproduziert können. Für die Behandlung dieser Erkrankungen ist die Züchtung komplexer Gewebeeinheiten oder sogar ganzer Organe nicht notwendig. Alleine die Wiederherstellung der geschädigten Organpartien durch Transplantation von Zellgewebe, das die ausgefallenen Zellen wieder ersetzen kann, könnte als Therapie ausreichend sein. Bisherige Forschungen mit fetalen Zellen erwecken den Anschein, dass der Verlust der Nervenzellen tatsächlich kompensiert und der Krankheitsverlauf sogar gestoppt werden kann.[94] Der Bedarf an Stammzellen, die sich in die jeweils notwendigen Zellen differenzieren können, ist aber äußerst hoch. Zur Behandlung der Parkinsonschen Krankheit wurde den Patienten in ersten Versuchen spezielles Hirngewebe abgetriebener Feten eingepflanzt, um so eine Population von *dopaminproduzierenden* Nervenzellen wieder herzustellen. In vielen Fällen konnte unter dieser Behandlung zunächst eine Besserung des Gesundheitszustandes der Probanden festgestellt werden. Das Problem dieser Behandlungsmethode für eine breite Anwendung in der Zukunft liegt zum einen jedoch in der großen Menge an hierfür benötigten fetalen Zellen. Bei der Implantation von fetalen Vorläuferzellen zu *dopaminbildenden* Zellen wurde zum Teil Zellgewebe von mehr als 7 Feten verbraucht.[95] Zum anderen scheint es im Mo-

---

[92] Haverich, „Reproduktion von Geweben und Organen" in: Humane Stammzellen, S. 23 (34f); Brüstle, „Embryonale Stammzellen – Perspektiven für die Transplantationsmedizin" in: Humane Stammzellen, S. 107 (114); Heinemann „Klonierung menschlicher embryonaler Stammzellen" in: Jahrbuch für Wissenschaft und Ethik (2000), S. 259 (262).

[93] Gearhart 1998, Brüstle "Embryonale Stammzellen – Perspektiven für die Transplantationsmedizin" in: Humane Stammzellen, S. 105 (105ff).

[94] Freed et al. 1999; NBAC "Ethical Issues in Human Stem Cell Research, Vol. I, Report and Recommendations" (1999), S. 21.

[95] Brüstle „Embryonale Stammzellen – Perspektiven für die Transplantationsmedizin" in: Humane Stammzellen, S. 107 (108).

ment fraglich, ob die Implantation fetaler Zellen tatsächlich zur Verbesserung des Gesundheitszustandes führt bzw. nicht schwerwiegendere Nebenfolgen zu erwarten sind. Die Verwendung und Züchtung von Zellen der geschädigten Zellpartien aus *ES - Zellen* könnte eine Lösung zur Beschaffung dieser Zelllinien sein. Neueste Studien zur Parkinsonschen Krankheit an der Madison-University eröffnen aber noch weitere Perspektiven zur Behandlung von neurodegenerativer Erkrankungen. So ist es im Tierversuch bereits möglich, isolierte *ES - Zellen* durch die Zugabe von speziellen Differenzierungs- und Wachstumsfaktoren zum Beispiel zu *dopaminausschüttenden* Nervenzellen umzufunktionieren. Es steht somit zu erwarten, dass zukünftig in Kultur verschiedene Typen von Nervenzellen produziert werden können. Die Implantation so gewonnener und vordifferenzierter *ES - Zellen* sowie die Injizierung so erzeugter *neuraler* Vorläuferzellen in Tiermodellen hat ebenso bewiesen, dass sich diese Zellen entsprechend den aus dem Gehirn gewonnenen Vorläuferzellen verhalten und eine Regeneration geschädigter Gewebeeinheiten auf diesem Wege tatsächlich möglich ist. Auch erscheinen erste Versuche zur Erstellung von *sog. Stütz- oder Gliazellen* vielversprechend[96]; hieraus ergeben sich wiederum neue therapeutische Perspektiven für die Behandlung der *multiplen Sklerose.* Auch bei anderen neurodegenerativen Erkrankungen lassen erste Forschungsergebnisse mit *ES – Zellen* auf zukünftige neue und effektivere Behandlungsmethoden hoffen. Die Transplantation fetalen Gewebes hat bereits gezeigt, dass die Abstoßungsreaktionen nur gering sind und die Gabe von *Immunsuppressiva* über einen längeren Zeitraum nicht notwendig ist. Eine noch geringere *Histoinkompatibilität* wird bei der Verwendung von *ES - Zellen* erwartet. Teilweise wird daher die Verwendung von *autologer* Zelllinien aus mittels Zellkerntransfer gewonnener Stammzellen daher zumindest in diesem Zusammenhang nicht unbedingt für notwendig gehalten.

c) Mögliche Anwendungsgebiete im Bereich der Krebstherapie

In der Krebsforschung besteht die Hoffnung, menschliche *ES – Zellen* zur Regeneration des durch die Krebstherapie zerstörten Zellgewebes einsetzen zu können. Derzeit werden hierfür Stammzellen aus dem Knochenmark benutzt. *Autologe* Spenden kommen dabei jedoch nur bei Tumorfreiheit des Restgewebes in Betracht. Gewebeverträgliche Fremdspenden sind nur unter größten Schwierigkeiten zu beschaffen. Von dem Einsatz *ES – Zellen* verspricht man sich die gesamte Wiederherstellung des Immunsystems und die Umgehung der bisher notwendigen Knochenmarkstransplantation.[97] Durch die Zellkerntransfertechnik könnten die mit der Gewebeunverträglichkeit verbundenen Probleme möglicherweise behoben werden.

---

[96] Brüstle et al. 1999.

[97] NBAC "Ethical Issues in Human Stem Cell Research, Vol. I, Report and Recommendations" (1999), S. 21.

d) Weitere mögliche Anwendungsbereiche

Die Forschung mit *ES-Zellen* bietet der Sammlung neuer Erkenntnisse im Rahmen der Embryogenese neue Möglichkeiten. Stadien der Zell- und Embryonalentwicklung ließen sich mit *ES – Zellen in vitro* verfolgen und bestimmen, die Schwierigkeiten der *in vivo* Untersuchung und Erforschung von Fehlern und Krankheiten im Embryonalstudium könnten hierdurch umgangen und neue Therapieansätze zur Behandlung von Schädigungen und Krankheiten im Embryonal- und Fetalstadium erforscht werden.[98]

Auch bieten *ES – Zellen* neue Versuchsansätze im Bereich der Pharmakologie. So kann die direkte Wirkung von Umwelteinflüssen, Toxen oder neuen Medikamente auf dafür künstlich differenziertes Zellgewebe bereits *in vitro* erprobt werden.[99] So zeigten aus *ES – Zellen* gewonnene *Kardiomyozyten* die gleichen Reaktionen bei der Behandlung mit pharmakologischen Präparaten wie Herzzellen, die sich im Organismus entwickeln.[100] Dies hätte des Weiteren eine Reduktion von Tierversuchen sowie eine zuverlässigere Quelle zur Gewinnung von Daten in klinischen Versuchen zur Folge.[101]

e) Exkurs II: Einsatz des Zellkerntransfers bei mitochondrialen Erkrankungen der Mutter

Der Zellkerntransfer könnte sich auch als wirksames Mittel gegen vererbbare *mitochondriale* Erkrankungen darstellen. Die *mitochondriale DNA* der Mutter wird immer auf den Nachkömmling vererbt. Leidet die Mutter an einer *mitochondrialen* Erkrankung, so wird diese daher regelmäßig auch das Kind betreffen. Derzeit sind ca. 50 *mitochondriale* Erkrankungen bekannt, die auf diesem Weg zur Folgegeneration weitergegeben werden. Um eine Übertragung dieser Krankheit auf das Kind zu verhindern, könnte sich ebenfalls der Zellkerntransfer anbieten. Dafür müsste der Zellkern aus der mütterlichen, *mitochondrial* kranken, *Oozyte* entfernt und in eine gesunde Spendereizelle eingepflanzt werden. Diese neue Eizelle könnte dann im Wege der *in-vitro-Fertilisation* mit der Samenzelle des Partners befruchtet und in die Gebärmutter der Zellkernspenderin implantiert werden. Die gezeugten Embryonen würden dann ihre *Zellkern - DNA* von der Mutter und ihrem Partner erhalten, die

---

[98] Wobus „Entwicklungspotenz embryonaler Stammzellen – gegenwärtige und zukünftige Anwendungen" in nova acta leopoldina 2000; 83: 59 (68); NBAC "Ethical Issues in Human Stem Cell Research, Vol. I, Report and Recommendations" (1999), S. 21.

[99] Wobus, „Entwicklungspotenz embryonaler Stammzellen – gegenwärtige und zukünftige Anwendungen" in nova acta leopoldina 2000; 83: 59 (69); NBAC "Ethical Issues in Human Stem Cell Research, Vol. I, Report and Recommendations" (1999), S. 23.

[100] Wobus, „Entwicklungspotenz embryonaler Stammzellen – gegenwärtige und zukünftige Anwendungen" in nova acta leopoldina 2000; 83: 59 (69).

[101] Haverich/Martin „Potential adulter Stammzellen: Kann auf die Verwendung embryonaler Stammzellen verzichtet werden?" S. 11.

gesunde *mitochondriale - DNA* dagegen von der Eizellen Spenderin.[102] Diese Technik könnte aber auch im Bereich der Fortpflanzungsmedizin eingesetzt werden, wenn altersbedingt Eizellen nicht mehr befruchtet werden können. Der Zellkern dieser Zellen könnte dann jüngeren Eizellen zum Zwecke der *in-vitro-Fertilisation* injiziert und später in den Uterus der Zellkernspenderin implantiert werden.

4. Alternative Forschungsansätze und Gewinnungsmethoden humaner Stammzellen

Differenzierungsfähige Stammzellen finden sich aber nicht nur im embryonalem Zellgewebe. Auch stellt sich der Zellkerntransfer nicht als die einzige Möglichkeit zum Rückgriff auf humane *Blastozysten* zur Gewinnung von *ES –Zellen* dar. Zumindest wird gegenwärtig an verschiedenen Möglichkeiten geforscht um auf alternative Art und Weise *ES – Zellen* oder vergleichbare Zellen gewinnen zu können.

a) Primordiale Keimzellen

Auch aus dem Zellgewebe von abgetriebenen oder abgegangenen Feten konnten differenzierungsfähige Zellen gewonnen werden.[103] Von besonderer Bedeutung sind hierbei die *sog. primordialen Keimzellen*, menschliche Urkeimzellen und Vorläufer der späteren Geschlechtszellen; hierbei handelt es sich um *pluripotente* Zellen, die *in vitro* zu *sog. embryonic germ cells (EG Zellen)* verarbeitet werden können.[104] *EG - Zellen* stellen sich somit als eine Sonderform von *ES – Zellen* dar. Versuche mit Mäusen haben gezeigt, dass diese Zellen einer *Blastozyste* wieder implantiert werden können und eine normale Embryonalentwicklung möglich ist.[105] *EG – Zellen* verfügen somit ebenfalls über das Potential, sich nahezu in jede Körperzelle entwickeln zu können. Im Hinblick auf ihre Morphologie und ihr Differenzierungspotential sind diese Zellkulturen bei Konservierung in Kultur somit mit den *ES - Zellen* aus der *Blastozyste* wohl vergleichbar.[106] Bisherige Versuche an Mäusen zeigen jedoch, dass *in vivo* hinsichtlich des Differenzierungs- und Entwicklungspotentials zu *ES – Zellen* deut-

---

[102] ausführlich hierzu der Donaldson – Report, S. 27 f, Ziff. 2.45 ff.

[103] Shamblott et al. 1998; Beier „Zum Sinn des Klonens: die Erkenntnisse über natürliche und experimentelle Totipotenz ebnen den weg neue Perspektiven in der Transplantationsmedizin" in nova acta leopoldina 2000; 83: 37 (48); vielfach werden diese Zelle auch als *embryonale Stammzellen* bezeichnet, ein klare Differenzierung in der Benennung dieser Zellen und der einer *Blastozyste* entnommenen *ES – Zellen* drängt sich jedoch insbesondere auf Grund ihrer verschiedenartigen ethischen Wertigkeit (dazu im Folgenden ausführlich) auf; aus diesem Grunde wird dieser Zelltyp im Rahmen dieser Abhandlung allein unter der Bezeichnung *EG – Zellen* geführt.

[104] Shamblott et al. (1998); Heinemann, Thomas, Klonierung menschlicher Stammzellen, Jahrbuch für Wissenschaft und Ethik 5 (2000), S. 259 (261); ders. „Gewinnung und Verwendung humaner Stammzellen" in Gesundheitswesen 2001; 63: 2 (3).

[105] Stewart et al. 1994.

[106] Beier „Zur Problematik von Totipotenz und Pluripotenz" in: Humane Stammzellen, S. 55 (67).

liche Unterschiede nachweisbar sind.[107] Teilweise wurden bei Reimplantation auch Entwicklungsstörungen beobachtet.[108] Über das tatsächliche Proliferations- und Differenzierungspotential werden derzeit nur Vermutungen getätigt, dass es begrenzter als das von *ES – Zellen* ist.[109] Ein Grund könnte hierfür für das Fehlen des *Imprinting* der *EG – Zellen* darstellen.[110] Welche Folgen eine *in vivo* Anwendung beim Menschen haben könnte, ist derzeit unklar. Teilweise wird die Verwendbarkeit von diesen *EG – Zellen* zu therapeutischen Zwecken deshalb auch bezweifelt.[111]

Die Isolierung von *EG – Zellen* aus abgestorbenen Feten erweist sich im Moment noch als sehr viel problematischer als die Gewinnung von *ES – Zellen*.[112] Erschwerend kommt hinzu, dass ca. 60 % der Spontanaborte die Folge von *fötalen* und 20 % von *chromosomalen* Abnormitäten sind.[113] Vermögen sich Stammzellen mit genetischen Defekten noch für bestimmte Experimente als nützlich zu erweisen, so erscheint es jedoch höchst fraglich, ob sich solche Zellen auch zur Gewebezucht und zu einem therapeutischen Einsatz verwenden lassen.[114] Zudem können *EG – Zellen* nur bis zur ca. achten Schwangerschaftswoche gewonnen werden, Spontanaborte während dieser Zeit treten jedoch zumeist außerhalb der Kliniken auf. Bei Überlegungen *EG – Zellen* auch im therapeutischen Bereich einzusetzen, muss schließlich noch bedacht werden, dass die Probleme der *Histoinkompatibilität* nicht umgegangen werden können.[115]

b) Adulte Stammzellen und ihre klinische Verwendbarkeit

Eine Alternative zur Forschung mit *ES – Zellen* könnte in der Verwendung sog. *adulter Stammzellen (AS – Zellen)* liegen.[116] So liegen regelmäßig auch in ausdifferenzierten Gewebeformen Stammzellen vor und konnten bereits aus bestimmten Gewebeeinheiten, wie Knochenmark, Hirn, Haut und Blut, gewonnen werden.[117] Vielfach wurde in der Vergangenheit angenommen, dass *AS – Zellen* nur sehr eingeschränkt differenzierungsfähig und auf die Entwicklung einzelner Zelllinien festge-

---

[107] Heinemann „Gewinnung und Verwendung humaner Stammzellen" in Gesundheitswesen 2001; 63: 2 (3).
[108] Kato et al. 1999.
[109] Shamblott et al. 2001.
[110] Kato et al 1999.
[111] Heinemann „Gewinnung und Verwendung humaner Stammzellen" in Gesundheitswesen 2001; 63: 2 (3).
[112] Haverich/Martin, S. 27.
[113] Boue J. et al 1995.
[114] DFG – Empfehlung vom Mai 2001, Naturwissenschaftliche, ethische und juristische Hintergründe, S. 8.
[115] DFG – Empfehlung vom Mai 2001, Naturwissenschaftliche, ethische und juristische Hintergründe, S. 9.
[116] Einen Überblick liefert Heinemann „Gewinnung und Verwendung humaner Stammzellen" in Gesundheitswesen 2001; 63: 2 (5).
[117] Anderson et al. 2001.

legt sind.[118] Tatsächlich aber können sich bestimmte Arten von *AS – Zellen* in eine Vielzahl verschiedener Gewebetypen entwickeln[119] und sogar annähernd über ein entsprechendes Entwicklungspotential wie *ES – Zellen* verfügen.[120] Es konnte unter anderem bereits nachgewiesen werden, dass Stammzellen von einem bestimmten Gewebe, wie z.B. dem Hirngewebe, sich in eine andere Gewebeform, wie z.B. Blutzellen, differenzieren können.[121] Kürzlich ist es gelungen aus Haut- Herzmuskelzellen zu produzieren. Insbesondere sollen *hämatopoetischen Stammzellen* aus dem Knochenmark ein hohes Differenzierungspotential zukommen. So wird berichtet, dass aus diesen Vorläufer von Leber- und Hirnzellen gezüchtet werden konnten[122]; auch die Entwicklung zu Herz-, Knochen- und glatten Muskelzellen wurde beobachtet.[123] Die Transplantation von *hämatopoetische Stammzellen* wird seit vielen Jahren bei der Behandlung maligner Erkrankungen, wie z. B. Leukämie, nach Hochdosis – Chemotherapie betrieben. In diesem Rahmen ist besonders entscheidend, dass die zu transplantierenden Zellen in Bezug auf ihre Oberflächenantigene mit dem Transplantatempfänger möglichst *histokompatibel* sind. Schwerwiegende chronische und akute Abstoßungsreaktionen sind sonst bei einer Fremdspende möglich. Aber auch in Fällen größt möglicher Gewebeübereinstimmung ist eine Verabreichung von *Immunsuppressiva* notwendig. Entsprechende Zellspender zu finden ist des Weiteren aufwendig und langwierig, sodass die Mortalitätsrate der Patienten während dieser Wartezeit sehr hoch ist. Eine Fremdspende von *AS – Zellen* birgt zudem immer die Gefahr von Infektionskrankheiten. Eine *autologe* Transplantation (Transplantation körpereigener Zellen) kann bei vielen Krankheiten aufgrund des Krankheitsbefalles aller Zellen in den meisten Fällen nicht durchgeführt werden.[124] Anders verhält es sich bei lokal begrenzten Zellschädigungen. Aus diesem Grunde wurden in Düsseldorf und Rostock bei Herzpatienten *AS – Zellen* im Herz deponiert. Von den Kliniken wurden dabei erstaunliche Erfolge geschildert.[125] Ob die Rekonvalesenz der Patienten tatsächlich auf die Implantation der *AS – Zellen* zurückzuführen ist, wird teilweise kritisch kommentiert.[126]

---

[118] Wobus „Entwicklungspotenz embryonaler Stammzellen – Gegenwärtige und zukünftige Erwartungen" in nova acta Leopoldina, S.59 (71).
[119] Clarke et al. 2000; David et al. 2001.
[120] Vogel "Can old cells learn new tricks" in Science 2000; 287: 1418.
[121] Bjornson et al. 1999.
[122] Theise et al. 2000; Morrison "Can Anything Make Anything?" in Current Biology (2001), S. R7-R11.
[123] Morrison "Can Anything Make Anything?" in Current Biology (2001), S. R7-R11; Vogel "Can old cells learn new tricks" in Science 2000; 287: 1418; Ferrari et al. 1998; Tabellarischer Überblick bei Rohwedel „Stammzellen – neue Perspektiven für Zell- und Gewebeersatz" in: Zeitschrift für medizinische Ethik 2001; 47: 213 – 223.
[124] Haverich/Martin „Potential adulter Stammzelle – Kann auf die Verwendung embryonaler Stammzellen verzichtet werden?", S. 14.
[125] Strauer et al. DMW 2001.
[126] Zylka – Menhorn/Koch „Derzeit nur Kasuistiken" in Dt. Ärztebl. 2001; 98: C1798-1799.

Aber auch in anderen klinischen Bereichen haben *AS – Zellen* bereits grundlegende klinische Bedeutung. Dabei kommt neben den *hämatopoetischen* Stammzellen einer ebenfalls im Knochenmark auffindbaren Stammzellenart, den *sog. mesenchymalen Stammzellen,* besondere Beachtung zu. Unter geeigneten Kulturbedingungen soll sich diese Stammzellart in Knochen-, Knorpel-, Fett-, Skelettmyoblast-[127] und möglicherweise auch Herzzellen[128] differenzieren können.

Um jedoch aus *AS – Zellen* weitere Gewebezellen gewinnen zu können, müssen diese, soweit sie sich bereits differenziert haben, umprogrammiert werden. Die Forschungen hierzu stehen jedoch erst am Anfang. Adulte, undifferenzierte, Stammzellen mit höherem Differenzierungspotential, wie z.B. die im Knochenmark auffindbaren *mesenchymalen* Stammzellen sind äußerst selten. So wird ein Vorkommen solcher Zellen von 1: 10.000.000.000 angenommen.[129] Zudem fällt ihre Isolierung äußerst schwer, da sie sich von den anderen Zelltypen allein aufgrund ihrer Fähigkeiten unterscheiden, es jedoch gegenwärtig noch keine Methode gibt, diese Zellen besonders erkennbar zu machen.

Trotzdem weisen *AS – Zellen* gegenüber *ES - Zellen* auch Vorteile auf. Während bei der Implantation von *ES - Zellen* in ein Mausmodell die spontane Bildung von bestimmten Tumorarten, den *Teratomen,* beobachtet wurde, geht man davon aus, dass solche unbeherrschbaren Zelldifferenzierungen bei *AS- Zellen* nicht auftreten.[130] Ein großer Nachteil bei der Verwendung von *AS – Zellen* liegt jedoch darin, dass es derzeit nicht möglich erscheint, sie über längere Zeit in Kultur aufzubewahren, da sie bereits nach kürzester Zeit *in vitro* ihre Vermehrungs- und Differenzierungsfähigkeiten verlieren sollen.[131] *ES-Zellen* können hingegen über Jahre in Kultur aufbewahrt werden, ohne dabei ihr potential einzubüßen.[132] Unter anderem aus diesem Grunde handelt es sich beim derzeitigen Kenntnisstand bei den *AS – Zellen* noch um keine Alternative zur Forschung mit *ES - Zellen.*[133] Da jedoch *somatische Zellen* sich mittels Zellkerntransfers reprogrammieren lassen, liegt die Vermutung nahe, dass eine Umprogrammierung von adulten Zellen nach weiterer Forschungsarbeit möglich sein wird.

c) Aus Nabelschnurblut gewonnene Stammzellen

Eine besondere Form *AS – Zellen* lässt sich auch aus Nabelschnurblut Neugeborener gewinnen. Schon seit mehreren Jahren werden für die Behandlung von Patienten mit schwerwiegenden *hämatologischen* oder das Immunsystem betreffenden

---

[127] Prockop "Marrow Stromal Cells as Stem Cells from Nonhematopoietic Tissues" in Science 1997; 284: 143.
[128] Orlic et al. 2001.
[129] Vogel "Can old cells learn new tricks" in Science 2000; 287: 1418 f.
[130] Vogel "Can old cells learn new tricks" in Science 2000; 287: 1418 f.
[131] Vogel "Can old cells learn new tricks" in Science 2000; 287: 1418 f.
[132] Vogel "Can old cells learn new tricks" in Science 2000; 287: 1418 f.
[133] Vogel "Can old cells learn new tricks" in Science 2000; 287: 1418 f.

Krankheiten Stammzellentransplantate aus Nabelschnurblut entnommen. Die deutlichsten Ergebnisse konnten dabei bisher an Leukämiepatienten demonstriert werden.

Bei den aus Nabelschnurblut gewonnenen Stammzellen handelt es sich zwar bereits um Zellen, die sich schon in einem gewissen Rahmen differenziert haben, aber dennoch über ein sehr weiteres Entwicklungs- und Differenzierungspotential verfügen. Gegenwärtig ist noch nicht hinreichend bekannt, welche Fähigkeiten den aus Nabelschnurblut gewonnenen *AS – Zellen* tatsächlich zukommt. Es wird jedoch allgemein davon ausgegangen, dass das Entwicklung- und Differenzierungspotential dieser Zellen im Vergleich zu *ES – Zellen* eingeschränkter ist. Auf der anderen Seite scheint ihre Vitalität und Flexibilität aber den dem erwachsenen Organismus entnommenen *AS – Zellen* vielfach überlegen zu sein. So besitzen Stammzellen aus Nabelschnurblut nicht nur die Fähigkeit, das gesamte blutbildende System eines Menschen neu aufzubauen, sondern es lassen sich auch Muskel-, Knochen-, Knorpel-, Fett- sowie Nervenzellen erzeugen.[134] Möglicherweise kann die Forschung in Zukunft noch eine weitere Programmierbarkeit *in vitro* dieser Zellen erreichen. Ein weiterer Vorteil der aus dem Nabelschnurblut entnommenen Stammzellen im Gegensatz zu den *AS - Zellen* des adulten Organismus liegt darin, dass sie noch frei von umwelt- oder virenbedingten Mutationen sind.

Von Nachteil für eine zukünftige verbreitete Verwendbarkeit dieser Zellen stellt sich gegenwärtig noch dar, dass die Anzahl der Zellen durch die Begrenztheit der gesammelten Blutmengen limitiert ist (~ 80 ml/Entbindungsfall). Oftmals können die so gewonnen Zellmengen zu einem therapeutischen Einsatz bei einem Erwachsenen nicht ausreichen. Ein wichtiger positiver Aspekt bei der Verwendung von Stammzellen aus Nabelschnurblut ist hingegen eine geringe zu erwartende immunologische Abstoßungsreaktion bei den Empfängern von Fremdspenden. Zwar bleibt die Gefahr von Abstoßungsreaktionen bei einem fremden Empfänger erhalten, doch ist sie deutlich begrenzter als bei der Verwendung anderer *somatischer Zellen.*

Die Entnahme von Nabelschnurblut bei gegenwärtigen Geburten und ihre Konservierung in privaten Blutbanken ist aber wohl uneingeschränkt empfehlenswert. So könnten möglicherweise für jetzt Neugeborene in der Zukunft aus den *histokompatiblen* Stammzellen neue Therapiemöglichkeiten im Wege einer Eigenspende erwachsen.[135]

d) Reprogrammierung ausdifferenzierter Zellen

Schließlich besteht zumindest rein theoretisch die Möglichkeit der Reprogrammierung adulter Zellen in einen *pluripotenten* Status. So könnte dem Patienten durch Entnahme adulter, also ausdifferenzierter Zellen, und somit aus genetisch identi-

---

[134] Haverich/Martin „Potential adulter Stammzelle – Kann auf die Verwendung embryonaler Stammzellen verzichtet werden?", S. 20.

[135] Donaldson – Report, S. 20, Ziff. 2.17.

schem Material eine Vielzahl von Gewebearten gezüchtet und zu therapeutischen Zwecken dem Zellspender wieder eingesetzt werden. Auf die Erzeugung embryonaler Stammzellen aus Zellkerntransfer oder anderweitig erstellter embryonaler Stammzellen könnte bei dieser Methode verzichtet werden. Bisherige Überlegungen hierzu sind aber tatsächlich nur rein theoretischer Natur. Ergebnisse, die diese Vorstellungen manifestieren könnten, liegen derzeit noch nicht vor. Aber gerade durch den Zellkerntransfer scheint es erwiesen, dass eine Reprogrammierung adulter Zellen und die Wiederherstellung eines zumindest *pluripotenten* Zustandes möglich ist. Eine andere Technik der Reprogrammierung ist gegenwärtig jedoch nicht ersichtlich. Von vielen Wissenschaftlern wird daher die These vertreten, dass die Forschung an embryonalen Stammzellen und der Einsatz des Zellkerntransfers notwendige Voraussetzung für die Erforschung der Reprogrammierbarkeit von adulten Zellen sind.[136] Von den meisten Wissenschaftlern wird in der Reprogrammierung adulter Zellen das endgültige Ziel der Forschung an Embryonen zu therapeutischen Zwecken gesehen.

e) Verpflanzung fetaler Gewebezellen

Seit mehreren Jahren wird bereits fetales Gewebe, aus dem ebenfalls regenerierbare Zellpopulationen gewonnen werden können, zur Regeneration insbesondere bei neurodegenerativen Erkrankungen, wie z.B. *Morbus Parkinson*, dem erkrankten Organismus implantiert. Erste Forschungsergebnisse hierzu erschienen positiv. In letzter Zeit wird jedoch von Fällen berichtet, bei denen das implantierte Gewebe keine Verminderung der Symptomatik hervorrufen kann und es mehrfach sogar Verschlimmerungen des Krankheitsbildes gekommen ist.[137] Anscheinend greifen die transplantierten Zellen derart stark in die Hirnfunktion ein, dass es zu schweren Störungen der Muskelfunktionen kommt.

B. Die Anwendung von Klonierungstechniken im Bereich der Fortpflanzungs- und Reproduktionsmedizin

I. Das „reproduktive Klonen“

Ziel des reproduktiven Klonens ist es ein Individuum mit dem gleichen Erbgut eines anderen bereits gezeugten, schon lebenden oder bereits verstorbenen Menschen zu erzeugen. Mittels *Zellkerntransfer* wird dabei das väterliche oder mütterliche Erbgut in Form einer *somatischen Zelle* oder deren Zellkern in eine entkernte Eizelle implantiert. Nach der Anregung zur Zellteilung wird der entstandene Embryo in den *Uterus* implantiert. Zwar liegen derzeit noch keine Forschungsergebnisse vor, ob mit dieser Technik tatsächlich auch beim Menschen ein lebensfähiger Organis-

---

[136] Donaldson – Report, S. 26, Box 10 u. S. 30, Ziff. 2.59.

[137] Flöhl „Ein Waterloo in der Zelltransplantation“ in FAZ vom 10. März 2001, Nr. 59/S. 9.

mus erstellt werden kann, doch lassen Äußerungen von Wissenschaftlern den Schluss zu, dass in allernächster Zeit auch zu Forschungen in diesem Bereich angesetzt wird.[138] Die Ergebnisse, die gegenwärtig in Tierversuchen erzielt werden, lassen eine mögliche Anwendbarkeit des Zellkerntransfers zu reproduktiven Zwecken auch beim Menschen für wahrscheinlich erachten.

Gegenwärtig ist jedoch noch nicht absehbar, welche Gefahren der Einsatz des Zellkerntransfers in der reproduktiven Medizin mit sich bringen könnte. Feststeht momentan allein, dass es durch unvorhersehbare und unsteuerbare Fehler in der Reprogrammierung zu einer Vielfalt von Missbildungen, Aborten und fetalem Riesenwuchs[139] kommen kann, was wiederum ein hohes gesundheitliches Risiko für die austragende Mutter und das Kind in sich birgt.[140] Aus diesem Grund schon wird von einigen führenden Forschern von der Anwendung des Zellkerntransfers auf den Menschen zu reproduktiven Zwecken abgeraten.[141]

II. Die Bedeutung des reproduktiven Klonens für die zukünftige Fortpflanzungs- und Reproduktionsmedizin

Offensichtlich ist die grundsätzliche Bedeutung des Klonens mittels Zellkerntransfer für die Fortpflanzungs- und Reproduktionsmedizin. Zum einen Bedarf es zu einer Befruchtung der weiblichen Eizelle nicht mehr der männlichen Keimzelle, sodass die Fortpflanzung auch unabhängig von einer heterologen geschlechtlichen Befruchtung vollzogen werden kann. Des weiteren könnten die Hürden der Infertilität auf diese Weise gänzlich überwunden werden. Wird bei einem Partner Infertilität festgestellt, kann theoretisch mittels der Technik des Zellkerntransfers ein genetischer Abkömmling erzeugt werden.

C. Fazit

Humane Stammzellen werden in der Zukunft einen vollkommen neuen therapeutischen Ansatz zur Behandlung gegenwärtig noch schwer oder gar nicht therapierbarer Krankheiten liefern. Noch stehen die Forschungen in diesem Bereich erst am Anfang und über erfolgversprechende neue Therapien lässt sich daher kaum eine Aussage machen. Nach dem bisherigen Erkenntnisstand kristallisiert sich jedoch heraus, dass die Verwendung von *ES – Zellen* momentan die weitgehendsten Er-

---

[138] FAZ vom 2. Februar 2001, Nr. 29/S. 41; FAZ vom 10. März 2001, Nr. 59/S. 9; Müller-Jung „Der blühende Wahnsinn" in FAZ vom 12. März 2001, Nr. 60/S. 49; jüngst wieder in FAZ „Neuland Klonen" vom 16. November 2001, Nr. 267/S. 50.
[139] Young et al. 2001.
[140] Humphreys et al. 2001.
[141] Ian Wilmut und Rudolf Jaenisch in FAZ vom 29.03.01; Humphreys et al. 2001.

gebnisse erbracht hat und auch für die nächste Zukunft erwarten lässt.[142] Ihre weitere Erforschung kann auch wesentliche Erkenntnisse für die Forschung mit anderen Stammzellarten und das Verständnis für die frühe Embryogenese erbringen.[143] Die Forschung mit *somatischen Zellen* und *AS – Zellen* erscheint beim gegenwärtigen Forschungsstand gleichermaßen erfolgversprechend, wobei die DFG weiterhin der Ansicht ist, dass die Verwendung von *AS – Zellen* als Alternative zu *ES – Zellen* in allen Überlegungen Vorrang haben muss und weiterhin der besonderen Förderung durch die DFG unterliegen wird.[144] Sich bei der Forschung mit humanen Stammzellen nur auf eine Stammzellart zu konzentrieren, kann und wird den Prozess der Entwicklung neuer therapeutischer Ansätze nicht beschleunigen. Nach der Auffassung von vielen Wissenschaftlern und Gremien kann einen optimalen Überblick nur eine ganzheitliche Forschung mit allen derzeit bekannten Formen von humanen Stammzellen, und damit auch *ES – Zellen,* sein.[145] Die Verwendung embryonaler Stammzellen, sowohl in Form von *ES - Zellen*, als auch als *EG – Zellen* eröffnet erst wesentliche Einblicke in die Kultivierung und Differenzierung humaner Stammzellen *in vitro.* Wichtige Informationen, insb. zur Reprogrammierbarkeit von *somatischen* Zellen hin zu *pluripotenten* Zellen für die Nutzung zu einer *autologen* Transplantation, scheinen sich aus einer weiteren Erforschung des sog. Zellkerntransfers, also dem *therapeutischen Klonen*, ergeben zu können.[146] Zur Zeit ist es jedoch nicht abschließend möglich, eine Form von Zellen oder eine bestimmte Praktik als Mittel der Wahl für neue Therapieansätze herauszuheben.

Der Einsatz der Zellkerntransfermethode zu reproduktiven Zwecken wird nach nahezu einhelliger Meinung gegenwärtig schon unter rein medizinischen Gesichtspunkten nicht als erstrebenswert erachtet. Risiken für Mutter und Kind sind im Moment noch nicht hinreichend abschätzbar. Auch scheint es fraglich, welche psychologischen Folgen dieses Verfahren für den Abkömmling beinhalten könnte.

---

[142] In diesem Sinne äußert sich auch die DFG mit ihrer Empfehlung vom Mai 2001, Naturwissenschaftlicher, Ethischer und juristischer Hintergrund, vgl. S. 6 f, Ziff. 2.3.

[143] In diesem Sinne hat sich auch die DFG – Empfehlung vom Mai 2001 geäußert, vgl. Empfehlung Nr. 6.

[144] DFG – Empfehlung Mai 2001, Empfehlung Nr. 12.

[145] Brüstle in Rheinischer Merkur 16. Februar 2001, 7/2001, S. 33; DFG – Empfehlung Mai 2001, Nr. 6; Rohwedel „Stammzellen – neue Perspektiven für Zell- und Gewebeersatz" in: Zeitschrift für medizinische Ethik 2001; 47: 213 (223); Wobus, „Entwicklungspotenz embryonaler Stammzellen – Gegenwärtige und zukünftige Erwartungen" in nova acta leopoldina 2000; 83: 59 (73); NBAC "Ethical Issues in Human Stem Cell Research, Vol. I, Report and Recommendations", S. 23; Donaldson Report, S. 44, Empfehlung Nr. 1; Stem Cells: Scientific Progress and Future Research Directions, Summary, S. 10; Stem Cells and Future Regenerative Medicine, S. 37; differenziert Prelle „Embryonale Stammzellen – Grundlagen und Perspektiven in der Humanmedizin" in: Zeitschrift für Ethik in der Medizin 2001; 47: 227 (233).

[146] Stem Cells and Future Regenerative Medicine, S. 39. Dem entgegen äußert sich die DFG in ihrer Stellungnahme vom Mai 2001 kritisch und ablehnend zur Anwendung von Klonierungstechniken auch zu therapeutischen Zwecken.

2. Kapitel: Ethische Aspekte bei der Forschung mit humanen Stammzellen und der Anwendung von Klonierungstechniken auf den Menschen

A. Ethik und Recht
I. Zur Definition des Begriffs Ethik

Definiert wird Ethik als die philosophische Wissenschaft vom Sittlichen. Ethik fragt entweder nach der Gesinnung oder nach der Wirkung menschlichen Handelns. Geschichtlich gehen die wissenschaftliche Disziplin und der Disziplintitel auf *Aristoteles* zurück, der von ethischen Theorien, ethischen Büchern und ethischer *Pragmatie* spricht.[148] Hauptvertreter der Vernunftlehre, der sog. *formalen Ethik*, in der Neuzeit war *Immanuel Kant.*

Voraussetzung einer adäquaten ethischen Beurteilung einer Fragestellung ist eine entsprechende Kenntnis der Tatsachen, die das Problemfeld aufwirft. Nur auf diesem Wege kann dann ein fundiertes Werturteil, d.h. die Beurteilung der sittlichen Richtigkeit von Ziel, Mittel, Zweck und Folgen einer Handlung begründet werden. Die Darstellung der naturwissenschaftlichen und medizinischen Grundlagen im ersten Kapitel ebnet diesen Weg.

Ethik als wissenschaftliche Disziplin teilt sich in religiöse Ethik, in unserem Kulturkreis in die katholische Moralphilosophie und die evangelische theologische Ethik, sowie in eine säkulare Ethik.

Die Medizinische Ethik stellt sich als ein besonderer Bereich der Ethik dar, bei der die allgemeinen Moralvorstellungen unter verschiedene besondere medizinische Sachverhalte subsumiert werden. Der Arzt ist dabei im Vordergrund den Grundprinzipien der Nächstenliebe und Menschenwürde verpflichtet[149], wenn er dem Hilfsbedürftigen in seinem Leid zur Seite steht. Gegen die Neigung zu einer vorschnellen Moralisierung muss die medizinische Ethik gewisse Grundregeln bekräftigen: das Prinzip der Unverletzlichkeit fremden Lebens, das dem moralischen Prinzip des *neminem laedere* entspringt, und das für den Arzt in ganz besonderer Weise gilt; das Recht des Menschen auf Entscheidungsfreiheit; sowie das Recht auf Forschung. Auch sollte die Medizin weder die wirtschaftlichen Möglichkeiten noch das Ordnungsgefüge der Gesellschaft überbeanspruchen; schließlich besteht die Aufgabe, den Begriff des menschlichen Lebens zu präzisieren und zu differenzieren.[150] Die Medizinische Ethik greift u.a. insbesondere die Bereiche der künstlichen Erzeugung von Menschen, der Manipulation von Erbmaterial sowie den Rahmen und die Zulässigkeit von Humanexperimenten auf[151], mithin Bereiche, die im Rahmen der Forschung mit humanen Stammzellen und bei der Anwendung von Klonierungstechniken auf den Menschen von großer Bedeutung sind.

---

[148] Ritter „Historisches Wörterbuch der Philosophie", Bd. 2, S. 759.
[149] Höffe, S. 186.
[150] Höffe, S. 188.
[151] Pieper, S. 93f.

II. Zum Verhältnis der Ethik zum positiven Recht

Juristische Normierungen stehen nicht für sich, sie bauen auf ethischen Grundsätzen auf, orientieren sich an ihnen und müssen im Ergebnis mit ihnen vereinbar sein. Unabdingbare und anerkannte ethisch-moralische Grundvorstellungen eines Kulturkreises verpflichten den Gesetzgeber, diese Grundsätze zu übernehmen und zu normieren. Die Umgestaltung ethischer Vorstellungen in Gesetzesrecht ist dabei aber nicht zwingend. Das positive Recht füllt nur den allgemein verbindlichen Rahmen ethischer Minimalprinzipien aus, um so ein harmonisches Zusammenleben in einer Gesellschaft gewährleisten zu können. Aufgabe des Strafrechts kann es daher nicht sein, alle moralischen Vorstellungen zu schützen und Zuwiderhandlungen zu pönalisieren. So kann nicht jede ethische Regel in eine Sanktionsnorm umgewandelt werden;[152] allein in den Fällen, in denen die Allverbindlichkeit der ethischen Vorstellung eine bestimmende Notwendigkeit für die gesellschaftliche Harmonie darstellt, ist der Anwendungsbereich öffentlich – rechtlicher Sanktionsnormen eröffnet.[153] Straflosigkeit eines Handlungsschemas kann daher nicht mit einer ethischen Berechtigung zu einer Handlung gleichgesetzt werden.

B. Der ethische Disput

I. Die einzelnen ethischen Bedenken

Offensichtlich ist, dass die Forschung mit humanen Stammzellen die begründete Hoffnung auf neue Therapiemethoden noch kaum bzw. gar nicht behandelbarer Krankheiten eröffnet. Ambivalent dazu ist aber auch der ethische Diskurs bzgl. der Mittel zur Erreichung dieses für sich genommen moralisch unzweifelhaft anerkennungswürdigen Zieles. Wie so oft schon in der medizingeschichtlichen Entwicklung, wird die Frage laut, „darf die Medizin alles, was sie kann(?)“. Erinnerungen an Humanexperimente des Dritten Reiches drängen sich unweigerlich auf.

Insbesondere die Anwendung von Klonierungstechniken auf den Menschen im Bereich der Fortpflanzung und Reproduktionsmedizin dürfte großen ethischen Bedenken ausgesetzt sein. Vor diesem Hintergrund kann und soll hier jedoch keine abschließende Ausarbeitung der ethischen Debatte zu den einzelnen Fragestellungen im Bereich der Embryonenforschung sowie des Klonens zu therapeutischen und reproduktiven Zwecken erfolgen. Die Darstellung verschiedener Beurteilungsansätze soll die ethische Kontroverse vielmehr verdeutlichen und einer Vorbereitung auf eine juristische Auseinandersetzung mit der Problematik dienlich sein. Hierbei ist es zunächst notwendig herauszustellen, welche biotechnologischen Praktiken im Bereich der Forschung mit humanen Embryonen und Anwendung von Klonierungstechniken auf den Menschen ethischen Bedenken unterliegen

---

[152] Deutsch „Probleme des Verhältnisses von Recht und Ethik in der Medizin“ in VersR 1987, S.949 (951).

[153] Deutsch, ebenda.

könnten, um dann im Folgenden den jeweiligen Meinungsstand zu ergründen. Mit Blick auf die Darstellung der naturwissenschaftlichen Grundlagen müssen im Ergebnis drei Bereiche der klinischen Forschung voneinander differenziert entfaltet werden:

- Die „verbrauchende Embryonenforschung“ und die Gewinnung von ES – Zellen an im Wege der in-vitro-Fertilisation gezeugten Embryonen, wobei besondere Beachtung die Nutzung sog. „überzähligen IVF – Embryonen“ finden muss.

- Der Einsatz von Klonierungstechniken zur Herstellung totipotenter menschlicher Eizellen zu Forschungszwecken und zur Gewinnung von ES – Zellen (das sog. therapeutische Klonen).

- Der Einsatz von Klonierungstechniken zu reproduktiven Zwecken in der Fortpflanzungsmedizin.

1. Die „verbrauchende“ Embryonenforschung und die Gewinnung von humanen ES-Zellen

Die sog. „verbrauchende Embryonenforschung“ und Gewinnung humaner ES – Zellen weist verschiedene ethische Probleme auf. So wird der Embryo regelmäßig bei der Entnahme der Zellen aus der Blastozyste zerstört.[154] Der Eingriff in den Embryo verfolgt damit also keine Zwecke, die seiner Erhaltung und seinem eigenen Zweck dienen, sondern seine Zerstörung bzw. die Verhinderung der Möglichkeit seiner Weiterentwicklung ist gerade notwendige Voraussetzung für die Erfüllung von Forschungszwecken und möglicherweise in der Zukunft für Einsätze in der regenerativen Medizin. Auch wenn diese Forschungsziele nach ethischen Kriterien mehr als nur akzeptabel, sondern sogar äußerst löblich sind, ist die weitere Konsequenz offensichtlich: der menschliche Embryo wird in diesen Fällen zu einem reinen Forschungsobjekt, dem Subjektqualität zumindest im Rahmen einer Güterabwägung mit anderen hochrangigen moralischen Werten und ein originäres Lebensrecht abgesprochen wird. Die Zulässigkeit der mit der Stammzellenforschung verfolgten Zwecke steht und fällt mit der moralischen Bewertung der verwendeten Mittel. Ein ethisches Verbot muss sich dann ergeben, wenn die betroffenen Güter derart hochrangig sind, dass ihr Status eine prinzipielle Unantastbarkeit zur Folge hat. Hierin liegt auch der zentrale Ansatzpunkt der ethischen Auseinadersetzung, da grundsätzlich davon auszugehen ist, dass auch der durch die Zellentnahme zerstörte Embryo grundsätzlich die Fähigkeit gehabt hätte, sich bei Implantation in die Gebärmutter zu einem lebensfähigen Menschen und eigenständigem Individuum weiterzuentwickeln. Wird insoweit durch die Nutzung von menschlichen Embryonen und entwicklungsfähigen Eizellen das moralische Prinzip des *ne-*

[154] vgl. 1. Kapitel A IV.

minem laedere verletzt? Um niemanden zu verletzen, müssten daher der Embryo und die entwicklungsfähige Eizelle bereits und zunächst ein „jemand“ sein, wodurch sich schließlich die Schlüsselfrage stellt: wann beginnt menschliches Leben in einem moralisch schutzbedürftigen Sinne, bzw. wo beginnt der moralische und menschenrechtliche Lebensschutz menschlicher Zellverbände?

a) Lebensrecht und Menschenwürde zu Beginn des menschlichen Lebens

Die Frage nach dem Beginn menschlichen Lebens sowie ein Anspruch des frühen Embryos auf Lebensschutz wird in nahezu keinem Punkt einhellig bewertet. Unter den jeweiligen Meinungsvertretern lässt sich ein Beurteilungsspielraum vom Zeitpunkt der Keimverschmelzung bis hin zu Extrempositionen, die ein menschliches Lebensrecht sogar erst ca. zwei Jahre post natum annehmen wollen, beobachten. Für die Frage, ob der humane Embryo bzw. die entwicklungsfähige Eizellen zu Forschungszwecken verbraucht bzw. ob diese zur Gewinnung von ES – Zellen unter moralischen Gesichtspunkten vernutzt werden dürfen, ist in diesem Rahmen jedoch allein das früheste Stadium der Embryogenese in den ersten Tagen nach der Befruchtung ausschlaggebend.[155] Im Folgenden sollen daher in einer groben Kategorisierung verschiedene ethische Ansätze zur Beurteilung dieser Fragestellung aufgezeigt werden.

aa) Medizinisch – biologische Ansatzpunkte zur Bestimmung des Beginns des menschlichen Lebens

Für die Erörterung der Problematik, ab welchem Zeitpunkt spezifisches menschliches Leben vorliegt bzw. menschlichem Leben auch Lebensrechte zugesprochen werden müssen, ist es zunächst notwendig zu veranschaulichen, ob und welche grundlegenden Entwicklungsstufen während der Entwicklung beim Ungeborenen beobachtet werden können.

Ein erster zeitlicher Ansatzpunkt für den Beginn des menschlichen Lebens liegt dabei mit der Befruchtung vor. In diesem Zeitpunkt entsteht ein neuer und einzigartiger genetischer Code, der die weitere Entwicklung der befruchteten Eizelle genotypisch bestimmt. Aber auch nach diesem grundlegenden Ereignis lassen sich weitere Zäsuren während der Schwangerschaft festmachen.

Nach der Befruchtung findet als nächste weitere Periode der Verlust der Totipotenz Beachtung. Der Verlust der Fähigkeit zur Entwicklung eines gesamten Organismus aus einer einzelnen isolierten Blastomere erfolgt nach gegenwärtigem wissenschaftlichen Erkenntnisstand zumindest nach der Achtzellphase.

Neben der Totipotenz der einzelnen Zellen kommt aber auch noch die Entwicklungsfähigkeit eines Zellverbandes in Betracht, die auch dann noch vorliegen kann, wenn die einzelnen Zellen bereits in ihrer Differenzierungsfähigkeit einge-

---

[155] Vgl. 1. Kapitel A III.

schränkt sind. Bis zum Abschluss der Einnistung des Embryos in die Gebärmutter und der Bildung der dreiblättrigen Keimscheibe können abgetrennte Zellbereiche reproduziert werden. Die Möglichkeit zur Bildung monozygoter Zwillinge bleibt bis zu diesem Zeitpunkt daher erhalten. So sehen auch einige Embryologen[156] in dem Verlust der Fähigkeit zur Mehrlingsbildung den Beginn individuellen menschlichen Lebens.

Von besonderer Bedeutung ist auch der Zeitpunkt der Nidation, der am ca. sechsten p.c. beginnt und ca. am 11 Tag p.c. abgeschlossen ist. Die Verlustrate von präimplantiven Embryonen durch Spontanaborte bis zu diesem Zeitpunkt ist besonders hoch; nahezu jede zweite befruchtete Eizelle implantiert sich nicht und wird abgestoßen. Erst die vollständige Implantation des Embryos in die Gebärmutterschleimhaut führt eine gewisse Sicherheit der Weiterentwicklung zu einem selbständig lebensfähigem Menschen herbei. Der Abschluss der Nidation geht zeitlich auch mit dem Verlust zur Mehrlingsbildung einher. Innerhalb bisheriger Regelungen wird regelmäßig von einem vollständigen Abschluss der Einnistung zumindest mit dem 14. Tag p.c. ausgegangen.[157]

Ein weiterer, geringfügig späterer Entwicklungszeitpunkt (ca. 15. Tag p.c.) ergibt sich mit der Bildung des sog. Primitivstreifens, der als Vorläufer der ersten Körperachse des Menschen anzusehen ist. Er ist damit ein Merkmal aller höheren Wirbeltiere wie der Vögel und Säuger. In seiner Ausgestaltung wird ebenfalls teilweise der Zeitpunkt der ersten menschlichen Individuation gesehen, wobei aber auch nach dieser Bewertung häufig auf den 14. Tag nach der Konzeption abgestellt wird.[158]

Mit ca. der vierten bis zur achten Woche werden dann alle größeren Organe und Organsysteme angelegt; diese weitere bedeutende Entwicklungsphase wird auch Organogenese genannt.

Ab dem ca. dritten Monat beginnt die Fetalperiode, d.h. in dieser Phase sind die Organanlagen weitestgehend angelegt und die weitere Entwicklung beschränkt sich zum größten Teil auf das Wachstum der Gewebeeinheiten.[159]

Der maßgebliche Beginn des menschlichen Lebens könnte auch unter biophysiologischen Gesichtspunkten mit den ersten Hirnentwicklungen des Feten angenommen werden.[160]

---

[156] Christ/Wachtler, Medizinische Embryologie, S. 25.

[157] vgl. nur § 218 StGB, der den Beginn der Schwangerschaft mit dem 14. Tag nach der Befruchtung annimmt.

[158] So z.B. nach dem britischen "Human Fertilisation and Embryology Act" (Paragraph 3 (3) (a) u. (4)) und in dessen Grundlage dem Warnock-Report, S. 66, mit dem Hinweis, dass der 14, Tag gewählt wurde um einen möglichst umfangreichen Schutz zu gewährleisten; die Widerlegung versucht Viehbahn „Achsenbildung und Individuation während der embryonalen Entwicklung" in: Jahrbuch für Wissenschaft und Ethik 5 (2000), S. 277 (288). Auf die verschiedenen biologistischen Ansätze zur Bewertung des menschlichen Lebensbeginnes wird im Rahmen der Darstellung verschiedener ethischer Konzepte noch ausführlich eingegangen.

[159] Sadler, Medizinische Embryologie, S. 79.

Aber auch der Beginn der Bewegungsfähigkeit sowie der Entstehung von tatsächlichen Hirnleistungsfähigkeiten und Schmerzempfindungen sind als Einschnitte während der Entwicklung in der Schwangerschaft zu beachten.

Ab ca. der 22. Woche p.c. beginnt die sog. Perinatalperiode, ab deren Anfang zumindest theoretisch die extrauterine Lebensfähigkeit des Embryos festgestellt werden kann. Eine klare Zäsur am Ende der Schwangerschaft liefert schließlich die Geburt.

Die verschiedenen Entwicklungsschritte während der Schwangerschaft dürften insgesamt aber als zu ungenau gewertet werden, um nach rein biophysiologischen Grundsätzen über den Lebensbeginns zu entscheiden.[161] Die mannigfaltigen Ansätze liefern einen zu großen Spielraum für willkürliche Festlegungen. Es erscheint zweckmäßig den naturwissenschaftlichen Ansatzpunkten eine weitere inhaltliche Ausfüllung auf der Bewertungsebene zu geben. Hierbei dürften historisch gewachsenen Moralvorstellungen und damit verbundene Rekurs auf philosophische Entwicklungskonzepte hilfreich sein.

bb) Der Status des menschlichen Embryos in der Geschichte

Der moralische Status des Embryo wurde schon im Altertum diskutiert. Nach *Aristoteles* besitzt zwar auch der Keimling von Anfang an eine Seele, diese entspricht jedoch noch nicht der eines vollentwickelten menschlichen Individuums. Im frühen Entwicklungsstadium liegt nach dieser Lehre vielmehr noch ein „unvollkommener Mensch“ mit dem **Potential** zur „Vollkommenheit“ vor.

Bei der Zeugung erhält die Leibesfrucht zunächst nur eine vegetative Seele (auch sog. Pflanzen- oder Ernährungsseele). Erst nach einer weiteren Entwicklung des Ungeborenen sollte **sukzessive** eine Beseelung mit einer zur Empfindung fähigen Seele (sog. animalischen Seele), geschlechtsabhängig beim Jungen nach 40 Tagen und beim Mädchen nach 80 Tagen, erfolgen.[162] Mit der Geburt und der Fähigkeit zum selbstständigen Atmen schließt sich die Beseelung mit einer bewusstseinsfähigen Seele an (sog. Geistseele).

Die stoische Ethik und auch *Aristoteles* vertraten im Ergebnis daher die Auffassung, dass die menschliche und damit entscheidende Seele erst mit der Geburt entsteht. Ebenfalls nahmen die Geburt als maßgeblichen Beseelungszeitpunkt aber auch bedeutende Vorsokratiker, wie *Plato* an, wobei sie dem noch Ungeborenen im Mutterleib eine Seele absprachen.[163]

---

[160] Sass „Hirntod und Hirnleben“, S. 16, ausführlich in der Darstellung verschiedener ethischer Konzeptionen.

[161] Beier „Beginn des menschlichen Lebens aus biologischer Sicht“, S. 67 (87).

[162] Zur Stellung des Nasciturus in der stoischen Ethik und der aristotelischen Beseelungstheorie: Jütte „Griechenland und Rom.“, S. 27 (27ff); s.a. Körner „Mensch von der Zeugung an?“, S. 293 (297).

[163] Jütte „Griechenland und Rom.“, S. 27 (32).

Der aristotelischen **Lehre der Sukzessivbeseelung** schloss sich im 13. Jahrhundert auch *Thomas von Aquin* an. Diese Vorstellung fand sich ebenso bereits im kanonischen Recht des 12. Jahrhunderts, wonach *Mörder ist „wenn jemand die Empfängnis im Mutterleib durch Abtreibung vernichtet ...kein Mörder [ist], der eine Abtreibung vornimmt, bevor die Seele in den Körper eingegossen ist.“*[164]

Bereits etwa um 400 v.Chr. sah der hippokratische Eid ein Abtreibungsverbot vor. So heißt es: *„Ich werde niemandem, auch auf eine Bitte hin, ein tödlich wirkendes Gift geben und auch keinen Rat dazu erteilen; gleicherweise werde ich keiner Frau ein fruchtabtreibendes Zäpfchen geben.“* Dem Ungeborenen wurde damit bereits klar das Lebensrecht zugesprochen.

Das frühe Christentum regelte ein Abtreibungsverbot bereits umfassend im zweiten Jahrhundert n.Chr.. Und so wurde bereits im *Barnabasbrief* erklärt: *„Du sollst nicht töten das Kind durch Abtreibung!“.*[165] Die christlich-ethischen Bewertungen gingen zu dieser Zeit klar zur Theorie der Beseelung des menschlichen Embryos mit der Befruchtung über. Von dieser Sichtweise wandte sich zu späterer Zeit die katholische Kirche und ihr Lehramt jedoch wieder ab. Während des 16. Jahrhunderts wurde zum einen die Lehre der **Simultanbeseelung** mit der Empfängnis und dem daraus resultierenden Abtreibungsverbot vertreten, Ende des Jahrhunderts wurden die Strafen für die Fälle jedoch aufgehoben, in denen das Ungeborene noch nicht älter als vierzig Tage war. Im Jahre 1771 bestätigte Rom die gängige Auffassung von der Sukzessivbeseelung beim Jungen nach dem vierzigsten Tag und beim Mädchen nach dem 80. oder 90. Tag. Auch Mitte des 19 Jahrhunderts wurde diese Lehre erneut vertreten. Seit der Neuzeit wird zwar einhellig anerkannt, dass bereits mit der Befruchtung der Eizelle menschliches Leben vorliegt; welcher moralische Status diesem Leben zukommen soll, ist aber erneut zwischen und innerhalb der theologischen und säkularen Ethik umstritten.

cc) Aspekte der gegenwärtigen theologischen Ethik

Nach der christlichen Ethik kommt dem menschlichen Embryo in gleicher Weise, wie jedem Kind und Erwachsenem, Personalität zu. Die christliche Ethik geht von der „Simultanbeseelung“ aus, wodurch der intrinsische, also der moralische Wert, dem menschlichen Leben von seiner frühesten Entwicklungsphase innewohnt. Der menschliche Embryo stellt sich danach gerade nicht als ein potentielles personelles Individuum dar, sondern bereits als eine „Person mit Entwicklungspotential“ dar. Dieses Personsein ergibt aus dem göttlichen Ursprung, aus dem sich menschliches Leben entwickelt und an dessen Anfang der Embryo steht. Als Konsequenz muss ab dem Augenblick der Empfängnis der menschliche Embryo in vollem Umfang

[164] zitiert nach Schmoll „Wann wird der Mensch ein Mensch?“ in: FAZ vom 31. Mai 2001, Nr. 125/S. 15.

[165] zitiert nach Schmoll „Wann wird der Mensch ein Mensch?“ in: FAZ vom 31. Mai 2001, Nr. 125/S. 15.

geachtet und geschützt werden.[166] Für den Bereich der Forschung mit menschlichen Embryonen besagt die Instruktion zur Kongregation der katholischen Glaubenslehre: *„Die Medizinische Forschung muss sich der Eingriffe in lebende Embryonen enthalten, es sei denn, es bestehe die moralische Sicherheit, dass weder dem Leben des noch der Integrität des Ungeborenen und der Mutter ein Schaden droht, und unter den Bedingungen, dass die Eltern nach entsprechender Information ihr Einverständnis zu diesem Eingriff gegeben haben."*[167] Damit ist der menschliche Embryo in gleicher Weise Träger der Menschenwürde wie jede andere Form menschlichen Lebens auch.[168] Unmoralisch ist daher nach der katholischen Glaubenslehre jegliche Vernutzung menschlichen Lebens als biologisches Material. Dies gilt unabhängig von seiner Umgebung und seinen möglicherweise auch defektbedingten entzogenen Aussichten jemals eigenständig lebensfähig zu sein.[169]

In vergleichbarer Weise argumentiert auch die evangelisch-theologische Ethik: *„Der Embryo ist ein individuelles Leben, das als menschliches Leben immer ein sich entwickelndes ist; die Anlage zur uneingeschränkten Ausübung des Menschseins ist in ihm von Anfang enthalten ... Dann kann aber Forschung am ungeborenen Leben nur insoweit gebilligt werden, wie sie der Erhaltung und Förderung dieses individuellen Lebens dient ... Gezielte Eingriffe an Embryonen hingegen, die ihre Schädigung oder Vernichtung in Kauf nehmen, sind nicht zu verantworten – und seien die Forschungsziele auch noch so hochrangig."*[170] In der Stellungnahme der Bischofskonferenz der vereinigten Evangelisch-Lutherischen Kirchen Deutschlands wird dementsprechend auch klargestellt, dass *„dem werdenden Leben ...schon in seiner frühesten Phase Würde zu [kommt], weil hier ein Mensch vollständig angelegt ist."*[171] Die „verbrauchende Embryonenforschung", unabhängig zu welchen Zwecken diese vollzogen wird, verbietet sich daher christlich-theologischen Ethik. Dies gilt für den Embryo *in vitro* in gleicher Weise wie auch für den Embryo *in vivo*.[172]

Beachtenswert ist in diesem Zusammenhang aber, dass nach der jüdischen Lehre ein solcher Schutzanspruch für den frühen Embryo nicht angenommen wird. So wird im NBAC-Report der *Rabbi Elliot Dorf* zitiert, der veranschaulicht, dass menschlichem entwicklungsfähigem genetischem Material außerhalb des *Uterus* nach jüdischem Recht kein rechtlicher und moralischer Status zukommt, solange es nicht einer Frau implantiert wurde und selbst dann nicht während der ersten vierzig

---

[166] Spaemann „Die Unantastbarkeit menschlichen Lebens", S. 22. mit Bezug auf: Hl. Stuhl, „Charta der Familienrechte", 4: L´Osservatore Romano, 25. November 1983.

[167] Instruktion der Kongregation der katholischen Glaubenslehre, S.28.

[168] Erklärung der deutschen Bischofskonferenz „Der Mensch sein eigener Schöpfer", S. 5; Hl. Stuhl. aaO.

[169] Spaemann „Die Unantastbarkeit menschlichen Lebens", S. 22.

[170] Gott ist ein Freund Deines Lebens, S. 64.

[171] Stellungnahme der Bischofskonferenz der Vereinigten Evangelisch-Lutherischen Kirche (VELKD) zu Fragen der Bioethik vom 13. Mai 2001.

[172] Innerhalb der Stellungnahme der Bischofskonferenz der Vereinigten Evangelisch-Lutherischen Kirche Deutschlands zu Fragen der Bioethik vom 13. Mai 2001 wird zwischen dem Embryo *in vivo* und *in vitro* nicht unterschieden; ebenso die Instruktion zur Kongregation der katholischen Glaubenslehre in Spaemann „Die Unantastbarkeit menschlichen Lebens", S. 30f.

Tage der Schwangerschaft. Auch eine Zugehörigkeit zur Gattung Mensch wird bis zu diesem Zeitpunkt verneint und in dem Embryo eine einfache Zellansammlung gesehen, die in ihrer Wertigkeit keinen höhere Stellung genießt, als eine einfache organische Verbindungen. Als Konsequenz dürfen menschliche Embryonen zerstört oder für Forschungszwecke vernutzt werden. Die Gewinnung embryonaler Stammzelllinien aus ihnen ist daher nach der jüdischen Glaubenslehre unbedenklich.[173]

Im Islam werden bezüglich des Schutzes ungeborenen Lebens verschiedene Meinungen vertreten. Einhellig wird ein Sukzessivbeseelung mit dem 120. Tag nach der Konzeption angenommen. Teilweise wird während der Entwicklungszeit vor diesem Tag, dem Embryo jegliches Lebensrecht verwehrt. Eine andere Meinungsgruppe vertritt hingegen die Ansicht, dass auch während der Vorbeseelungsphase bereits ein Lebensrecht besteht und jede Abtötung der Leibesfrucht bzw. auch des Embryo *in vitro* sich somit als Sünde erweist. Mehrheitlich wird gegenwärtig von dem Beginn menschlichen Lebens mit der Konzeption ausgegangen, jedoch gilt ein abgestuftes Schutzkonzept, wobei zwischen biologischer und moralischer Personalität während des ersten Trimesters der Schwangerschaft differenziert wird. Für die Verfolgung hochrangiger Ziele ist die Verwendung von zumindest „überzähligen Embryonen" zu Forschungszwecken danach gestattet.[174]

dd) Der Status des menschlichen Embryos im Rahmen einer säkularen Ethik

Die statusmäßige Einordnung des menschlichen Embryos wird auch bei der Bewertung nach den Grundsätzen einer säkularen Ethik kontrovers beurteilt. Teilweise wird im menschlichen Embryo ein Zellkonglomerat gesehen, dem die für die Annahme von Personalität notwendigen Eigenschaften fehlen, mit der Folge, dass einem solchen „Zellhaufen" jeglicher Lebens- und Würdeanspruch verwehrt wird. Die Gegenposition sieht hingegen in dem Embryo vom Zeitpunkt der Zeugung an ein menschliches Wesen, das in vollem Umfang an den Menschenrechten teilhaben muss. Eine dritte, vermittelnde Ansicht verfolgt das Konzept eines abgestuften Lebens- und Würdeschutzes. Danach kommen dem menschlichen Embryo zwar noch nicht die dem bereits entwickelten Menschen zustehenden Rechte zu, doch genießt auch dieser einen gewissen Achtungsanspruch und ist daher mit „Respekt" zu behandeln und in bestimmten Umfang zu schützen.

---

[173] Elliot Dorf, Stellungnahme für die *NBAC*, NBAC-Report "Ethical Issues in Human Stem Cell Research, Volume I, Report and Recommendations" (1999), S. 50; "Vol. III, Religious Perspectives", S. H-1 ff; Gerlof „Die Frage wann das Leben beginnt, wird im jüdischen Glauben ganz anders beurteilt als im Christentum" in: Ärztezeitung, 06.07.2001.

[174] NBAC-Report "Ethical Issues in Human Stem Cell Research, Volume III, Religious Perspectives", S. G-1ff; EGE "Adoption of an Opinion on Ethical Aspects of Human Stem Cell Research and Use", S. 138.

aaa) Die Begründung des Lebensrechts ab dem Zeitpunkt der Keimverschmelzung im Rahmen der säkularen Ethik

Nach der christlich-theologischen Ethik beginnt der unbedingte Lebensschutz mit der Befruchtung, also der Verschmelzung von Ei- und Samenzelle. Diese Sichtweise findet aber auch außerhalb der kirchlichen Ethik viele Anhänger.[175] Besonders nach den Grundsätzen einer *säkularen substanzialistisch* geprägten Ethik verbietet sich ebenfalls jede Verwendung menschlichen Lebens zu fremdnützigen Zwecken. Für den *Substanzialismus* bildet die menschliche Substanz die Grenze moralisch legitimen Handelns. Der herausgehobene und heilige Status des menschlichen Lebens in all seinen Daseinsform ist unantastbar und jeglicher Disposition entzogen. Die Ausdehnung der Definition des menschlichen Lebens auf die befruchtete Eizelle hat dann die moralische Gleichstellung mit jeder anderen Entwicklungsstufe menschlichen Lebens zur Folge. Die Begründungen für die Einräumung von Schutzpflichten gegenüber dem menschlichen Embryo sind zwar nicht einheitlich, so werden die Gründe hierfür teilweise beim Embryo selbst und teilweise aber auch in der moralischen Verpflichtung gegenüber der Gattung Mensch gesehen, jedoch sind diese Ansichten in ihrer Konsequenz für die Unantastbarkeit menschlicher Embryonen gleich. Sie werden daher innerhalb dieses Punktes gemeinsam dargestellt. Zunächst möchte ich mich den Verfechtern des eigenen Lebens- und Würdeanspruches des menschlichen Embryos zuwenden. Während insbesondere die katholische Moraltheologie davon ausgeht, dass die Verschmelzung von Ei- und Samenzelle bereits die Erzeugung eines Menschen, dem im vollem Umfang Lebensrecht und Menschenwürde zukommen, zur Folge hat, versuchen die Verfechter einer säkularen Ethik den Beginn menschlichen Lebens mit der Zeugung vornehmlich mit vier Argumenten zu begründen. Als solche werden (1) die *„potentielle Personalität“* des Embryos, (2) seine bereits mit der Vereinigung der Gameten erfolgte *Individuation* und (3) die von diesem Zeitpunkt an *kontinuierliche Weiterentwicklung* zum Menschen sowie (4) seine Zugehörigkeit zur *Gattung homo sapiens* für den Beginn des menschlichen Lebens und damit für die Begründung eines Lebensrechtes sowie die Ausweitung der Menschenwürde auf den Embryo angeführt.

---

[175] so. u.a. Schlingensiepen-Brysch „Wann beginnt das menschliche Leben“ in ZRP 1992 S. 418 (422); Braun „Menschenwürde und Biomedizin“, S. 186; Rager „Embryo-Mensch-Person“, S. 254 ff; Spaemann „Gezeugt, nicht gemacht“ in: DIE ZEIT 4/2001; ders. „Wer jemand ist, ist es immer“ in: FAZ vom 21. März 2001, Nr. 68/S. 65; die ehemalige Bundesgesundheitsministerin Andrea Fischer und Margot von Renesse in: FAZ vom 3.03.2001; Höffe „Rechtspflichten vor Tugendpflichten“ in: FAZ 31.03.2001, Nr. 77, S. 11; Beckmann in: FAZ vom 10. Mai 2001, Nr. 108, S. 52; Viebahn „Achsenbildung und Individuation während der embryonalen Entwicklung beim Menschen“ in: Jahrbuch für Wissenschaft und Ethik 5 (2000), S. 277 (288); Interview mit Frühwald in Forschung & Lehre 2001, S. 402 ff; Habermas, S. 34 ff; Bundesjustizministerin Herta Däubler-Gmelin „Die Würde des Embryos ist unbezweifelbar“ Interview in: FAZ vom 22.Mai 2001, Nr. 118/S. 52f; Bundespräsident Johannes Rau in seiner Rede vom 18. Mai 2001; Mieth „Wann beginnt das menschliche Leben“, S. 89 (89ff).

Beim sog. *Potentialitätsargument* wird auf die Entwicklungsfähigkeit der befruchteten Eizelle zum Menschen hin abgestellt. Aufgrund dieser zumindest theoretisch vorhandenen Fähigkeit der befruchteten Eizelle sich zu einem vollständigen Organismus zu entwickeln, müsse die spätere Personalität dieses zukünftigen Individuums bei der Bewertung des moralischen Status des menschlichen Embryos ebenfalls eine hinreichende Würdigung erfahren. Zwar besteht nahezu Einigkeit bei den Befürwortern des Lebensrechtes des menschlichen Embryos darüber, dass dieser noch keine eigene Personalität besitze, jedoch reiche die Anlage für die moralische Gleichstellung mit einer menschlichen Person aus. Zur Begründung dieser These führen ihre Anhänger unter anderem auf, dass der Grundsatz der Trennbarkeit von Personalität eines Individuums und seiner geistigen Entwicklung –und zwar in noch gesteigerter Form– bereits dem Geist der Aufklärung entspringe.[176] Danach entstehe mit der Zeugung bereits eine neue Person.[177]

Das zweite Argument ist das sog. *Individuationsargument.* Die Notwendigkeit der Ausdehnung des Menschenwürdegebotes und die Einräumung eines Lebensrechtes auf die befruchtete Eizelle wird teilweise damit begründet, dass diese sich als bereits individuierter Vorläufer von Mensch und Person darstelle, dessen Weiterentwicklung in einem kontinuierlichen Prozess zum geborenen Menschen hin erfolge. Die Befruchtung mit der Erschaffung der neuen und einzigartigen genetischen Erbinformation stelle die Basis menschlicher Individuation dar. Dieses gelte auch unabhängig davon, ob rein theoretisch noch die Möglichkeit zur Mehrlingsbildung besteht, da die Festlegung genetischer Grundlagen für die Entwicklung eines Individuums nicht abhängig von der Quantität ihrer Träger sei. Nahezu untrennbar ist hiermit auch das *Kontinuitätsargument.* Danach ist zu beachten, dass mit der Befruchtung ein kontinuierlicher Prozess der Entwicklung von der Zygote zum Menschen hin stattfinde, der durch keine folgenden Entwicklungsstufen in einer besonderen Weise unterbrochen werde; vielmehr ergebe die Kontinuität der Entwicklung, dass jede andere später gewählte Zäsur schließlich einem biologisch-physiologischen Sichereitskonzept entbehre und somit rein willkürlich herangezogen wäre.[178]

Das *Speziesargument oder auch Gattungsargument* baut schließlich auf den eben genannten Argumenten auf und wird schließlich mit den *substanzialistischen* Grundsätzen begründet. Aufgrund all der schon allein beim Embryo liegenden menschlichen Qualitäten müsste dieser daher vom ersten Moment seiner Entstehung an als ein menschliches Wesen angesehen werden, dem die gleichen Schutzansprüche wie

---

[176] Spaemann „Wer jemand ist, ist es immer" in: FAZ vom 21.03.2001, Nr. 68, S. 65.

[177] „Denn da das Erzeugte bereits eine Person ist, und es unmöglich ist, sich von der Erzeugung eines mit Freiheit begabten Wesens durch eine physische Operation einen Begriff zu machen, so ist es in praktischer Hinsicht ganz richtige und notwendige Idee, den Akt der Zeugung als einen solchen anzusehen, wodurch wir eine Person ohne ihre Einwilligung auf die Welt gesetzt (...) haben." - Immanuel Kant „Metaphysik der Sitten" S. 280f, § 28.

[178] In diesem Sinne auch Wuermeling in: Winter/Fenger/Schreiber, Rn. 601; Mieth „Wann beginnt das menschliche Leben", S. 81 (81ff).

einem geborenem Menschen auch zukommen.[179] Den Unsicherheiten in der Definierung des Lebensbeginns nach anderen Maßstäben müsse zudem immer die Gewährleistung des größtmöglichen Schutzes menschlichen Lebens in jeder seiner Entwicklungsphasen entgegengehalten werden. Damit darf allein auf den frühesten Zeitpunkt in der Genese zum Menschen hin abgestellt werden. Die Verfolgung anderer Definitionsansätze brächte vielmehr noch die Gefahr eines hermeneutischen Zirkels mit sich: „Es wird definiert, weil man in bestimmter Weise handeln will, und man handelt dann so, weil in bestimmter Weise definiert worden ist."[180]

In seiner besonderen moralischen Stellung wird nicht nur die Begründung eines eigenen Lebensrechtes des Embryos gesehen, sondern indiziert das Vorliegen menschlichen Lebens in jeder Form, diesen auch als Träger der Menschenwürde anzusehen. Das Gebot der Wahrung der Menschenwürde gelte damit für den Embryo ebenso ab dem Zeitpunkt der Befruchtung, wobei jede Abstufung in der Zuteilung der Menschenwürde ebenfalls als rein willkürlich und von subjektiven Interessen bestimmt abgewiesen wird[181]. Das kantische Instrumentalisierungsverbot, wonach kein Mensch zum bloßen Mittel der Erfüllung von Zwecken eines anderen gemacht werden darf[182], gilt in diesem Kontext damit uneingeschränkt. „Verbrauchende Embryonenforschung" widerspreche der Selbstdienlichkeit und mache das Subjekt zum Objekt der Interessen Anderer. Dieses gelte in besonderem Masse bei der Erzeugung von Embryonen allein zur Erfüllung eines Zweckes der nicht in ihnen selbst läge. Die „verbrauchende Embryonenforschung" ist nach dieser Ansicht daher ethisch auch im Sinne einer Güterabwägung mit möglichen klinischen Erfolgen zur Entwicklung neuartiger Therapiekonzepte für die Behandlung derzeit nur unzureichend therapierbarer Schwerstkranker in keiner Weise zu rechtfertigen. Ziel jeder künstlichen Erzeugung eines menschlichen Embryos muss die spätere Implantation in die Gebärmutter sein. Zwischen dem Embryo *in vivo* und dem Embryo *in vitro* darf nach vielfacher Ansicht bzgl. des Lebensrechtes und seinem Anspruch auf Menschenwürde in diesem Zusammenhang nicht unterschieden werden.[183] Die Herstellung menschlicher Embryonen zu Forschungszwecken verbietet sich daher ausnahmslos.

---

[179] Autiero in: Lexikon der Bioethik, Band 1, S. 562; Rager „Embryo-Mensch-Person", S. 254 (275f).

[180] Mieth in: Tinneberg (Hrsg.) Moderne Fortpflanzungsmedizin, S. 13, ders. „Ethische Grundfragen", S. 23 (27f).

[181] Braun „Menschenwürde und Biomedizin", S. 139.

[182] Immanuel Kant „Metaphysik der Sitten", S. 462, § 38: „Die Menschheit selbst ist eine Würde; denn der Mensch kann von keinem Menschen (weder von Anderen noch sogar von sich selbst) bloß als Mittel, sondern muss jederzeit zugleich als Zweck gebraucht werden, und eben darin besteht seine Würde (die Persönlichkeit), dadurch er sich über alle anderen Weltwesen, die nicht Menschen sind und doch gebraucht werden können, mithin über alle Sachen erhebt.". Der kategorische Imperativ lässt sich somit wie folgt formulieren: „Handle so, dass du die Menschheit sowohl in deiner Person, als in der Person eines jeden anderen jederzeit zugleich als Zweck, niemals bloß als Mittel brauchst."

[183] Autiero in: Lexikon der Bioethik, Bd. 1, S. 562.

Einen Sonderweg beschreitet u.a. *Habermas*, der jedoch zu einem vergleichbaren Ergebnis kommt, indem dieser die Schutzbedürftigkeit des menschlichen Embryos allein mit seiner Zugehörigkeit zur Gattung Mensch begründet. Dabei gibt es nach seiner Sichtweise zwar keine moralische Verpflichtung gegenüber dem menschlichen Embryo, diesen vor ihn zerstörenden Eingriffen zu bewahren, jedoch gebietet es die *Gattungsethik* eine Instrumentalisierung des Embryo, der als „vorpersonales Leben" bereits ein besonderes Gut darstellt, zu verhindern.[184] Die Sorge vor dem ethischen „Dammbruch" und die damit verbundene Befürchtung, dass der Einstieg in die „verbrauchende Embryonenforschung" den ersten Schritt auf dem sich dann verselbständigenden Terrain des *slippery - slope* darstellen könnte, lässt die Warnung vor den nicht vorhersehbaren Folgen laut werden. Für *Habermas* bedeutet die Anwendung solcher Praktiken auf ein menschliches Gattungswesen daher die Ebnung des Weges in eine *liberale Eugenik*.[185] *„Principiis obsta"* heißt schließlich unter vielen Kritikern das Gebot der Stunde.[186]

bbb) Die generelle Ablehnung des Lebensrechtes des frühen Embryos – Ansatzpunkte einer utilitaristischen Ethik

Die Einräumung eines dominierenden Lebensrechtes bzw. die Anwendung des Menschenwürdeprinzips auf den menschlichen Embryo und somit seine Unantastbarkeit vor nicht seiner Erhaltung dienenden Praktiken, kann ihm dort nicht zukommen, wo allein nach reinen Nützlichkeitserwägungen über die Gewährleistung von bestimmten Rechten beschieden wird. Nach dem die utilitaristische Ethik beherrschenden Verrechnungsprinzip ist eine Handlung dann und nur dann die richtige, wenn sie gemessen an den möglichen Alternativen die betroffenen Interessen am meisten fördert, wobei bloße Interessen Einzelner dem Vorteil für die Masse in einer Abwägung regelmäßig unterliegen. Ausschlaggebend ist damit „das größte Glück der größten Zahl".[187]

---

[184] Habermas, S. 121; grundsätzlich stellt *Habermas* das Modell der „antizipierten Personalität" auf, wonach der *in vitro* befindliche menschliche Embryo wie eine „zweite Person" zu betrachten und zu behandeln ist, ebenso als stünde dem Forscher ein zur Kommunikation fähiger entwickelter Mensch gegenüber. Eine Einwirkung auf den Embryo ist damit immer nur in den Fällen moralisch legitim, in denen von einer hypothetischen Zustimmung des jetzigen Embryos als spätere Person ausgegangen werden kann. Im Bereich der „verbrauchenden Embryonenforschung" stellt sich diese Frage hingegen nicht, da eine Geburt nicht bezweckt wird und somit die Hinterfragung einer hypothetischen Zustimmung hinfällig wird (S. 120).

[185] Habermas, S. 122.

[186] „Der Mensch ist jetzt Mitspieler der Evolution geworden" Rede von Bundespräsident Johannes Rau vom 18. Mai 2001, abgedruckt in: FAZ vom 19. Mai 2001, Nr. 116/S. 45: „Wer einmal anfängt menschliches Leben zu instrumentalisieren, wer anfängt zwischen lebenswert und lebensunwert zu unterscheiden, der ist auf einer Bahn ohne halt.".

[187] *Bentham* zitiert nach Hruschka „Utilitarismus in der Variante von Peter Singer", in: JZ 2001, S. 261 (262).

Eine Extremposition zur moralischen Beurteilung des Status des menschlichen Embryos wird u.a. von Peter Singer aufgrund seiner Definition des Personenbegriffs vertreten.[188] Danach liegt eine Person immer nur in Form eines sich seiner selbst bewussten oder rationalen Wesens vor.[189] Selbst postnatal möchte er dem Neugeborenen noch keine Personalität und damit kein absolutes Lebensrecht und keine unbedingte Menschenwürde zusprechen.[190] Ob und inwieweit diese Anschauung mit den ethischen Grundwerten unser Kulturkreises vereinbar ist, kann an dieser Stelle dahinstehen, da in diesem Zusammenhang allein der moralische Status des frühen Embryos zur Diskussion steht. Menschenwürde setzt jedenfalls für *Singer* und alle weiteren Anhänger dieser Sichtweise Bewusstsein beim Adressaten dieses Rechtes voraus, mit der Konsequenz, dass das Leben des menschlichen Fötus (und damit erst recht des menschlichen Embryos[191]) keinen größeren Wert hat, als das Leben eines nichtmenschlichen Wesens, das auf einer ähnlichen Stufe der Rationalität, des Selbstbewusstseins, der Bewusstheit, der Empfindungsfähigkeit usw. steht.[192] Ebenso wie viele andere sieht auch *Singer* die Entwicklung eines menschlichen Wesens als einen stufenweisen Prozess.[193] Eine klare Trennlinie zwischen dem befruchteten Ei und dem Erwachsenen gibt es auch nach seiner Auffassung nicht.[194] Die Potentialität, sich zu einem empfindungsfähigen menschlichen Lebewesen mit einer eigenen Personalität entwickeln zu können, reicht aber für die Übertragung von Menschenrechten nach diesem Konzept gerade nicht aus.[195]

Nach den Grundsätzen einer *utilitaristischen* Ethik, insbesondere in der von *Peter Singer* vertretenen Variante, ist der Embryo *in vitro* schließlich absolut schutzlos und seine Verwendung zu Forschungszwecken in ihrem potentiellen Nutzen für die menschliche Gemeinschaft sogar geboten. *Singer* vertritt damit eine Extremposition, die aber in ihrem Ergebnis mit anderen *utilitaristischen* Ansätzen im Hinblick auf die Stellung des menschlichen Embryos als absolut rechtsloses Zellkonglomerat, dem keinerlei Würdeanspruch oder Lebensrecht zukommt, koaliert. Für *Hare* ist es ebenfalls unerheblich, ob der Embryo sofort nach seiner artifiziellen oder auch natürlichen Erzeugung abstirbt oder vorher zum Gegenstand von Experimenten gemacht wird, soweit sichergestellt ist, dass er niemals ein Stadium erreicht, in dem er zu einem Subjekt von Bewusstsein und Bedürfnissen wird, und eine Verletzung potentieller Fähigkeiten somit nicht in Betracht kommt.[196] Ausschlaggebend

---

188 Einen guten Überblick verschafft Hruschka „Utilitarismus in der Variante von Peter Singer" in: JZ 2001, S. 261 (263)

189 Singer „Praktische Ethik", S. 120.

190 Singer „Praktische Ethik", S. 222.

191 Singer „Praktische Ethik", S. 204.

192 Singer „Praktische Ethik", S. 197; in diesem Sinne auch Harris, S. 173 ff; Hare, S. 133 ff; Hoerster „Nur wer die Sehnsucht kennt" in: FAZ vom 24. Februar 2001, Nr. 47/S. 46.

193 Singer „Praktische Ethik", S. 179.

194 Singer „Praktische Ethik", S. 179.

195 Singer „Praktische Ethik", S. 199; wie bereits im Vorfeld gesehen, wird diese Argumentationsweise nicht allein von Peter Singer vertreten, vgl. Fn. 189.

196 Hare, S. 133 ff.

ist allein seine faktische Fähigkeit sich zu einem erwachsenen Menschen zu entwickeln.[197] In diesem Sinne äußert sich auch *Hoerster*, der zur Begründung der Menschenrechte auf das Überlebensinteresse eines menschlichen Lebewesen abzielt.[198] Ein Interesse am Überleben könne aber nur dort bestehen, wo jemand tatsächlich in diesem Recht verletzt werden könnte. Voraussetzung ist also eine subjektive Verletzbarkeit des Adressaten einer Verletzungshandlung, was nur dann der Fall ist, wenn ein Individuum sein Integritäts- und Überlebensinteresse aktuell besitzt oder zumindest aktuell befähigt ist, ein solches Interesse zu entwickeln.[199]

Konsequenz aller Ansätze ist, dass zum Allgemeinwohl menschliche Embryonen verbraucht und auch eigens zu diesen Zwecken auch hergestellt werden dürfen.

ccc) Die gradualistische Sichtweise

Ein dritte Ansicht legt der statusmäßigen Einordnung des menschlichen Embryos ein differenzierendes Beurteilungskonzept zugrunde. Danach sind die Dignität und das Lebensrecht keine Eigenschaften, die dem menschlichen Leben von vornherein innewohnen oder über eine vergleichbare Intensität wie beim gestaltgewordenen Menschen verfügen. Vielmehr handelt es sich um Zuschreibungen, die sich erst im Laufe der Entwicklung ergeben oder erstarken. Während der frühesten Entwicklungsphase wird dem Embryo ein eigenständiges Lebensrecht damit teilweise gänzlich abgesprochen bzw. ein solches zumindest für abwägungsfähig mit hochrangigen Interessen erklärt. Trotzdem wird dem Embryo in seiner frühen Entwicklungsphase zumindest ein moralischer Status zugesprochen, aus dem sich in begrenztem Umfang seine Schutzwürdigkeit ergibt. Dieser resultiert bereits aus der Gattungszugehörigkeit, die in jedem Fall einen gewissen Schutz und Respektierungsanspruch gewährleistet. Bei jeglicher Verwendung menschlicher Embryonen muss somit zwingend der Menschenwürdeschutz als Bewertungskriterium einbezogen werden. Dies gilt auch für den Fall, dass, wie dies nach teilweise vertretener Ansicht der Fall ist, der Embryo selbst noch gar nicht Träger der Menschenwürde ist. In diesem Fall ist zumindest die Gattung Mensch als potentielles Opfer im Hinblick auf die Sozialschädlichkeit verschiedener Praktiken zu respektieren und der Begriff der Menschenwürde als ein auf die Gattung bezogenes Gemeinschafts-

[197] Hare, S. 133 ff

[198] Zwar sind in der ethischen Bewertung besonders im Bereich der Abtreibung und dem Beginn der Rechtsträgerschaft Ähnlichkeiten zu Singer nicht zu verkennen, jedoch kommt *Hoersters* Auffassung mit der Einräumung umfassenden Schutzwürdigkeit allen menschlichen Lebewesen gegenüber noch eine andere Qualität zu (vgl. „Hart der Embryo wirklich ein Interesse am Leben?" in: FAZ vom 23. Juli 2001, Nr.168, S. 44). Beliebige Manipulationen am menschlichen Embryo verbieten sich nach *Hoerster* ebenfalls, soweit diese ein späteres Interesse eines entstehenden Menschen beeinträchtigen könnten (vgl. „Nur wer die Sehnsucht kennt" in: FAZ vom 24. Februar 2001, Nr. 47/S. 46). Freilich gewährt die Auffassung von Hoerster dem menschlichen Embryo ansonsten keinerlei Lebensrecht, sodass einer Freigabe zu Versuchszwecken keine Einwände entgegenstehen würden.

[199] Hoerster „Nur wer die Sehnsucht kennt" in: FAZ vom 24. Februar 2001, Nr. 47/S. 46.

gut umzudefinieren. Die Argumentationsmodelle zur Begründung der Theorie des „abgestuften Lebens- und Würdeschutzes" sind schließlich extrem unterschiedlich, weshalb nur die wichtigsten hier kurz dargestellt werden sollen.

Eine erste Position zielt für die Begründung von Menschenrechten auf die Symbiose von Mutter und dem heranwachsenden Kind im Mutterleib ab. Ohne die Verbindung zum Uterus ist der Embryo spätestes mit dem 14. Tag in vitro nicht mehr überlebensfähig und wird daher teilweise als ein Leben ohne weiteres Entwicklungspotential angesehen. Zwar kommt auch dem menschlichen Embryo außerhalb des weiblichen Körpers eine gewisse Schutzwürdigkeit zu, doch begründet diese alleine noch kein Lebensrecht.[200] Aus diesem Grunde wird von einigen die ärztlich gesteuerte Implantation als ein der Befruchtung vergleichbarer Akt angesehen, da erst mit dieser Handlung der Embryo selbstständig zur weiteren Entwicklung befähigt ist. Als Konsequenz daraus soll ein eigenständiges Lebensrecht erst mit der Überführung dieses Embryos in die Gebärmutter angenommen.

Eine andere Variante ist dadurch gekennzeichnet, dass die ontogenetischen Ausprägungen bestimmter als maßgeblich erachteter Merkmale, die Legitimation einer erhöhten Schutzstufe begründen. Welche entwicklungsspezifischen Merkmale für die Einräumung bestimmter Schutzansprüche erheblich sind, wird dabei ebenfalls nicht einheitlich beurteilt. Ein Ansatz liegt darin auf den Abschluss der Nidation als den maßgeblichen Zeitpunkt einer statusmäßigen Änderung mit ca. dem 14. Tag p.c. abzustellen. Die Herleitungen dieser anthropologischen Zäsur sind jedoch differenziert. So stellt sich nach vornehmlich im angelsächsischem Raum und so auch im *Warnock - Report* vertretener Ansicht die Bildung des Primitivstreifens, die sich dem Abschluss der Nidation anschließt, als der ersten Körperachse des Menschen als der ausschlaggebende Individuationspunkt in der Entwicklung des Keimlings dar.[201] Der vollständigen Einnistung des Eies in die Gebärmutter folgt damit ein neuer und entscheidender Entwicklungsprozess. In den gleichen Zeitraum fällt auch der Verlust der Fähigkeit des embryonalen Zellgewebes zur Mehrlingsbildung, sodass eine andere Ansicht auf dieses Kriterium als das maßgebliche Individuationsmoment abstellt. Trotz der verschiedenen Begründungsansätze kommen diese Beurteilungsversuche zum gleichen Ergebnis. Fehlende Individualisierung verhindere es bereits in diesem Stadium die Entwicklung eigener, der Zellverbindung innewohnender, Personalität anzunehmen. Diese stelle jedoch die Grundlage der Inhaberschaft von Menschenrechten dar, sodass der Embryo in dieser Entwicklungsphase kein Träger eines Lebens- und Würdeanspruches sein kann. Ihm soll allein ein besonderer rechtlicher Schutz zukommen, der jedoch bei weitem begrenzter ist als z.B. der nach der Bildung des Primitivstreifens und erst recht nicht mit dem Le-

---

[200] Markl „Von Caesar lernen heißt forschen lernen", Auszüge der Rede von Hubert Markl auf der Hauptversammlung der MPG vom 22 Juni 2001, abgedruckt in: FAZ vom 25. Juni 2001, Nr. 144/S. 52; Auszüge der Rede auch in englischer Fassung unter dem Titel „Research doesn`t denigrate Humanity" in: Nature 2001, Vol. 412, S. 479f; dies entspricht auch dem Votum von Schäuble „Vergesst die Mutter nicht" in: FAZ vom 21. Mai 2001, Nr. 117/ S. 49.

[201] vgl. Warnock – Report, S. 66.

bensrecht von Kindern und Erwachsenen vergleichbar ist.[202] Die These, dass während der Schwangerschaft verschiedene biophysiologische Entwicklungsstadien einer differenzierten moralischen Bewertung unterliegen und mit der Nidation eine besonders bedeutende Zäsur vorliegt, findet sich in einer verbreiteten terminologischen Unterscheidung wieder. So wird der Embryo in der pränidativen Phase z.B. in den USA, Großbritannien und den Niederlanden auch Präembryo genannt.[203]

Einen anderen biophysiologischen Ansatz zur moralischen Statusbeurteilung des menschlichen Embryos liefert *Sass*. Entscheidend für ein menschliches Individuum ist nach der von ihm aufgestellten Theorie die menschliche Empfindsamkeit und Persönlichkeit, für deren Entwicklung das Gehirn zuständig ist. Daher soll mit dem Beginn der hirnorganischen Entwicklungen auch der Anspruch auf Leben beginnen. Von dieser Grundüberlegung aus hat *Sass* bereits in den achtziger Jahren versucht, ein Modell zu entwickeln, das, entsprechend der nahezu weltweit anerkannten Hirntodregelung, den Beginn des menschlichen Lebens aufgrund von biophysiologischen Entwicklungszuständen definieren soll. Anhaltspunkt für den Beginn des menschlichen Lebens sollte danach die Synapsenbildung von Hirngewebe darstellen am ca. 70 Tag p.c.. Um ein „ethisches Sicherheitsnetz" zu schaffen sollte der Beginn des menschlichen Lebens, dem voller rechtlicher Schutz zukommen muss, mit dem Beginn der hirnspezifischen Organogenese, als ca. am 57. Tag p.c. einsetzen.[204] Dieses Konzept konnte sich gegenwärtig aber auch unter anderen Vertretern einer empiristisch – utilitaristischen Ethik durchsetzen.

Andere Lösungsansätze stellen nur in beschränktem Maße auf die biologischen Grundlagen im Rahmen einer empirisch – ontologischen Betrachtung ab, sondern machen eine moralische Bewertung des menschlichen Embryos von seinen personellen Eigenschaften abhängig.

Das Lebensrecht und der Anspruch auf Menschenwürde kommt nach dieser Ansicht nur Personen zu. Die Rechte des menschlichen Embryos beurteilen sich damit danach, ob dieser bereits als menschliche Person oder einem solche entsprechende Lebensform angesehen werden kann. Außer Frage steht nach den Anhängern dieser Sichtweise zwar, dass mit der Befruchtung neues und individuelles artspezifisches menschliches Leben vorliegt, die anderen notwendigen dem Menschen als Person inhärenten Charakteristika aber noch nicht erfüllt sind. Hierfür bedürfte es dem Embryo bereits an einer ihm eigenen Persönlichkeit und Individualität. Diese Eigenschaften besitzt der frühe Embryo aber gerade noch nicht. Individualspezifische Persönlichkeit könne vielmehr nur dann vorliegen, wenn ein Wesen über die Fähigkeit verfüge, eigene Interessen und einen eigenen Willen zu besitzen sowie Empfindungen und Bedürfnisse zu haben.[205] Das Instrumentalisierungsverbot setze

---

[202] vgl. Warnock – Report, S. 63ff.

[203] vgl. Zur Darstellung des Begriffes auch Kollek „Klonen ist Klonen - oder nicht?" in: „Hello Dolly?", S. 19 (42); Dressler, S. 47.

[204] Sass „Hirntod und Hirnleben", S. 16.

[205] Lenzen, S. 193f; Kersting „Hantiert, wenn es euch frei macht" in: FAZ 17. März 2001, Nr. 65/S. I; Ach „Hello Dolly" in: „Hello Dolly?", S. 123 (145).

damit gerade einen anderen Menschen als Interessensträger voraus, der mit dem frühen Embryo als einem menschlichen Lebewesen mit einer nur potentiellen Personalität gerade noch nicht vorliegen soll.[206] In der Tradition der Aufklärung ist die Menschenwürde vielmehr mit der Fähigkeit zur Vernunft verknüpft, hierauf beruft sich neben dem Rechtsphilosophen *Merkel*[207] auch der frühere Kulturstaatssekretär *Nida-Rümelin*. Einem Wesen könne nur dann Menschenwürde zukommen, wenn es überhaupt entwürdigt werden kann.[208] Selbstachtung und Selbstreflexion, die sich schließlich aus der Personalität ergibt, ist damit Voraussetzung für eben diese Rechtsträgerschaft. Zwar wird von den meisten anerkannt, dass mit der Bildung des neuen genetischen Codes menschliches Leben mit dem Entwicklungspotential zum Menschen hin vorliegt, aber gerade das Stichwort der Potentialität schaffe die notwendige Differenzierung. Diese besage ja, dass ein anvisierten Zustand gerade noch nicht erreicht ist.[209] Zwei unterschiedliche Sachverhalte, nämlich „menschliches Leben" und „Leben als Mensch" gleichzusetzen, widerspreche jedem ethischen und rechtlichen Gleichheitsgebot. Allein ihre grundsätzliche Befähigung zur Entwicklung solcher Eigenschaften, lässt den menschlichen Embryo als potentielles Bedürfnissubjekt in einem weiteren und abgeschwächten Sinne dastehen.[210] Eben diese Potentialität alleine vermag es nach dieser Ansicht aber ebenfalls nicht ein Lebensrecht des menschlichen Embryos zu begründen. Die „verbrauchende Embryonenforschung", wie sie auch in Form der Vernutzung menschlicher Embryonen zur Gewinnung von humanen Stammzellen vorliegt, vermag aufgrund der mangelnden Personalität des Embryos schließlich niemanden zu schädigen, da mit dem benutzten Embryo noch kein bewusstseinsfähiges Individuum vorliegt und auch eine Potentialität zur Entwicklung solcher Eigenschaften im engeren Sinne tatsächlich nicht vorliegt.[211]

---

[206] statt vieler vgl. Birnbacher „Wo beginnt die Menschenwürde?" in: Universitas 56 (2001), S. 398 ff; in diesem Sinne auch NBAC – Report (1999), S. 51; Warnock – Report, S. 66f; in diesem Sinne auch Dressler, S. 45 ff.

[207] Merkel „Rechte für Embryonen" in: DIE ZEIT 5/2001.

[208] Nida-Rümelin „Wo die Menschenwürde beginnt" im Tagesspiegel vom 3.01.2001.

[209] Markl „Von Caesar lernen heißt forschen lernen", Auszüge der Rede von Hubert Markl auf der Hauptversammlung der MPG vom 22 Juni 2001, abgedruckt in: FAZ vom 25. Juni 2001, Nr. 144/S. 52;; Schöne-Seifert „Von Anfang an?" Die Zeit 09/2001; Nüsslein -Volhard „Wann ist ein Tier ein Tier, ein Mensch kein Mensch" in: FAZ vom 2. Oktober 2001, Nr. 229/S. 55.

[210] Birnbacher, „Ethische Probleme der Menschenwürde", S. 228 (239).

[211] In diesem Sinne auch Birnbacher „Ethische Probleme der Embryonenforschung", S. 228 (239). *Birnbacher*, wie auch *Ach* (vgl. Ach „Hello Dolly" in: „Hello Dolly?", S. 123ff), zieht daraus die Konsequenz, dass Embryonen, die vor dem Erreichen dieser Empfindungs- und Bedürfnisfähigkeit abgetötet werden keinen moralischen Schutzansprüche genießen. „Verbrauchende Embryonenforschung" ist damit grds. ethisch vertretbar, solange sichergestellt ist, dass die verwendeten Embryonen sich nicht mehr weiterentwickeln werden, *Birnbacher* aaO, vgl. auch *Birnbacher* „Aussichten eines Klons" in: „Hello Dolly?", S. 46 (50f). In diesem Punkt koaliert diese Ansicht mit den Grundsätzen einer *utilitaristischen* Ethik. Auch wenn *Birnbacher* innerhalb seiner Abhandlung zu dem Ergebnis kommt, dass „verbrauchende Embryonenforschung" wegen der „Nicht-Akzeptanz dieser Forschung aufgrund starker und ersichtlicher stabiler Gefühle von Ab-

Auch wenn die Zugehörigkeit des frühen Embryos zur Gattung Mensch angenommen wird, kann eine solche Tatsache ebenfalls nur eine eingeschränkte moralische Schutzwürdigkeit begründen[212], wobei diese nicht dem Embryo selbst als Rechtsträger trifft, sondern vielmehr die Würde der Gattung Mensch in den Vordergrund stellt, die jedoch der Abwägung mit anderen hochrangigen Gütern zugänglich ist[213]. *Birnbacher* schließt einen seiner neueren Aufsätze mit dem definitorischen Satz: „Die Schutzwürdigkeit von Leben und Würde ist keine Konstante, sondern eine Variable, die mit der jeweiligen Entwicklungsstufe sukzessiv zunimmt."[214] „Verbrauchende Embryonenforschung" stellt in der Konsequenz dieser Ansicht keine Instrumentalisierung menschlichen Lebens zu einem bloßen Rohstoff dar und ein Verstoß dieser Praktik gegen das Prinzip der Menschenwürde als unzutreffend abgelehnt.

Des Weiteren wird das Argument der gegenwärtigen und gesellschaftlich anerkannten Praxis angeführt, wobei der Einsatz chemischer und physikalischer Nidationshemmer (Spirale, bestimmte hormonelle Kontrazeptiva, morning after pill) nicht bloß toleriert wird, sondern als selbstverständlich vorausgesetzt wird.[215] Die Tötung (und um nichts anderes handelt es sich, wenn man den Keimling an der Implantation hindert) des Embryos in vivo durch derartige Praktiken zu akzeptie-

---

wehr und Angst." als „bis auf weiteres" moralisch unzulässig anzusehen ist (S. 245), so steht bei Würdigung der neuesten Entwicklungen im naturwissenschaftlichen Bereich eine Korrektur dieser Auffassung zu erwarten. Geht es um die Entwicklung neuer Therapieformen zur Behandlung schwerer Krankheiten oder anderer der *in-vitro-Fertilisation* vergleichbarer Techniken ist die Nutzung von Embryonen unter ethischen Gesichtspunkten nach Ansicht *Birnbachers* bereits gerechtfertigt (vgl. Birnbacher „Aussichten eines Klons" in: „Hello Dolly?", S. 46 (50)). Dass *Birnbacher* das Konzept einer „abgestuften Menschenwürde" verfolgt, macht er erst kürzlich wieder deutlich, vgl. *Birnbacher* „Wo beginnt die Menschenwürde?" in Univeritas 56 (2001), S. 398 ff.

[212] Markl „Von Caesar lernen heißt forschen lernen", Auszüge aus der Rede von Hubert Markl auf der Hauptversammlung der MPG vom 22. Juni 2001, abgedruckt in: FAZ vom 25. Juni 2001, Nr. 144/S. 52; in diesem Sinne wohl auch Knoepffler „Menschliche Embryonen und medizinethische Konfliktfälle", S. 55 (66).

[213] Leist, S. 207; Merkel „Rechte für Embryonen" in: DIE ZEIT 5/2001: Merkel nimmt für derartige Fälle eine Modifikation des Menschenwürdebegriffs zur „Gattungssolidarität" an. In seiner Argumentationsweise entspricht er der Theorie von Habermas, indem beide eigene Rechte des Embryos ablehnen und allein im Rahmen einer „Gattungsethik" den Schutz des menschlichen Embryos begründen. In ihren Ergebnissen über den moralischen Schutzanspruch divergieren Merkel und Habermas jedoch. Die Abwägungsfähigkeit der dem Embryo zugebilligten Rechte nimmt auch die DFG in ihren Empfehlungen vom Mai 2001 an. Ausdrücklich erklärt die DFG in Ziff. 9.2 ihrer Empfehlungen: „Der ethische und rechtliche Schutz der Forschungsfreiheit ist nicht absolut; genauso wenig wie das wie das Lebensrecht des Embryos"; in diesem Sinne auch Kersting „Hantiert, wenn es Euch frei macht" in: FAZ vom 17. März 2001, Nr. 65/S. I.

[214] Birnbacher „Wo beginnt die Menschenwürde" in: Universitas 56 (2001), S. 398 (400).

[215] Statt vieler Birnbacher „Wo beginnt die Menschenwürde" in: Universitas 56 (2001), S. 398 (400); Kersting „Hantiert, wenn es Euch frei macht" in: FAZ vom 17. März 2001, Nr. 65/S. I; für die Befürworter der generellen Ablehnung von Würde- und Lebensrechten menschlicher Embryonen Norbert Hoerster „Nur wer die Sehnsucht kennt" in: FAZ vom 24.02.2001, Nr. 47/S. 46.

ren und im Gegenzug das Lebensrecht des Embryos zu verabsolutieren, wird vielfach nicht nur als inkonsequent, sondern als Doppelmoral empfunden. Ebenso fordert auch die IVF – Behandlung zumeist eine Vielzahl von Versuchen, wobei Fehlschläge und damit der Verlust menschlicher Embryonen zwangsläufig einkalkuliert werden.

Ob menschliche Embryonen eigens zu Forschungszwecken und zur Gewinnung von ES – Zelllinien hergestellt werden dürfen, wird auch von den Vertretern eines gradualistischen Schutzkonzeptes nicht einheitlich beurteilt. Wird dem frühen Embryo ein Lebensrecht und Würdeanspruch abgesprochen, müssten die Vertreter dieser Sichtweise in der Konsequenz einer Herstellung von Embryonen zu den genannten Zwecken offen gegenüberstehen.[216] Andererseits werden aber auch hier hinsichtlich der gesellschaftlichen Auswirkungen Bedenken geäußert und die Herstellung von Embryonen eigens zu Forschungszwecken bzw. zur Herstellung von ES – Zelllinien daher gegenwärtig nicht als ethisch vertretbar angesehen.[217]

ddd) Konsequenzen für den „überzähligen Laborembryo“

Wird dem menschlichen Embryo generell ein Lebensrecht abgesprochen, so ergeben sich bei der Beurteilung des moralischen Status des Embryos „überzähligen IVF – Embryos“ keine weiteren Besonderheiten. Da der Embryo in vitro ohnehin zu Forschungswecken genutzt werden darf, muss für den „überzähligen IVF – Embryo“ freilich das Gleiche gelten.

Nach dem Konzept des „abgestuften Lebens- und Würdeschutzes“ kommt eine fremdnützige Verwendung menschlicher Embryonen nach vielfach vertretener Ansicht grundsätzlich nicht in Betracht. Allein im Einzelfall darf das Leben des menschlichen Embryos mit hochrangigen Rechtsgütern abgewogen werden. Das gilt in besonderem Maße für die Fälle, wenn der „Labor – Embryo“ aus rechtlichen oder tatsächlich nicht einer Frau implantiert werden kann, z.B. wenn die Mutter verstorben oder so erkrankt ist, dass die Herbeiführung einer Schwangerschaft nicht mehr in Betracht kommt und eine Embryonenspende ausgeschlossen ist. Diese Konstellation in Abwägung mit möglichen Vorteilen ist auch der Angriffspunkt einer auf diese Punkt beschränkt utilitaristischen Ethik. Naturwissenschaftliche Erkenntnisse, die durch Forschung am menschlichen Embryo insbesondere für Schwerstkranke gewonnen werden können, lassen für viele eine Güterabwägung zum Nachteil der Schutzansprüche des menschlichen Embryos in vitro zu.[218] In diesem Sinne hat auch die DFG ihre Stellungnahme von 1999 durch ihre Empfehlung vom Mai 2001 revidiert und öffnet sich nun in die Richtung, dass der Schutz-

[216] in diesem Sinne z.B. Merkel „Rechte für Embryonen“ in: DIE ZEIT 5/2001.

[217] vgl. Birnbacher „Ethische Probleme der Embryonenforschung", S. 228 (245); DFG - Empfehlung 2001, Ziff. 2.6.2, S. 42 f; Empfehlung Nr. 10.

[218] So z.B. Eser „Neuartige Bedrohungen ungeborenen Lebens“, S. 45.

anspruch des menschlichen Embryos tatsächlich abwägungsfähig ist.[219] Zwar kommt die DFG in ihrer Empfehlung zu dem Ergebnis, dass auch der „überzählige IVF – Embryo" Träger von Menschenwürde ist, sein Lebensrecht jedoch innerhalb einer Güterabwägung mit anderen Gütern von höchstem Rang schließlich zurückstehen kann.[220] Ausdrücklich weist die DFG daher daraufhin hin, dass nach ihrer Anschauung allein die Nutzung des verwaisten IVF – Embryo zu hochrangigen Forschungszwecken ethisch vertretbar ist.[221] Die Produktion menschlicher Embryonen stellt hingegen nach Auffassung der DFG eine Verdinglichung dar, die in keiner Weise zu rechtfertigen ist.[222]

Für die Befürworter eines uneingeschränkten Lebensrechtes des menschlichen Embryos kommt auch bei dieser Konstellation eine Verwendung menschlicher Embryonen zu Forschungszwecken oder zur Gewinnung von ES – Zelllinien nicht in Betracht. Menschliches Leben darf danach niemals der Abwägung mit anderen Rechtsgütern zugänglich sein, unabhängig davon ob dieses möglicherweise bereits todgeweiht ist. In Folge dieser Betrachtung, stellt sich in solchen Fällen vielmehr die Frage nach der Legitimität der Leihmutterschaft.[223]

2. Die ethische Wertigkeit von ES - Zellen

Da nach gegenwärtigen wissenschaftlichen Erkenntnissen davon auszugehen ist, das ES – Zellen nicht über die Eigenschaft verfügen, sich zu einem harmonischen Gesamtorganismus entwickeln zu können, also nicht totipotent sind, ist der Umgang mit ihnen nach nahezu einhelliger Ansicht ethisch unbedenklich.[224] Allein ihre Gewinnung wirft die oben aufgezeigten ethischen Probleme auf.

Der Einwand, Stammzellenforschung stelle generell auch einen Einstieg in das reproduktive Klonen dar, verkennt, dass sich strikte Grenzen zwischen so unterschiedlichen Zielsetzungen – wie auch in anderen Zusammenhängen durchaus erfolgreich ziehen lassen.[225] Insbesondere setzt die Gewinnung von humanen ES – Zellen nicht notwendigerweise die Anwendung von Klonierungstechniken voraus.

---

[219] In der DFG – Stellungnahme von 1999 spricht sich die DFG noch deutlich gegen die Verwendung menschlicher Embryonen zur Gewinnung von *ES – Zelllinien* aus.

[220] DFG – Empfehlung Mai 2001, Ziff. 2.6.1, S. 41.

[221] DFG – Empfehlung Mai 2001, Ziff. 2.6.1, S. 42, Empfehlung Nr. 10.

[222] DFG – Empfehlung Mai 2001, Ziff. 2.6.2 , S. 43.

[223] Schockenhoff „Die Ethik des Heilens und die Menschenwürde" in: Zeitschrift für medizinische Ethik, S. 235 (255).

[224] Bedenken hiergegen erhebt jedoch Denker „Embryonale Stammzellen und ihre ethische Wertigkeit: Aspekte des Totipotenz – Problems" in: Jahrbuch für Wissenschaft und Ethik, Band 5 (2000), S. 291ff.

[225] DFG – Empfehlung 2001, S. 34.

3. Die ethische Wertigkeit von EG – Zellen und fetalem Gewebe

Die Gewinnung von Zellen aus abortiertem Fetalgewebe stellt einen ethisch weniger problematischen aber dabei nicht unbedenklichen Fall dar. So müssen die Rechte der Eltern und auch die Einhaltung von Pietätspflichten gegenüber dem abgegangenen Fötus in diesem Fall in besonderer Weise gewahrt werden. Ethisch besonders problembehaftet ist ferner die Gewinnung der Zellen. Zum einen werden Bedenken gegen eine nachträgliche Rechtfertigung und dadurch auch gegen eine gesteigerte Akzeptanz der Abtreibung in der Gesellschaft geäußert, zum anderen steht eine Verleitung zum Schwangerschaftsabbruch oder sogar eine Kommerzialisierung durch Wissenschaftlicher aufgrund von Forschungsinteressen zu befürchten.[226] Aufgrund der Möglichkeiten der Legislative und des ärztlichen Berufsethos scheinen gegenwärtig diese ethischen Problempunkte jedoch begrenzbar. Nach der Stellungnahme der DFG von 1999 ist daher die Entnahme fetalen Gewebes zur Erstellung von EG – Zellen als ethisch vertretbar anzusehen.[227]

4. Die ethische Wertigkeit von AS – Zellen

Die Spende von AS - Zellen zu Transplantationszwecken ist seit vielen Jahren schon gängige Praxis. Die Verwendung dieser Zellarten aus von Kindern und Erwachsenen gewonnenen Zellen stellt sich nach Auffassung der Mehrheit in der Bevölkerung, Kirchen und Ethikern als unproblematisch dar. Ethisch bedenklich wäre ihre Entnahme und Vergabe allein, wenn die Zellen aus kommerziellen Gesichtspunkten vertrieben sowie unter menschenunwürdigen Bedingungen und gegen den Willen der Spender entnommen würden.

Als ethisch problematischer stellt sich allein die Gewinnung von bereits differenzierten Zellen aus Nabelschnurblut Neugeborener dar. Zum einen droht auch hierbei die Gefahr von Kommerzialisierung, zum anderen besteht aber auch die Sorge, dass Kinder allein zum Zweck der Lieferung von Ersatzzellen gezeugt und geboren werden. In diesen Fällen droht die Gefahr der Instrumentalisierung menschlichen Lebens, insbesondere dann, wenn zu Zwecken einer höchstmöglichen Gewebegleichheit eine pränatale Selektion stattfindet. Bei Niederlegung eines rechtlichen Rahmens, der den Eintritt der geäußerten Bedenken verhindern kann, ist jedoch von einer ethischen Vertretbarkeit und sogar Gebotenheit der Verwendung dieser Zellen auszugehen. Diesen Gedanken tragen auch die Empfehlungen der DFG Rechnung, indem sie die Forschung in diesem Bereich privilegiert und weiterhin unterstützen will.[228]

---

[226] ausführlich hierzu Hildth „Transplantation von fetalem Hirngewebe", S. 131 (134 ff).
[227] DFG Stellungnahme zum Problemkreis „Humane embryonale Stammzellen" (1999), S. 7.
[228] DFG – Empfehlung Mai 2001, Empfehlung Nr. 12.

II. Das „Therapeutische Klonen"

Ebenso wie die verbrauchende Embryonenforschung wirft auch der Transfer einer somatischen Zelle in eine enucleirte Eizelle zu therapeutischen Zwecken ethische Bedenken auf. Offensichtlich ist dabei, dass die Klonierung des Erbgutes selbst keinen therapeutischen Effekt mit sich bringt, sondern erst die Gewinnung pluripotenter ES – Zellen aus dem Inneren der Blastozyste und somit ebenfalls der Verbrauch des künstlich erstellten totipoten Zellkonglomerats, Forschungsfelder für die regenerative Medizin schafft. Bei der Darstellung der ethischen Bedenken ist es an dieser Stelle geboten, eingehend zwischen den bezweckten Zielen des Einsatzes dieser Technik und den gebrauchten Mitteln zu unterscheiden.

1. Zielsetzung des „therapeutischen Klonens"[229]

Ziele im Bereich des therapeutischen Klonens sind vornehmlich histokompatible Zellen des Zellspenders für die Züchtung spezieller Zell- und Gewebeverbände für eine spätere Reimplantation zu nutzen, mithin Ersatzgewebe und Organstrukturen sowie möglicherweise zukünftig vollständige Organe zu gewinnen.[230] Des Weiteren stellt der Zellkerntransfer allein gegenwärtig die Möglichkeit dar, somatische Zellen zu redifferenzieren. Die weitere Erforschung des Zellkerntransfers könnte somit in der Zukunft Wissenschaftlern Möglichkeiten eröffnen, auch auf anderem Wege somatische Zellen zu reprogrammieren und zu kultivieren. Diese Erkenntnisse könnten Grundlage neuer therapeutischer Ansätze zur Behandlung gegenwärtig kaum therapierbarer Krankheiten darstellen. Ferner kommt der Einsatz der Kerntransfertechnik zum Zwecke der Erzeugung entwicklungsfähiger Eizellen für die Embryonenforschung und Herstellung von ES – Zelllinien in Betracht. Bei einer ethischen Betrachtung dieser Zwecke stellt sich diese Zielsetzung nach nahezu einhelliger Ansicht nicht nur als bedenkenlos, sondern sogar als ethisch hochrangig und geboten dar.[231] Die Erzeugung entwicklungsfähiger Eizellen zu kommerziellen Zwecken sowie die Nutzung und Produktion in Bereichen außerhalb der Forschung für die regenerative Medizin, wie z.B. in der Kosmetikbranche, wird hingegen nahezu einhellig als ethisch verwerflich angesehen.[232]

---

[229] Während die Zielsetzung im Bereich der verbrauchenden Embryonenforschung grds. unproblematisch als ethisch vertretbar und zustimmungswürdig angesehen werden kann, erscheint die Frage im Bereich der Anwendung von Klonierungstechniken auf menschliches Erbgut schon diffiziler. Aus diesem Grund wird hier und im Folgenden die Zielsetzung der Praktik als eigener Punkt behandelt.

[230] ein Übersicht liefert hierzu Rendtorff et al., Ziff. 4.

[231] statt vieler Heinemann „Klonierung menschlicher embryonaler Stammzellen" in: Jahrbuch für Wissenschaft und Ethik, Band 5 (2000), S. 259 (265).

[232] Weitere von vornherein als ethisch verwerflich einzustufende Zielsetzungen nennen Rendtorff et al. Ziff. 4.1 u. 4.2. Dabei werden insbesondere das Klonen eines lebensfähigen Menschen für die Verwendung seiner Organe zu Transplantationszwecken, sowie das Klonen von Menschen

2. Mittel

Der Einsatz des Zellkerntransfers, der die Erzeugung totipotenter Zellen mit sich bringt, die sich bei Implantation in den Uterus und optimalen Verlauf zu lebensfähigen Individuen entwickeln könnten, wird kontrovers diskutiert. Die Bewertung des moralischen Status totipotenter Zellen erweist sich gegenwärtig noch als schwierig. So wird teilweise zur Diskussion gebracht, dass Totipotenz durch die Einführung der Technik des Zellkerntransfers kein klares biologisches Abgrenzungskriterium mehr darstelle und der moralische Status einzelner embryonaler Zellen somit nicht mehr starr vom Kriterium ihrer Totipotenz abhängig gemacht werden könne. Trotzdem wird mehrheitlich der moralische Status totipotenter embryonaler Zellen entsprechend der Wertungen zum Status des menschlichen Embryos beurteilt.[233] Die weiteren Ansatzpunkte für einen ethischen Diskurs beim therapeutischen Klonen entsprechen somit weitgehend den Ausführungen zur Embryonenforschung. Denn Grundlage ist wiederum der Status des menschlichen Embryos. Das Lebensrecht des menschlichen Embryos bestimmt wiederum die Frage nach der Rechtfertigung des technisch Machbaren. Hinzu kommt jedoch, dass, im Gegensatz zur Embryonenforschung an aus „überzähligen IVF – Embryonen", das therapeutische Klonen die Herstellung entwicklungsfähiger Eizellen allein zu Forschungszwecken voraussetzt. Die ethische Bedenklichkeit potenziert sich hierdurch, stellt man die so gewonnenen entwicklungsfähigen Eizellen einem durch Kernverschmelzung erzeugten Embryo gleich. Wird dann bereits bei der Forschung an IVF – Embryonen eine Instrumentalisierung angenommen, so liegt sie offensichtlich beim therapeutischen Klonen in gesteigerter Form vor. Aus diesem Grund verbietet sich die Anwendung von Klonierungstechniken zu therapeutischen Zwecken für die Moraltheologie erst recht.[234] Aber auch alle weiteren, die dem menschlichen Embryo vom Zeitpunkt der Befruchtung an ein nicht nur abgestuftes Lebensrecht zusprechen, müssen dem therapeutischen Klonen eine klare Absage erteilen, soweit sie den durch Zellkerntransfer gewonnenen entwicklungsfähigen Eizellen eine entsprechende ethische Wertigkeit zusprechen.[235]

---

ohne Stammhirn zu Transplantationszwecken hervorgehoben. Hierbei handelt es sich aber wohl eher um Fälle, die schon in den Bereich des reproduktiven Klonens hineinfallen.

233 Insbesondere die christlichen Kirchen in Deutschland gehen von einer ethischen Gleichwertigkeit der durch Klonierung erstellten entwicklungsfähigen Eizellen mit im Wege der Keimverschmelzung erzeugten humanen Embryonen aus, vgl. „Der Mensch sein eigener Schöpfer – Wort der deutschen Bischofskonferenz zu Fragen von Gentechnik und Biomedizin" vom März 2001; aber auch nach den Grundsätzen der säkularen Ethik wird diese als nicht vertretbar bewertet: vgl. DFG – Empfehlung 2001, Ziff. 2.6.3, S. 44f, Empfehlung Nr. 4 u. 9.2; in diesem Sinne auch Wuermeling in: Winter/Fenger/Schreiber, Rn. 604f.

234 Schockenhoff „Einspruch im Namen der Menschenwürde" in: FAZ vom 23. April 2001, Nr. 94, S. 10.

235 Zumeist erfolgt jedoch gar keine, noch nicht einmal verbale Differenzierung, sodass grds. in beiden Fällen von Embryonen gesprochen wird.

Aber auch unter den Befürwortern der Embryonenforschung, bzw. derjenigen, welche die Menschenwürde oder ein Lebensrecht des frühen Embryos ablehnen, ist eine Zustimmung zum therapeutischen Klonen nicht einheitlich gegeben. Innerhalb ihrer Empfehlung 2001 erklärt die DFG, dass es sich bei der Erzeugung menschlicher Embryonen zu Forschungszwecken, unabhängig von dem technischen Verfahren, regelmäßig um eine ethisch nicht zulässige Instrumentalisierung menschlichen Lebens handelt.[236] Nach der DFG – Empfehlung 2001 ist das therapeutische Klonen in keiner Weise ethisch zu rechtfertigen. Insbesondere wird aber auch das „ethische Dammbruchargument" angeführt, das therapeutische Klonen eröffne in irreversibler Weise den Weg zum reproduktiven Klonen.[237]

Wird jedoch dem frühen Embryo generell ein Lebensrecht abgesprochen, so erweist sich auch das therapeutische Klonen als ethisch unbedenklich.[238] Ein anderer Ansatzpunkt für die Befürwortung dieser Technik könnte noch in der Unterschiedlichkeit der Entstehung der Nukleustransferblastozyste und dem durch Kernverschmelzung gewonnen menschlichen Embryo liegen. Der Zellkerntransfer zur Gewinnung einer entwicklungsfähigen Eizelle ist in hohem Maße widernatürlich. Das zunächst erlangte Resultat dieser Praktik wird daher nicht als menschlicher Embryo angesehen, sondern in seinem Status als menschliches Zellgebilde, das in hohem Maße über Entwicklungsfähigkeit verfügt, eingeordnet. Erst nach Implantation in den Mutterleib entspräche die ethische Wertigkeit dieses totipotenten Zellgebildes dem des menschlichen Embryos. In der in vitro Kultivierung dieses Zellkonglomerates ist daher eine ethische Gleichstellung nicht geboten und der Lebens- wie auch Achtungsanspruch daher noch weiter gemindert.[239]

Ein weiterer ethischer Problempunkt des „therapeutischen Klonen" liegt aber noch darin, dass für die Studien und möglicherweise auch für spätere Therapien große Mengen unbefruchteter weiblicher Eizellen gebraucht werden. Ihre Gewinnung bringt jedoch auch die Gefahr gesundheitlicher Schädigungen der Spenderinnen[240] und Befriedigung kommerzieller Interessen mit sich.

---

[236] DFG – Empfehlung (2001), S. 44.

[237] so. u.a. auch Nida-Rümelin im Tagesspiegel vom 3.01.2001; Schneider „Wo beginnt die Menschenwürde" in: Universitas 56 (2001), S. 401 (404); krit. zu dem Dammbruch- bzw. *slippery slope* Argument Rehmann Sutter „Human Cloning? Teil 2" in: Schweizerische Ärztezeitung 2001; 82: 1214 – 1217.

[238] Hoerster „Nur wer die Sehnsucht kennt" in: FAZ, vom 24. Februar 2001, Nr. 47, S. 46; Birnbacher „Wo beginnt die Menschenwürde" in: Universitas 56 (2001), S. 398 ff; Merkel „Rechte für Embryonen" in: DIE ZEIT 5/2001.

[239] In diesem Sinne Bartram „Warum auf den Ethikrat warten" in: FAZ vom 29. Juni 2001, Nr. 148/S. 46.

[240] Schneider „Wo beginnt die Menschenwürde?" in: Universitas 56 (2001), S. 401 (402); s. a. Haniel „Therapeutisches Klonen" in: Universitas 56 (2001), S. 228 (235); DFG – Empfehlung 2001, Ziff. 2.6.3, S. 44; Rendtorff et al., Ziff. 5.3.

III. Das Reproduktive Klonen

Durch die Äußerungen verschiedener Wissenschaftler und der Sekte der *Raelianer*[241], in den nächsten Jahren den ersten Menschen klonen zu wollen, werden verschiedene Bedenken gegen ein solches Vorgehen geäußert.

1. Zielsetzungen des reproduktiven Klonens

Mit der Weiterentwicklung der Technik des Zellkerntransfers als Klonierungsmethode in der Fortpflanzungs- und Reproduktionsmedizin könnte sich künftig die Möglichkeit eröffnen, dass auch bisher unfruchtbare, gemischt- oder gleichgeschlechtliche Paare sowie Einzelpersonen auf diese Weise genetisch entsprechenden Nachwuchs bekommen können.[242] Weitere Zielsetzungen der Klonierung von Menschen werden bereits vielfach von vornherein als ethisch verwerflich angesehen. Voranstehend sind dabei z.B. die Erzeugung von Ersatzkopien von Kindern für den Fall, dass das Original verstirbt[243] oder die Herstellung von körperlichen „Duplikaten", die bei Organverlusten oder -ausfällen als Ersatzteillager fungieren sollen.[244]

Eine Aufzählung von Klonierungstechniken zur Verfolgung weiterer bestimmter Zwecke in der Reproduktionsmedizin enthält die Stellungnahme von *Rendtorff et al.*[245]. Hierbei werden ergänzend zu den bereits genannten folgende weitere Zielsetzungen aufgeführt:

- *Klonen durch Kerntransfer aus differenzierten Zellen zur Vermeidung einer Erbkrankheit der Nachkommen*

- *Klonen durch Kerntransfer aus differenzierten Zellen zur Erzeugung von „Ersatz" für ein totes Kind oder eine wichtige Persönlichkeit*

- *Klonen durch Kerntransfer aus differenzierten Zellen zur Erzeugung von für bestimmte Zwecke vorgesehene Mannschaften*

---

[241] vgl. „Der Mensch im Zeitalter seiner technischen Reproduzierbarkeit" in: FAZ vom 27. Juli 2001, Nr. 172/S.44 f; „Antinori rechtfertigt das Klonen" in: FAZ vom 10. März 2001, Nr. 59/S. 9.

[242] Interessante Einblicke in die Vermittlung des ethischen Problems des Klonen durch die visuellen Medien schafft Maio „Das Klonen im öffentlichen Diskurs" in: Zeitschrift für medizinische Ethik (2001) 47, S. 33 ff; zum Mythos des Homunculus in der Geschichte: Wetzstein „«Lasst uns einen Menschen machen...»" in: Zeitschrift für medizinische Ethik (2001) 47, S. 313 ff.

[243] siehe z.B Gordijn „Das Klonen von Menschen" in: Ethik Med 1999; 11: 12 (32).

[244] siehe dazu auch Rendtorff et al. Ziff. 4.1 u. Ziff. 4.2. Zwar werden diese Möglichkeiten unter dem Oberbegriff des „therapeutischen Klonens" gebracht, jedoch setzen die genannten Praktiken die Erzeugung eines vollständigen Organismus voraus, weshalb auch diese Praktiken wohl eher zu dem Bereich des reproduktiven Klonens zu zählen sind.

[245] Aufzählung nach Rendtorff et al., Ziff. 3.1 – 3.5.

- *Embryonensplitting zur Vervielfältigung des Nachwuchses.*[246]

Abgesehen vom Einsatz von Klonierungstechniken als Mittel zur Überwindung von Sterilität, stellen sich alle weiteren Zielsetzungen als in ihrer Durchführung zweifelhaft und nach nahezu einhelliger Ansicht als ethisch nicht vertretbar dar.

2. Mittel

Selbst für die Fälle, in denen das reproduktive Klonen nicht bereits von seiner Zielsetzung her als ethisch verwerflich anzusehen ist, bringt dann das eingesetzte Mittel für die bezweckte Reproduktion in vielfacher Weise ethische Bedenken mit sich, die in ihrer Gesamtheit eine Anwendung dieser Technik in der Fortpflanzungs- und Reproduktionsmedizin für ethisch unzulässig erscheinen lassen. Ein Aufzählung verschiedener Bedenken, die in keiner Weise einen Anspruch auf Vollständigkeit erhebt, sondern nur die gängigsten Argumente aufnehmen kann, soll die ethische Problematik verdeutlichen.[247]

a) Verbrauch menschlichen Lebens und gesundheitliche Risiken für den Klon

Das reproduktive Klonen wird schon aus dem Grunde vielfach für ethisch unzulässig angesehen, da es bei dem gegenwärtigen wissenschaftlichen Erkenntnisstand einen äußerst hohen Verbrauch menschlichen Lebens voraussetzt.[248] Das zeigen die bisherigen Tierversuche, bei denen während der gesamten Schwangerschaft die Embryonen und Feten vielfach absterben, bzw. genetische Fehler so gravierend sind, dass auch postnatal nicht einschätzbare gesundheitliche Schädigungen des Klons zu erwarten stehen und häufig sogar überhaupt keine Überlebensfähigkeit besteht.[249] Bleiben die Risiken für das sich später entwickelnde Individuum einmal ausgeklammert, so verbietet sich für die Befürworter eines Lebensrechtes des menschlichen Embryos bereits die zur weiteren Entwicklung dieser Technik not-

---

[246] eine weitere, in vielen Punkten, deckungsgleiche Aufzählungsliste findet sich bei *Jonas*, der diese in Anlehnung an *Leon Kass* aufführt. Besondere Bedeutung kommt dabei aber wohl dem von *Jonas* beigefügten Zusatz zu: „Neugier – lasst uns sehen, wie so etwas ausläuft.", S. 185.

[247] Selten wird in Deutschland bisher die ethische Zulässigkeit des reproduktiven Klonens angenommen. Einen ersten Aufruf zur Aufhebung des Klonverbotes im Rahmen der Sterilitätsüberwindung machte der Direktor des Instituts für Medizinische Soziologie und Sozialmedizin *Ulrich Müller*, vgl. ders. „Gebt uns die Lizenz zum Klonen" in: FAZ vom 9. März 2001, Nr. 58/S. 41.

[248] vgl. nur NBAC "Cloning Humans", S. 68f.

[249] Jaenisch und Wilmut „Klont keine Menschen!" in: FAZ vom 29. März 2001, Nr. 75/S. 55; zu den daraus resultierenden ethischen Bedenken: Knoepffler „Wo beginnt die Menschenwürde?" in: Universitas 56 (2001), S. 404 ff; Heinemann „Klonierung menschlicher embryonaler Stammzellen" in: Jahrbuch für Wissenschaft und Ethik, Band 5 (2000), S. 259 (265); Birnbacher „Aussichten eines Klons" in: „Hello Dolly?", S. 46 (56); Jaenisch und Wilmut „Klont keine Menschen!" in: FAZ vom 29. März 2001, Nr. 75/S. 55.

wendiger Weise vorausgehende Embryonenforschung und hohe Anzahl an Fehlschlägen, die für ein Gelingen eines solchen Experimentes in Kauf genommen werden muss.[250] Aber auch die Anhänger eines abgestuften Schutzkonzeptes müssen aufgrund der zumindest moralischen Schutzwürdigkeit, wonach nicht willkürlich in die Integrität des Embryos eingegriffen werden darf, eine derartige Aufopferung menschlichen Lebens verurteilen, solange die Klonierung nicht mit einem erstrebenswerten Ziel begründet werden kann. Allein nach der Auffassung, das der Embryo jedem moralischen Status enthoben ist, kommt eine Freigabe menschlicher Embryonen zu Zwecken der Forschung in diesem Bereich in Betracht. Äußerungen der Gruppen, die in nächster Zeit Klonierungstechniken zu reproduktiven Zwecken einsetzen wollen, zu Folge, sollen Embryonen und Feten, bei denen während der Schwangerschaft Abnormalitäten festgestellt werden, abgetrieben werden.

b) Gesundheitliche Belastungen der Eizellspenderinnen

Weitere erhebliche ethische Bedenken richten sich auch, ebenso wie beim therapeutischen Klonen, gegen die Gewinnung von Eizellen. Hierbei müssen eine Vielzahl von Frauen eine starke Hormontherapie für eine sog. Superovulation über sich ergehen lassen und sich in einem nicht ganz unriskanten medizinischen Eingriff die Oozyten entnehmen lassen.

c) Notwendige Leihmutterschaft

Sind im Wege des Zellkerntransfers totipotente Zellen entstanden, müssen diese zu ihrer weiteren Entwicklung in den Uterus einer Frau implantiert werden. Zum einen wirft dies die ethische Problemstellung der Leihmutterschaft auf, zum anderen sind auch die gesundheitlichen Risiken der Leihmutter zu bedenken, die durch Abnormalitäten des Ungeborenen und gegebenenfalls durch einen medizinisch indizierten Schwangerschaftsabbruch zu erwarten stehen.

d) Verletzung der Menschenwürde des Klons

Kontrovers werden schließlich ethische Bedenken bezüglich dem Klon selbst diskutiert. Im Vordergrund steht dabei ein mögliche Menschenwürdeverletzung des Klons. Für die Annahme einer solchen werden vornehmlich zwei Gründe eingebracht: Zum Einen könnte die Vervielfältigung des Spendergenoms für den Klon eine Gefährdung seiner Individualität und Entwicklung einer eigenen Identität darstellen[251], zum Anderen bedeute die Erzeugung eines Klons einen Akt der Instrumentalisierung menschlichen Lebens, der für sich genommen schon immer einen

---

[250] vgl. 1. Kapitel A V 2 b) bb).

[251] In diesem Sinne z.B. Siep „Zur ethischen Problematik des Klonens“ in: Jahrbuch für Wissenschaft und Ethik Band 2, S. 5 (10ff); Heinemann „Klonierung menschlicher embryonaler Stammzellen“ in: Jahrbuch für Wissenschaft und Ethik, Band 5 (2000), S. 259 (265).

Verstoß gegen die Menschenwürde darstellt. Der erste Einwand gegen das Klonen wird deshalb häufig das *Individualitätsargument* genannt, der zweite das *Instrumentalisierungsargument.*[252] Der folgende Überblick wird verschiedene Argumentationsansätze skizzieren, aber auch zeigen, dass einer vorschnellen Annahme einer den gestaltgewordenen Klon betreffenden Menschenwürdeverletzung auch kritisch entgegengetreten werden kann. Zuvor sei jedoch noch ein wichtiger und wohl auch unstrittiger Punkt im Hinblick auf die Menschenwürde des Klons herausgehoben: Sollte es tatsächlich dazu kommen, dass mittels Klonierungstechniken ein Mensch erzeugt wird, so indiziert schon das Menschsein, seine moralische Gleichstellung mit allen anderen Menschen.[253] Dementsprechend müssen ihm in gleicher Weise auch sämtliche Menschenrechte, wie insbesondere auch die Menschenwürde, zugesprochen werden.

Bei den kontrovers beurteilten Punkten sei zunächst die Auseinandersetzung mit dem *Individualitätsargument* vorangestellt.[254] Zum einen wird danach befürchtet, dass der Klon auf eine bloße Kopie, zu einem zumindest körperlichen und zeitlich versetzten Double, reduziert werden könnte und auf ewig einen Entwurf seiner Eltern darstellen müsste, in der stetigen Erwartungen einen Menschen zu duplizieren und ein vorgelebtes Leben wiederholen zu müssen.[255] „Das Recht jedes Menschenlebens, seinen eigenen Weg zu finden und eine Überraschung für sich selbst zu sein"[256] würde dem Klon so genommen. Auswirkungen auf die Psyche und insbesondere die Identitätsbildung des Klons seien dabei gerade nicht absehbar. Auch Erwartungen, die von außen aufgrund einer Vergleichung mit seinem genetischen Vorgänger an ihn gestellt werden, könnten psycho-soziale Druckfaktoren darstellen, die seine gesamte Lebensqualität beeinträchtigen könnten.[257] Zudem könne sich dieser Erwartungsdruck aber auch aufgrund der fehlerhaften Identifizierung mit dem Erbgutspender bereits aus eigener Motivation des Klons ergeben.[258] So bestehe die Gefahr, dass der Klon sich mehr mit dem Spender des genetischen Erbgutes als mit der eigenen Personalität identifiziere. Der Klon würde dann möglicherweise sich selbst und sein Leben immer im Schatten des Zellspenders sehen müssen, ein Umstand, der eindrucksvoll auch mit dem *the-life-in-the-shadow-argument*

---

[252] Diese Begriffsbestimmungen verwendet u.a. Fuchs „Der Einzelne und seine Einmaligkeit." in: Jahrbuch für Wissenschaft und Ethik, Band 5 (2000), S. 63 (69).

[253] s.a. NBAC "Cloning Humans", S. 86.

[254] Eine ausführliche Darstellung der Beurteilung verschiedener kritischer Ansätze findet sich im NBAC "Cloning Humans", S. 70 ff.

[255] DFG – Stellungnahme 1997 in: „Hello Dolly?", S. 223 (235); Jonas, S. 190; Habermas, S. 108; Braun „Menschenwürde und Biomedizin", S. 162 – 179.

[256] Jonas, S. 194.

[257] vgl. Birnbacher „Aussichten eines Klons" in: „Hello Dolly?", S. 46 (56).

[258] hierzu sehr eindrücklich Rehmann-Sutter „Human Cloning? Teil 3: Klonieren und reproduzieren" in: Schweizerische Ärztezeitung 2001; 82: 1530 (1531); Andrea Fischer und Margot von Renesse „Niemand hat das Recht, über den Lebenswert eines Menschen zu entscheiden" in: FAZ vom 3.03.2001, Nr. 53/S. 11.

umschrieben wird.[259] Das jedem Menschen eigene Selbstverständnis und seine Selbstbestimmung würden somit durch die „unverantwortliche Selbstverliebtheit seines Erzeugers stark eingeschränkt".[260] Unabdingbare Voraussetzungen für die Selbstentfaltung als elementarem Bestandteil der Menschenwürde ist insbesondere das *Recht zum Nichtwissen.*[261] Auch bei der bloß subjektiven Annahme des Klons, ein vorprogrammiertes Leben führen zu müssen, wird er in dieser Freiheit beschnitten.[262] Zu den Menschenrechten gehöre daher gerade auch das Recht eines jeden Menschen auf die „Naturwüchsigkeit seiner Abstammung"[263] und seinen Ursprung in einer zufälligen genetischen Anlage zu haben. Dieses Recht umschreibt *Habermas* mit dem noch weitergehenden *Recht auf Nichtfestgelegtheit.*[264] An dieser Stelle kann sodann auch der fließende Übergang in das *Instrumentalisierungsargument* gesehen.[265] Denn, wenn dem Klon das Recht auf eine freie Persönlichkeitsentfaltung genommen würde, und ihm damit eine genetische Identität mit einem anderen Menschen aufgezwungen wird, ergebe sich die Folge der Instrumentalisierung eines Menschen zu einem reinen Zweckobjekt, dem kein ihm innewohnender Selbstzweck mehr zu kommen könne.[266] Diese Instrumentalisierung widerspricht aber dem Gebot der Menschenwürde nach der kantischen Maxime, nach welcher der Mensch immer als Zweck an sich selbst anzusehen ist.[267] Herausgehoben wird schließlich, dass es gerade nicht die Tatsache der genetischen Identität ist, die der Achtung der Menschenwürde widerspricht, da auch monozygote Zwillinge über eine genidentische Ausstattung verfügen; vielmehr ist es die Funktionalisierung des geklonten Menschen, der nicht um seiner selbst willen, sondern nur aufgrund einer spezifischen Erwartung oder Anforderung mit einem bestimmten Erbgut versehen wird.[268] Auch wenn der Klon niemals ein tatsächliches Abbild des Zellkernspenders darstellen wird, so wurde er dann doch nur zur Befriedigung der Bedürfnisse anderer Menschen erstellt.

Diese eben aufgezeigten Befürchtungen hinsichtlich der Auswirkungen auf den Klon selbst werden jedoch nicht vorbehaltlos gewährt. So werden z.B. gegen die *Individualitätsargumente* Einreden derart erhoben, dass die Umwelt- und Sozialfaktoren, unter denen ein Mensch aufwächst, mindestens in gleichem Maße die Persönlichkeitsentwicklung mitbestimmen, wie auch die genetischen Anlagen ihre

---

[259] Holm zitiert nach Fuchs „Der Einzelne und seine Einmaligkeit" in: Jahrbuch für Wissenschaft und Ethik, Band 5 (2000), S. 63 (69).
[260] Zülicke „Chancen und Risiken von Gentechnik und Reproduktionsmedizin", S. 23.
[261] Jonas, S. 189.
[262] Jonas beschreibt diesen Fall als „verderbliches Wissen", S. 190 ff.
[263] in diesem Sinne auch Siep „Zur ethischen Problematik des Klonens" in: Jahrbuch in Wissenschaft und Ethik, Band 2, S. 5 (13).
[264] Habermas „Biologie kennt keine Moral" in: DIE ZEIT 09/1998.
[265] in diesem Sinne z.B. Szaif „Artifizielles Werden" in: Jahrbuch für Wissenschaft und Ethik 2000; 5: 53 (61).
[266] Oduncu „Klonierung von Menschen" in: Ethik Med (2001) 13: 111 (117).
[267] Haniel in: Lexikon der Bioethik, Band 2, S. 405.
[268] Haniel in: Lexikon der Bioethik, Band 2, S. 405.

Grundlagen bilden.[269] „Der Mensch ist mehr als die Summe seiner Gene“[270] und somit würde sich auch der Klon als ein einzigartige menschliche Persönlichkeit entwickeln können[271]. Der absolutierende Einwand eines „genetischen Determinismus“, dem der Klon unterworfen ist, wird somit zumindest in objektiver Hinsicht nahezu einhellig kritisch betrachtet und als nicht haltbare Argumentationsweise zurückgewiesen.[272] Eine Bedrohung der Individualität des Klons und somit ein Angriff auf seine Menschenwürde solle daher nach teilweise vertretener Auffassung nicht zwangsläufig schon aufgrund seiner genomischen Identität mit einem anderen Menschen vorliegen.[273] Nach *Leist* könnte in der Kenntnis körperlicher und geistiger Fähigkeiten möglicherweise sogar ein Vorteil des Klons gesehen werden.[274] Auch ein Fall der Instrumentalisierung müsse ferner nicht in jedem Fall zwingend vorliegen. Im Bereich der Fortpflanzungsmedizin wird ein Kind, wie in allen anderen Fällen der natürlichen und besonders auch artifiziellen Fortpflanzung nur aus dem Grunde erstellt, einen genetischen Abkömmling zu bekommen.[275] Der Selbstzweck des Daseins des Kindes würde dadurch nicht in Frage gestellt. Trotz dieser Einwände können die vielfach dargestellten Risiken wohl nicht überzeugend abgewehrt werden, solange empirische Werte nicht vorliegen.[276]

e) Mögliche gesellschaftliche und familienstrukturelle Auswirkungen

Unabsehbare Probleme für die Familienstruktur und die Entwicklung der Persönlichkeit des geklonten Menschen lassen nach vielfach geäußerter Ansicht die Klonierung von Menschen als ethisch unakzeptabel erscheinen.[277] Weiterhin ist aber auch der Gleichheitsgrundsatz sowie der Schutzanspruch, der sowohl der menschlichen Individualität und ihrer Entfaltung als auch der menschlichen Sozialität in Form der Familie und der damit verbundenen Strukturen der menschliche Reproduktion eigen ist, beachtlich.[278] Nach *Mieth* ist das Recht auf Elternschaft weder ein absolutes Recht noch ein Recht auf jedes Kind. Vor allem ist es kein Recht auf jedes Opfer der Allgemeinheit.[279]

---

[269] statt vieler vgl. Oduncu „Klonierung von Menschen“ in: Ethik Med (2001) 13: 111 (117).
[270] Ach „Hello Dolly“ in: „Hello Dolly?“, S. 123 ff und S. 134; Winnacker "Niemand will den Menschen die Utopien nehmen" in: FAZ vom 15. Dezember 2001, Nr. 292/S. 44.
[271] So z.B. Zülicke „Chancen und Risiken von Gentechnik und Reproduktionsmedizin“, S. 18.
[272] Fuchs „Der Einzelne und seine Einmaligkeit“ in: Jahrbuch für Wissenschaft und Ethik, Band 5 (2000), S. 63 (67) mwN; hierzu auch ausführlich der NBAC "Human Cloning“ (1997), S. 36f.
[273] Ach "Hello Dolly" in: „Hello Dolly?“, S. 123 (133); Rehmann-Sutter „Human Cloning? Teil 3: Klonieren und reproduzieren“ in: Schweizerische Ärztezeitung 2001; 82: 1530 (1533).
[274] Leist, S. 209.
[275] in diesem Sinne z.B. Gordijn „Das Klonen von Menschen“ in: Ethik Med 1999; 11: 12 (19).
[276] siehe hierzu Rehmann-Sutter „Human Cloning? Teil 4: Klonen als Fortpflanzungstechnik“ in: Schweizerische Ärztezeitung 2001; 82: 2145 (2145ff).
[277] Haniel in: Lexikon der Bioethik, Band 2, S. 405.
[278] DFG – Stellungnahme 1997 in: „Hello Dolly?“, S. 223 (234).
[279] Mieth in: Tinneberg (Hrsg.), Moderne Fortpflanzungsmedizin, S. 18.

Auch werden Befürchtungen geäußert, dass die Zulässigkeit des reproduktiven Klonens als therapeutische Maßnahme im Bereich der Fortpflanzungsmedizin bei Sterilität der Eltern den Weg zu einer neuen Form menschlicher Fortpflanzung eröffnen würde. Die Auswirkungen auf einer Fortpflanzung ohne Sexualität und Zärtlichkeit lassen eine zukünftige „Lebenswelt" befremdend erscheinen. Die Bedeutung von Familie und Ehe wäre dann nur noch eine fragliche.[280]

Wird im Bereich der Fortpflanzungmedizin aufgrund von Sterilität der Eltern ein Kind mittels Klonierungstechniken nur um seiner selbst Willen erzeugt, liegt damit eine Interessenslage vor, welche die Befürchtung einer Instrumentalisierung des Klons nicht notwendig eintreten lässt. Aber nicht allein die Würde des Individuums ist ausschlaggebend, sondern es ist auch die Würde der gesamten menschlichen Gattung und der ihr eigenen natürlichen Art der Reproduktion zu respektieren.[281] Im Rahmen einer solchen Gattungsethik wird aufgrund der nicht absehbaren Folgen dieser Techniken für die menschliche Gesellschaft die Einführung des reproduktiven Klonen als ethisch verantwortungslos und unvertretbar einzustufen sein.

f) Reproduktives Klonen als Wegbereiter einer positiven Eugenik

Die von außen gesteuerte Festlegung der genetischen Identität eines Individuums durch die Anwendung des Zellkerntransfers ebnet den Weg in eine positive Eugenik, da möglicherweise nur noch Spenderzellen mit besonders „wertvollem" Erbgut zur Weitergabe ausgesucht werden. „Minderwertiges" Erbgut wie es im Wege der natürlichen Reproduktion durch die zufällige Anordnung der Erbinformation durch die Keimverschmelzung entstehen kann, kann somit bereits im Vorfeld seiner Entstehung verhindert werden. Zwar gibt es bereits andere und besser geeignete Möglichkeiten besondere genetische Eigenschaften zu isolieren, sodass der Zellkerntransfer zur Unterstützung besonderer Fähigkeiten in der weiteren Evolution nicht unbedingt als das geeigneteste Verfahren zur Verfolgung dieses Zieles angesehen werden kann, jedoch schafft die Methode zumindest einen möglichen Einstieg.[282]

C. Schlussbetrachtung

Auch wenn bezüglich der „verbrauchenden Embryonenforschung" und dem sog. „therapeutischem Klonen" in der nächsten Zukunft wohl kaum Einigkeit unter den

---

280 Mieth „Probleme der Ethik in der Biomedizin am Beispiel der Klonierungsdebatte", S. 156 (161ff).

281 DFG – Stellungnahme 1997 in: „Hello Dolly?", S. 223 (236); Braun „Biomedizin und Menschenwürde", S. 70 ff., dies. „Kapitulation des Rechts vor der Innovationsdynamik" in: KJ 2000, S. 332 (337f).

282 NBAC "Cloning Humans", S. 78 f.

diskutierenden Parteien erreicht werden wird, so ist zumindest im Bereich des „reproduktiven Klonens" nahezu ein Grundkonsens zu erkennen. Die Vorstellung, einen Menschen auf eine unstreitig absolut widernatürliche Art zu erzeugen, weckt in den meisten Menschen begründete Befürchtungen, die eine Bewertung dieser Technik als ethisch unvertretbar rechtfertigen können. Auch wenn im Bereich des reproduktiven Klonens die einzelnen Bedenken isoliert noch nicht ein unbedingtes moralisches Verbot des Klonens begründen können, so vermag ihre Gesamtheit in ihren potentiellen Auswirkungen auf die Gesellschaftsstruktur und unser von kulturellen Erfahrungs- und Deutungsmustern geprägtes menschliches Selbstverständnis zumindest eine ethische Verpflichtung zur Grenzziehung zu erlassen.[283] Auf den Punkt bringt die ethische Debatte wohl ein Zitat des amerikanischen Bioethikers *Leon Kass*: *„Revolusion is surely not an argument … But ... in crucial cases repugnance is often the emotional bearer of deep wisdom beyond reason's power fully articulate it."*[284] Die weitere Bewertung des Status eines menschlichen Embryos und der durch Zellkerntransfer gewonnenen entwicklungsfähigen Eizelle wird im Rahmen der juristischen Auseinandersetzung noch eingehend erfolgen.

---

[283] Ach „Hello Dolly" in: „Hello Dolly?", S. 123 (152).
[284] *Leon Kass* zitiert nach NBAC "Cloning Humans", S. 74.

3. Kapitel: Die juristische Würdigung de lege lata

Die neuen naturwissenschaftlichen Erkenntnisse im Bereich der Bio- und Gentechnologie setzen in vielen Ländern die Legislative unter Druck, durch eine ebenfalls neue Gesetzgebung dem gegenwärtigen Forschungsstand gerecht zu werden. Die derzeitige strafrechtlichen Rechtslage in der Bundesrepublik Deutschland wird in diesem Abschnitt eingehend dargestellt, wodurch sich Angriffspunkte auch für die Notwendigkeit einer Überarbeitung der Regelungen zeigen werden. Gerade die rechtlichen Entwicklungen im Ausland können für eine Regelung de lege ferenda entscheidende neue Ansatzpunkte liefern. Eingehend werden dabei die Regelungskonzepte der Schweiz und Großbritanniens behandelt. In beiden Ländern ist kürzlich erst eine neue Gesetzgebung, die sich mit der Regelung der Fortpflanzungsmedizin sowie mit den Grundlagen zum Umgang mit menschlichem Keimgut und menschlichen Embryonen beschäftigt, in Kraft getreten. Diesen beiden Regelungskonzepten liegt eine unterschiedliche Bewertung des Status des menschlichen Embryos zu Grunde, sodass eine Gegenüberstellung der Systeme sich schon aus diesem Grunde besonders anbietet.

Die Schweizer Bundesverfassung hat den Bereich Fortpflanzungsmedizin und Gentechnologie ausdrücklich aufgenommen. Entsprechend hierzu wurde auch ein Gesetz zur strafrechtlichen Regelung der assistierten Fortpflanzung 1998 verabschiedet, das im Januar 2001 in Kraft getreten ist. Bereiche wie das Klonen oder die Erzeugung von menschlichen Embryonen zu fremdnützigen Zwecken sind explizit in dem Gesetz aufgeführt. Das Stammzellforschungsgesetz (StFG) vom 19.12.2003 eröffnet schließlich Spielraum zum Zwecke der Gewinnung von humanen embryonalen Stammzelllinien und zur Vernutzung von humanen Embryonen zu Forschungszwecken, soweit diese im IVF-Verfahren gewonnen und schließlich von einer späteren Implantation ausgeschlossen sind.[285]

Bereits im Januar 2001 verabschiedete das britische Oberhaus die Human Fertilisation and Embryology Regulations 2001, einen Zusatz zum Human Fertilisation and Embryology Act von 1991, wonach ein liberalerer Umgang in der Forschung mit menschlichen Embryonen und der Anwendung neuer bio- und gentechnologischer Praktiken auf menschliche Embryonen im Bereich der regenerativ – medizinischen Forschung zugelassen wird. Im November 2001 wurde ein Gesetz, das sich ausdrücklich mit dem reproduktivem Klonen beschäftigt, vom britischen Unterhaus verabschiedet.

In der Bundesrepublik Deutschland ist das Embryonenschutzgesetz im Jahre 1991 in Kraft getreten und schon daher in vielerlei Hinsicht nicht immer in der Lage, dem neuen naturwissenschaftlichen Erkenntnisstand gerecht zu werden. Durch das sog. Stammzellgesetz[286] (StZG) vom 28.06.2002 soll der Forschungsfreiheit

---

[285] Bundesgesetz über die Forschung an embryonalen Stammzellen (Stammzellforschungsgesetz, StFG) v. 19.12.2003, in Kraft getreten am 01.03.2004.

[286] Gesetz zur Sicherstellung des Embryonenschutzes im Zusammenhang mit Einfuhr und Verwendung menschlicher embryonaler Stammzellen (Stammzellgesetz)

durch ein präventives Verbotsgesetz mit Genehmigungsvorbehalt zum Import genüge getan werden.

Eine rechtsvergleichende Analyse wird Unzulänglichkeiten jedes einzelnen Regelungssystems aufzeigen, aber auch Anregungen für die Entwicklung eines neuen Konzeptes für die Bundesrepublik Deutschland liefern können. Insbesondere vermögen aber auch die Mängel der ausländischen Modelle zu verdeutlichen, auf welche Sachverhalte bei einer etwaigen Neukonzeption des Embryonenschutzes in Deutschland besonders zu achten ist.

Neben den jeweils nur nationalen Regelungen sind im internationalen, und dabei insbesondere im europäischen Bereich, verschiedene Vereinbarungen getroffen worden, die sich mit dieser Materie befassen. Diese sollen im einzelnen dargestellt und ihre Verbindlichkeit für die Bundesrepublik Deutschland aufgezeigt werden. Hinzukommen diverse Stellungnahmen internationaler Organisationen, Gremien und Expertengruppe, die mit ihren Empfehlungen in diesem Zusammenhang ebenfalls Beachtung finden sollen, da sie ein wichtiger Indikator für die zukünftige internationale Entwicklung sind.

A. Die gegenwärtige Rechtslage in der Bundesrepublik Deutschland unter strafrechtlichen Gesichtspunkten

I. Einführung

Die Gewinnung von humanen Stammzellen und ihre Verwendung in der Forschung und regenerativen Medizin unterliegen je nach ihrer Art und Herkunft zum Teil strafrechtlichen Verbotsnormen. Insbesondere erweist sich die Gewinnung und Verwendung von humanen ES – Zellen in vielen Punkten als strafrechtlich bedenklich, da die Zerstörung menschlichen Lebens, wenn auch in seiner frühesten Phase, unabdingbare Voraussetzung für ihre Herstellung ist. Einen strafrechtlichen Schutz versucht während dieser Entwicklungsphase das Embryonenschutzgesetz von 1991 zu gewährleisten. Die Schaffung einer solchen (neben-) strafrechtlichen Regelung wurde notwendig, da das menschliche Leben in dieser Lebensphase nicht unter die Regelungen des Strafgesetzbuches fällt und daher bis zum Erlass des ESchG über keinen eigen strafrechtlichen Schutzanspruch verfügte. So finden die Regelungen zum Schwangerschaftsabbruch nach den §§ 218 ff StGB erst mit dem Abschluss der Nidation, mithin ab dem 14. Tag p.c. Anwendung.[287] Die Tötungsdelikte nach den §§ 211 ff setzen wiederum zu einem späteren Zeitpunkt, nämlich erst mit dem Beginn des Geburtsaktes, ein.[288] Als Nebenstrafgesetz enthält das Embryonenschutzgesetz besondere strafrechtliche Normierungen, die sich an einen begrenzten Adressatenkreis, namentlich Ärzte und Naturwissenschaftler,

---

[287] Eser in: Schönke/Schröder, Vorbem §§ 218 ff, Rn. 37; Tröndle/Fischer, Vor § 218-219b, Rn. 2 u. § 218, Rn. 2.

[288] Tröndle/Fischer, Vor § 211 bis 216 , Rn. 3; BGHSt 32, 194 mit Anm. Hirsch in: JR 85, 335 (335); a.A. Saerbeck, S. 94 ff.

begrenzten Adressatenkreis, namentlich Ärzte und Naturwissenschaftler, richten.[289] Um dem gegenwärtigen internationalen Forschungsstandard gerecht werden zu können, wurde das StZG verabschiedet.

II. Die „verbrauchende Embryonenforschung" und die Gewinnung von ES – Zellen aus humanen Embryonen

Wie bereits erläutert, setzt die Gewinnung von pluripotenten ES - Zellen die Zerstörung des Embryos voraus, bzw. hat die Entnahme der Zellen zur Folge, dass der Embryo einer Frau nicht mehr zur Herbeiführung einer Schwangerschaft implantiert werden kann.[290] Verschiedene Regelungen innerhalb des deutschen Embryonenschutzgesetzes schützen den menschlichen Embryo in vitro vor solchen ihn zerstörenden Eingriffen bzw. davor ihn zu Forschungszwecken zu gebrauchen und zu zerstören.

1. Missbräuchliche Verwendung menschlicher Embryonen, § 2 I ESchG

Die „verbrauchende Embryonenforschung" und die Gewinnung von pluripotenten ES–Zellen aus menschlichen Embryonen erfüllen regelmäßig den Tatbestand der missbräuchlichen Verwendung menschlicher Embryonen iSd § 2 I ESchG. Nach § 2 I ESchG ist es strafbar, einen extrakorporal erzeugten oder einer Frau vor Abschluss seiner Einnistung in der Gebärmutter entnommenen menschlichen Embryo zu veräußern oder zu einem nicht seiner Erhaltung dienenden Zweck abzugeben, diesen zu erwerben oder zu **verwenden**.

Neben der Veräußerung extrakorporal erzeugter menschlicher Embryonen, der Abgabe und des Erwerbs dieser, sanktioniert die Norm also auch jede andere nur fremdnützige Verwendung des extrakorporal „verfügbaren" Embryos; d.h. jede Verwendung, die gerade nicht der Erhaltung des Embryos dient, wird von dieser Norm erfasst. Von der Gesetzeshistorie her sollte § 2 I ESchG sich hierbei insbesondere auf den „überzähligen" Embryo, also solche Embryonen, die im Wege der in-vitro-Fertilisation erzeugt wurden, aber der Eizellspenderin nicht mehr zur Herbeiführung einer Schwangerschaft implantiert werden konnten, beziehen.[291] Im Folgenden wird sich aber zeigen, dass der Anwendungsrahmen weitergehend ist und sogar die mittels Zellkerntransfertechnik erzeugte entwicklungsfähige Eizelle dem Schutz der Bestimmung unterliegt. Zunächst soll jedoch aufgrund der notwendigen Trennung der verschiedenen Praktiken die Tatbestandsmäßigkeit der missbräuchliche Verwendung allein im Hinblick auf den IVF – Embryo dargestellt werden.

---

[289] Keller/Günther/Kaiser, Vor § 1 II, Rn. 1.
[290] vgl. naturwissenschaftliche Grundlagen, 1. Kapitel A IV.
[291] Keller/Günther/Kaiser, § 2, Rn. 1.

a) Der Embryo nach dem Wortlaut des § 8 I ESchG

Der Begriff Embryo wird zwischen und auch innerhalb der einzelnen natur- und geisteswissenschaftlichen Fachrichtungen different gebraucht. Aus diesem Grunde beinhaltet das Embryonenschutzgesetz für seinen Anwendungsbereich in § 8 I ESchG eine Legaldefinition des Embryonenbegriffs. Embryo ist danach „bereits die befruchtete, menschliche Eizelle vom Zeitpunkt der Kernverschmelzung an, ferner jede einem Embryo entnommene totipotente Zelle, die sich bei Vorliegen der dafür erforderlichen Voraussetzungen zu teilen und zu einem Individuum zu entwickeln" im Stande ist. Ein Embryo iSd Norm liegt damit regelmäßig „bereits", aber gerade auch erst dann, vor, wenn sich der weibliche und der männliche Chromosomensatz zu einem neuen Genom verbunden haben. Die Kernverschmelzung stellt sich somit zeitlich als der früheste Zeitpunkt dar, anhand dessen von einem Embryo iSd des ESchG gesprochen werden kann. Solange das Spermium bloß in die weibliche Eizelle eingedrungen ist, sich jedoch der männliche und der weibliche Vorkern noch nicht miteinander verschmolzen haben, liegt noch kein Embryo iSd der Legaldefinition des § 8 I ESchG vor. Die Verwendung dieser sog. imprägnierten Eizellen zu Forschungszwecken kann somit nicht tatbestandsmäßig nach § 2 I ESchG sein.[292] Strafrechtliche Sanktionen werden in dieser Entwicklungsphase allein von § 1 II ESchG erfasst.

Unabhängig für den Embryonenbegriff in § 8 I EschG ist es des Weiteren, ob der Embryo in vivo oder im Wege des in vitro Verfahrens erzeugt worden ist.

Dem Embryo gleichgestellt wird jede einem Embryo entnommene totipotente Zelle, die unter den maßgeblichen Voraussetzung in der Lage ist, sich zu einem Individuum zu entwickeln, sodass jede auf diese Weise gewonnene totipotente Zelle ebenfalls taugliches Tatobjekt iSd § 2 I ESchG sein kann.[293]

b) Der Verwendungsbegriff iSd § 2 I 4. Mod. ESchG

Eine Verwendung des Embryos iSd § 2 I ESchG liegt regelmäßig dann vor, „wenn der Täter in aktiver Weise das Schicksal des Embryos beeinflusst, auf ihn einwirkt, mit ihm agiert, ohne das spezielle Verwendungsverbote greifen"[294] und diese Handlungen nicht der Erhaltung des Embryos dienen. In gleichem Maße statuiert § 2 I ESchG auch ein ausnahmsloses Verbot der „verbrauchenden Embryonenforschung", welches auch für ungewollte „überzählige" Embryonen in vitro gilt, die keine Aussicht auf die Implantation in den Uterus haben und daher keinerlei Überlebenschance besitzen.[295] Die Entnahme von Stammzellen aus der Blastozyste, so-

---

[292] Keller/Günther/Kaiser, § 2, Rn. 12.

[293] Dies ist insbesondere im Rahmen der Präimplantationsdiagnostik maßgeblich. Auf eine vertiefende Darstellung muss aber an dieser Stelle verzichtet werden. weiterführend hierzu, z.B. Beckmann „Rechtsfragen zur Präimplantationsdiagnostik" in: MedR 2001, S. 169 ff.

[294] Keller/Günther/Kaiser, § 2, Rn. 30.

[295] DFG – Empfehlung 2001, S. 17;.Keller/Günther/Kaiser, § 2, Rn. 50.

weit sie die Zerstörung bzw. die Unimplantierbarkeit des Embryos zur Folge hat, stellt sich als eine Verwendung dar, die gerade nicht der Erhaltung des Embryos, sondern allein der Befriedigung fremdnütziger Interessen dient und ist damit nicht mit dem objektiven Tatbestand des § 2 I ESchG vereinbar.

c) Subjektive Tatbestandsmerkmale

Der subjektive Tatbestand verlangt Vorsatz bezüglich der Verwirklichung aller Merkmale des objektiven Tatbestandes, wobei bedingter Vorsatz genügt.[296] Bei § 2 I EschG handelt es sich zu ein Tendenzdelikt[297], was bedeutet, dass der Täter aber auch noch in der Absicht handeln muss, den Embryo allein für fremdnützige und nicht seiner Erhaltung dienende Zwecke zu gebrauchen.[298] Das Merkmal „seiner Erhaltung dienenden Zweck“ ist dabei extensiv auszulegen und somit ist nicht allein auf die der Herbeiführung einer Schwangerschaft abzuzielen, sondern es ist jede Handlung erfasst, welche die Überlebenschancen des Embryos zu verbessern versucht.[299] Alle Eingriffe am Embryo, die diagnostischen und therapeutischen Zwecken zur Erhaltung des Embryos dienen, sind somit nicht tatbestandsmäßig iSd § 2 I ESchG. Die Entnahme von ES – Zellen, die nach dem Sachverstand jedes Forschers zur Zerstörung des Embryos bzw. zu seiner Unimplantierbarkeit in den weiblichen Uterus führt und damit gerade nicht der Erhaltung des Embryos dienlich ist, indiziert regelmäßig auch das Vorliegen der subjektiven Tatbestandsvoraussetzungen.

2. Missbräuchliche Anwendung von Fortpflanzungstechnologien, § 1 I Nr. 2 ESchG

Durch die Entnahme von Stammzellen aus der Blastozyste wird regelmäßig auch der Tatbestand des § 1 I Nr. 2 ESchG erfüllt, wenn bereits die Fertilisation der Eizelle nicht zu dem Zweck der Herbeiführung der Schwangerschaft bei der Eizellspenderin erfolgte. Damit wird jede Befruchtung einer Eizelle zu fremdnützigen Zwecken unter Strafe gestellt. Die Norm verbietet es daher ausnahmslos, menschliche Embryonen für medizinische Forschungszwecke zu erzeugen, unabhängig davon, wie hochrangig die anvisierten Ziele auch sein mögen.[300] Bei der Erzeugung menschlicher Embryonen mit der Zielsetzung, an diesen Forschungen zu betreiben bzw. diese zur Herstellung von ES – Zellen vernutzen zu wollen, ist das Schicksal dieser Embryonen dahingehend vorbestimmt, dass sie niemals die Chance erhalten werden, in den Uterus einer Frau für eine weitere Entwicklung implantiert zu werden, wodurch der Tatbestand des § 1 I Nr. 2 ESchG regelmäßig erfüllt wird. Glei-

---

[296] Keller/Günther/Kaiser, § 2, Rn. 35.
[297] Ekaterini, S. 53.
[298] Keller/Günther/Kaiser, § 2, Rn. 36; Ekaterini, S. 53.
[299] Keller/Günther/Kaiser, § 2, Rn. 37; Ekaterini, S. 53.
[300] Keller/Günther/Kaiser, § 1, Rn. 4; in diesem Sinne auch BT-DS **11**/5460, S. 8.

ches gilt auch für den Fall, dass der Embryo im Mutterleib erzeugt wird, aber noch vor Eintritt der Schwangerschaft (also vor der Nidation) der Frau zu wissenschaftlichen Zwecken und somit auch zur Herstellung von ES – Zellen entnommen wird.[301]

Bei § 1 I Nr. 2 ESchG handelt es sich ebenfalls um ein Tendenzdelikt, sodass beim Täter im Zeitpunkt der Erstellung des Embryos somit die Absicht im Sinne von dolus directus ersten Grades in Bezug auf die Nichtimplantation vorliegen muss.[302] Bezüglich der Verwirklichung der objektiven Tatbestandsmerkmale ist ansonsten dolus eventualis ausreichend.

Ist der Täter im Zeitpunkt der Verwirklichung des Tatbestandes des § 1 I Nr. 2 ESchG bereits entschlossen den erzeugten Embryo missbräuchlich iSd § 2 I ESchG zu verwenden, liegt ein Fall der Idealkonkurrenz iSd § 52 StGB vor.[303]

III. Import im Ausland hergestellter ES - Zellen nach Deutschland

Beim Import embryonaler Stammzelllinien aus dem Ausland muss in zweierlei Weise differenziert werden. Zum einen ergeben sich schon bei der Gewinnung der Zellen im Ausland strafrechtlich relevante Problempunkte, wenn eine Beteiligung durch eine Handlung im Inland vorliegt. Das andere Problemfeld stellt der Import der gewonnenen Zelllinien und seine strafrechtliche Relevanz dar. Das StZG soll den Import von humanen ES-Zelllinien ermöglichen. Wesentlich ist dabei jedoch, dass es sich bei dem Gesetz grundsätzlich um ein Verbotsgesetz mit einem Genehmigungsvorbehalt handelt.

1. Anwendbarkeit deutschen Rechts bei Auslandstaten

Der räumliche Geltungsbereich des Embryonenschutzgesetzes als (neben-) strafgesetzliche Regelung richtet sich nach den allgemeinen Regeln des Strafgesetzbuches, da es selbst diesbezüglich keine Regelungen enthält. Nach dem Grundsatz des Territorialitätsprinzips iSd § 3 StGB wird für die Strafbarkeit einer Handlung an den Tatort und nicht an den Täter angeknüpft. Für Taten, die nicht im Inland begangen wurden, gilt grundsätzlich der deutsche Strafhoheitsanspruch nicht, da sich dieser allein auf im Inland begangene Taten beschränkt. In Ausnahmefällen kann jedoch bei Vorliegen der Voraussetzungen der §§ 4-7 StGB eine Durchbrechung dieses Grundsatzes gegeben sein und die deutschen Regelungen Anwendung finden. Die Beteiligung an der Gewinnung von humanen ES – Zellen im Ausland erfüllt jedoch in keinem Fall die Voraussetzungen dieser Ausnahmetatbestände. So können zwar Auslandstaten eines Deutschen nach § 7 StGB auch nach dem Embryonenschutzgesetz strafbar sein; dies gilt jedoch nur für die Fälle, in denen die nach deutschem

---

[301] BT-DS **11**/5460, S. 8.
[302] Keller/Günther/Kaiser, § 1, Rn. 15.
[303] Keller/Günther/Kaiser, § 2, Rn. 73.

Recht inkriminierten Handlungen auch nach dem Recht des Landes, in dem sie begangen werden, strafbar sind. Die Gewinnung humaner ES – Zelllinien erfolgt gegenwärtig nur in den USA, Israel, Australien und Schweden, mithin Ländern, in denen die Gewinnung humaner ES – Zellen keiner strafrechtlichen Sanktionierung unterliegt. Eine Anwendung deutscher strafrechtlicher Regelungen kommt somit in diesem Zusammenhang nicht in Betracht.

Auch unterliegt die Entnahme von humanen ES – Zellen nicht dem Weltrechtskatalog nach § 6 StGB, sodass auch nach dieser Norm der Geltungsbereich des Embryonenschutzgesetzes nicht eröffnet ist.

Eine weitere Einschränkung dieses Territorialitätsgrundsatzes sieht das deutsche Strafgesetzbuch aber in § 9 II StGB für die Teilnahme an im Ausland begangenen Taten vor. In diesen Fällen ist es irrelevant, ob die im Ausland begangene Haupttat tatsächlich auch am Tatort einer Strafandrohung unterliegt.

2. Import totipotenter humaner Stammzellen und Embryonen

Nach dem ESchG werden die einem Embryo entnommenen totipotenten Zellen, die in der Lage sind, sich zu einem vollständigen Individuum zu entwickeln, dem durch natürliche Befruchtung erzeugten Embryo gleichgestellt. Regelmäßig liegt mit dem Erwerb eines Embryos zu einem Zweck, der nicht seiner Erhaltung dient, die Erfüllung des Tatbestandes des § 2 I ESchG vor. Der Erwerb totipotenter einem Embryo entnommener Stammzellen aus dem Ausland steht dabei der Einfuhr von Embryonen gleich.[304] Dies muss auch für totipotente Zellen gelten, die im Wege der Zellkerntransfertechnik erzeugt bzw. einer auf diese Art entstandenen entwicklungsfähigen Eizelle entnommen wurden.[305] Erwerb bedeutet dabei „die entgeltliche oder unentgeltliche Erlangung des tatsächlichen Gewahrsams an einem Embryo.[306] Da der Erwerb eines Embryos als Tendenzdelikt ausgestaltet ist, muss neben dem strafwürdigem Missbrauch auch noch die Absicht des Täters hinzutreten muss, mit dem Embryo zu einem nicht seiner Erhaltung dienenden Zweck zu verfahren.[307] Der Erwerb totipotenter Zellen zum Zwecke der Übertragung auf eine Frau fällt daher nicht unter das Verbot.[308] Dies kann natürlich nur insoweit gelten, als dass es sich bei dem Embryo nicht um einen Zellkerntransfer-Embryo handelt, da dessen Implantation in den Uterus schließlich den Tatbestand des Klonens nach § 6 II ESchG erfüllen würde.

---

[304] Wolfrum/Zeller, Gutachten zum Import humaner Stammzellen, S. 4; DFG – Empfehlung 2001, Ziff. 6, S. 24.

[305] Vgl. zur Gleichstellung des durch Befruchtung erzeugten Embryos mit einer entwicklungsfähigen Eizelle nach Zellkerntransfer, 3. Kapitel A VI 2.

[306] Wolfrum/Zeller, Gutachten zum Import humaner Stammzellen, S. 4.

[307] Wolfrum/Zeller, Gutachten zum Import humaner Stammzellen, S. 4; in diesem Sinne Keller/Günther/Kaiser, § 2, Rn. 24.

[308] Wolfrum/Zeller, Gutachten zum Import humaner Stammzellen, S. 4.

Die Regelung in § 2 I ESchG macht des Weiteren innerhalb des Erwerbtatbestandes keine Unterscheidung bzgl. eines Erwerbs innerhalb Deutschlands oder einer Einfuhr aus dem Ausland. Aufgrund des Territorialprinzips ist es allein entscheidend, dass der Embryo im Ausland erworben wird, nicht aber woher der Embryo stammt.[309]

3. Import pluripotenter humaner Stammzelllinien

Da ES – Zellen und EG – Zellen nach gegenwärtigem naturwissenschaftlichem Erkenntnisstand nicht totipotent, sondern nur pluripotent sind, fallen diese Zelllinien nicht unter die Begriffsbestimmung des § 8 I ESchG und sind somit nicht einem Embryo iS der Norm gleichzustellen. Der Erwerb dieser Zellen erfüllt daher nicht den strafrechtlich sanktionierten Erwerbstatbestand des § 2 I ESchG.

Grundsätzlich sieht das ESchG keine Regelung vor, die den Import pluripotenter Stammzelllinien unter Strafe stellt. Eine Ausnahme ergibt sich jedoch bei Rückgriff auf die allgemeinen Regeln des StGB. Nach § 9 II 2 StGB liegt eine im Inland begangene auch dann in Betracht kommen, wenn die Tathandlungen im Ausland begangen werden. Dies gilt selbst dann, wenn die nach deutschem Recht inkriminierte Handlung am Handlungsort selbst nicht unter ein strafrechtliches Verbot fällt. In den Fällen des § 9 II 2 StGB Anstiftung ist dabei sowohl da begangen, wo die Anstiftungshandlung vorgenommen wird, als auch dort, wo sie ihre Wirksamkeit entfaltet.[310] Entsprechend ist auch die Beihilfe am Ort des Förderungsaktes[311], als auch am Ort ihrer Wirksamkeit[312] von strafrechtlicher Bedeutung.[313]

Da der Tatort kein Element des Unrechttatbestandes ist, braucht er nicht vom Vorsatz erfasst zu sein.[314]

Der Import humaner ES – Zelllinien ist somit regelmäßig dann nach § 2 I ESchG iVm §§ 9 II 2, 26 StGB strafbar, wenn der Inlandstäter durch Anstiftung des unmittelbar Handelnden im Ausland diesen zu der Handlung bestimmt hat oder er ihm bei der Ausführung der Tat Hilfe geleistet hat, § 2 I ESchG iVm §§ 9 II 2, 27 StGB.

Eine strafbewehrte Teilnahmehandlung ergibt sich daher regelmäßig mit der finanziellen Förderung oder einer technischen bzw. personellen Unterstützung der Gewinnung von ES – Zellen[315], mithin in allen Fällen bei denen die Entnahme durch einen deutschen Forscher, bzw. jemanden, der seine Lebensgrundlage im Bundesgebiet hat oder durch ein Unternehmen mit Sitz in Deutschland in irgend-

[309] Wolfrum/Zeller, Gutachten zum Import humaner Stammzellen, S. 4.
[310] Tröndle/Fischer, § 9, Rn. 10.
[311] BGHSt 4, 333 (335).
[312] RG 11, 20 (23f); JW 36, 2655 (2655).
[313] Eser in: Schönke/Schröder, § 9, Rn. 11.
[314] Eser in: Schönke/Schröder, § 9, Rn. 15.
[315] DFG – Empfehlung 2001, S. 25.

einer Weise gefördert wurde[316]. Keine Strafbarkeit ist jedoch gegeben, wenn die Entnahme der Zellen im Ausland unabhängig von dem Import nach Deutschland, mithin nicht für diesen konkreten Importfall erfolgte.[317]

Für die rechtliche Bewertung ist es des Weiteren unabhängig, ob die für die Zellentnahme genutzten Embryonen aus einer IVF – Behandlung stammen, die Embryonen zu Forschungszwecken erzeugt, für diese gespendet oder auch ob sie mittels des Einsatzes von Klonierungstechniken gebildet wurden.[318]

Die Klonierung von importierten pluripotenten Zelllinien und deren Etablierung im Inland ist beim Nichtvorliegen eines Förderungsaktes somit nicht nach dem ESchG strafbewehrt. Auf die Gewinnung von ES – Zellen im Ausland kann aufgrund der Respektierung ausländischer Rechtsordnungen eine strafrechtliche Sanktionierung nach deutschem Recht nicht erfolgen.

4. Die Regelung des Imports humaner embryonaler Stammzellen nach dem Stammzellgesetz

Der Gesetzgeber hat aufgrund der Regelungslücken im ESchG mit dem Stammzellgesetz (StZG) reagiert und den Import humaner embryonaler Stammzelllinien nach § 4 Abs. 1 StZG unter ein grundsätzliches gesetzliches Verbot gestellt. Das StZG umfasst dabei aber nicht den Umgang mit totipotenten humanen Stammzellen. Diese werden ausdrücklich vom StZG ausgeklammert. Nach dem StZG sind Stammzellen nur solche menschlichen Zellen, welche die Fähigkeit besitzen in entsprechender Umgebung sich selbst oder deren Tochterzellen sich unter geeigneten Bedingungen zu Zellen unterschiedlicher Spezialisierung, jedoch nicht zu einem Individuum entwickeln zu können. Es handelt sich bei ihnen lediglich um pluripotente Zellen.

§ 4 Abs. 2 iVm §§ 5 und 6 StZG regeln die Genehmigungsmöglichkeiten außerhalb des grundsätzlichen Verbotes. Dementsprechend handelt es sich beim StZG um ein präventives Verbotsgesetz mit Genehmigungsvorbehalt. Nach § 5 Abs. 1. Gem. § 6 Abs. 4 ist die Genehmigung zu erteilen, wenn die Genehmigungsvoraussetzungen nach § 4 Abs. 2 StZG und § 5 StZG erfüllt sind und das Forschungsvorhaben in diesem Sinne ethisch vertretbar ist.

Unter den Genehmigungsvorbehalt fällt zunächst die sog. „Stichtagsregelung“. Nach § 4 Abs. 2 Nr. 1 lit. a) kann die Forschung nur an Stammzelllinien genehmigt werden, die in Übereinstimmung mit der Rechtslage im Herkunftsland dort vor dem 01.01.2002 gewonnen und in Kultur gehalten oder im Anschluss daran kryokonserviert wurden. Gem. § 4 Abs. 2 Nr. 1 lit. b) StZG dürfen die fraglichen embryonalen Stammzelllinien allein aus zum Zwecke der Herbeiführung einer Schwangerschaft erzeugten und später nicht mehr nutzbaren Embryonen gewon-

[316] Wolfrum/Zeller, Gutachten zum Import humaner Stammzellen, S. 6.
[317] DFG – Empfehlung 2001, S. 25.
[318] DFG – Empfehlung 2001, S. 25.

nen werden. Ferner muss die Kommerzialisierung ausgeschlossen werden können, § 4 Abs. 2 Nr. 1 lit. c) StZG.

§ 5 StZG regelt die Anforderungen an das Forschungsprojekt. Danach muss die Forschung an den Zellen hochrangigen Forschungszielen dienen und für den wissenschaftlichen Erkenntnisgewinn im Rahmen der Grundlagenforschung oder für die Erweiterung medizinischer Kenntnisse bei der Entwicklung diagnostischer, präventiver oder therapeutischer Verfahren zur Anwendung beim Menschen dienen (§ 5 S. 1 Nr. 1 StZG) und zusätzlich nach dem anerkannten Stand von Wissenschaft und Technik, die im Forschungsvorhaben vorgesehenen Fragestellungen so weit wie möglich bereits in-vitro Modellen mit tierischen Zellen oder in Tierversuchen vorgeklärt worden sein und das sich mit dem Forschungsvorhaben angestrebte Forschungsziel nur mit embryonalen Stammzelllinien gewinnen lassen (§ 5 S. 1 Nr. 2 lit. a) + b)).

Die Strafvorschriften sind in § 13 StZG geregelt. Rechtsfolgenausspruch für eine Einfuhr oder Verwendung nicht nach § 6 Abs. 1 StZG genehmigter Zelllinien ist Freiheitsstrafe bis zu drei Jahren oder Geldstrafe. Einer fehlenden Genehmigung steht das vorsätzliche Erschleichen einer Genehmigung bei Nichtvorliegen der tatsächlichen Genehmigungsvoraussetzungen gleich.

Mit der komplexen Materie der Strafbarkeit deutscher Wissenschaftler als Mitglieder Beratungsgremien international agierender Firmen, die Forschung mit humanen embryonalen Stammzellen betreiben, als Mitglieder in Gutachtergremien ausländischer Förderorganisationen, bei der Kooperation im Rahmen internationaler Forschungsprojekte sowie hinsichtlich der Strafbarkeit von Stipendiaten in Laboreinrichtungen im Ausland beschäftigen sich zwei von der DFG in Auftrag gegebene Rechtsgutachten.[319] Die erste Genehmigung wurde am 20.12.2002 Herrn Professor Dr. Oliver Brüstle am Institut für Rekonstruktive Neurobiologie an der Universität Bonn erteilt.

IV. Die Gewinnung von EG – Zellen aus abortierten oder abgetriebenen Feten

Die Gewinnung von EG – Zellen aus abortierten bzw. abgetriebenen Feten fällt, da es sich bei den Feten um keine Embryonen iSd ESchG handelt, bereits mangels tauglichen Tatobjekts nicht unter das Embryonenschutzgesetz.[320]

Grundsätzlich kommt bei der strafrechtlichen Beurteilung der Fallkonstellation Gewinnung und Verwendung fetaler Organe und Gewebe eine Strafbarkeit nach § 168 StGB in Betracht. Ausdrücklich wird die Leibesfrucht in § 168 StGB auch als taugliches Tatobjekt genannt, worunter die Frucht ab dem Zeitpunkt der Nidation zu verstehen ist. Als Tathandlung iSd § 168 I 1. Alt. StGB steht die Weg-

---

[319] Eser/Koch „Forschung mit embryonalen Stammzellen im In- und Ausland", Dahs/Müssing Rechtsgutachten im Auftrag der DFG 2003.

[320] Nickel/Schmidt-Preisigke/Sengler, § 1, Rn. 12.

nahme der Leibesfrucht oder von Teilen einer solchen aus dem Gewahrsam des Berechtigten unter Strafandrohung. Zwar handelt es sich beim Fötus somit regelmäßig um eine Leibesfrucht, der auch ein allgemeiner Achtungsanspruch zukommt[321], doch wird die weitere tatbestandliche Voraussetzung des Gewahrsamsbruches, insb. bei einem klinischen Abort, wonach sich der Fötus grundsätzlich im Gewahrsam des Krankenhauses befindet, in den meisten Fällen gerade nicht erfüllt. Berechtigte sind zwar zunächst die Eltern; wenn diese ihr Recht nicht geltend machen wollen, jedoch die Krankenhausleitung.[322] Beim Abort im Krankenhaus liegt mithin der Gewahrsam in der Regel bei der Krankenhausleitung, wodurch eine von ihr gebilligte und angeordnete Weitergabe der Leibesfrucht somit nicht den Tatbestand der Wegnahme erfüllt.[323] Ebenfalls kommt auch mit der Gewinnung von Gewebe der Leibesfrucht keine Verübung beschimpfenden Unfugs iSd § 168 I 2. Alt. StGB in Betracht. Hierzu würde eine grobe, die rohe Gesinnung zeigende Handlung, mit welcher der Frucht Schimpf angetan werden soll, gehören. Gerade aber auch das kommerzielle Verwerten und Experimentieren mit menschlichen Feten erfüllt diese Voraussetzung nicht.[324]

Auch findet das Transplantationsgesetz auf diese Sachverhalte keine Anwendung, da nach § 1 II TPG eine Geltung für embryonale oder fetale Organe und Gewebe ausgeschlossen wird.

Die Entnahme von EG – Zellen aus Feten nach frühen Schwangerschaftsabbrüchen zu wissenschaftlichen, therapeutischen und diagnostischen Zwecken ist allein in den „Richtlinien zur Verwendung fetaler Zellen und Gewebe" der Bundesärztekammer geregelt.[325] Danach dürfen fetale Zellen und fetale Gewebe bei lebenden Feten nur dann entnommen werden, wenn dies dem unmittelbaren Nutzen des Feten oder der Mutter entspricht. Allein von toten Feten dürfen Gewebe und Zellen entnommen werden, um diese für fremdnützige experimentelle und therapeutische Zwecke zu verwenden. Der Achtungsanspruch gegenüber den toten Feten muss gewahrt werden und ihre Verwendung unter Anerkennung von Pietät gegenüber den Angehörigen erfolgen. Handelt es sich um Feten aus einem Schwangerschaftsabbruch, muss die Entscheidung zum Schwangerschaftsabbruch dabei unabhängig von der späteren Verwendung fetalen Materials erfolgen und die Schwangere muss ihre schriftliche Einwilligung in die Verwendung nach erfolgter Aufklärung erteilen. Vergünstigungen, welche die Schwangere in ihrer Entscheidung zum Schwangerschaftsabbruch beeinflussen könnten, dürfen weder angeboten noch gewährt werden. Auch muss sichergestellt werden, dass der Entschluss zum Schwangerschaftsabbruch keine humanitären, wie z.B. Gewebespende bei Krankheit naher Angehöriger, oder finanziellen Hintergründe hat, durch welche die

[321] Tröndle/Fischer, § 168, Rn. 6.
[322] Tröndle/Fischer, § 168, Rn. 8.
[323] Nickel/Schmidt-Preisigke/Sengler, § 1, Rn. 12.
[324] Tröndle/Fischer, § 168, 13.
[325] Dt. Ärztebl. 1999; 96: A-11297-1304.

Hemmschwelle zum Schwangerschaftsabbruch gesenkt und eine dahingehende Entscheidung begünstigt wird.

V. Die Verwendung und Gewinnung von AS – Zellen

AS – Zellen sind allein pluripotent. Sie können somit einem menschlichen Embryo nicht gleichgestellt werden. Ebenfalls handelt es sich bei ihnen nicht um Keimbahnzellen. Ihre genetische Manipulation und spätere Implantation fällt daher nicht unter das Embryonenschutzgesetz.[326] Eine Anwendung des Transplantationsgesetzes kommt ebenso nicht in Betracht. Dieses regelt allein die Entnahme von menschlichen Organen, Organteilen oder Geweben, § 1 I TPG. Adulte und gewebespezifische Stammzellen stellen sich jedoch nicht als Organe iSd des TPG dar, da es sich dabei nur um eine aus Zellen und Geweben zusammengesetzten Teil des Körpers handelt, der sich zu einer Funktionseinheit zusammensetzt.[327] Die Gewinnung und Verwendung von AS – Zellen fällt somit nicht unter das TPG. Blut und Knochenmark, die geeignete Quellen zur Gewinnung gewebespezifischer Stammzellen darstellen, werden zudem ausdrücklich nach § 1 II TPG vom Anwendungsbereich des TPG ausgeschlossen.

Für die Verarbeitung und therapeutische Nutzung dieser Zellen ergibt sich allein der Rückgriff auf das AMG. In Verbindung mit dem GenTG ergeben sich hieraus die Voraussetzungen für die Zulassung als Arzneimittel und Genehmigung der gentechnischen Arbeiten.

Die Verwendung adulter Stammzellen zu Forschungszwecken und ihr Einsatz in der regenerativen unterliegt somit nach Einhaltung der Zulassungsvoraussetzung als Arzneimittel keinen strafrechtlichen Sanktionsnormen. Mit den Richtlinien der Bundesärztekammer wird dieser Bereich allein standesrechtlich geregelt.[328]

VI. Die Anwendung von Klonierungstechniken auf den Menschen

Wie auch schon im Vorfeld innerhalb der Darstellung der verschiedenen Klonierungsmethoden zu sehen war, unterscheiden sich die gegenwärtig bekannten Praktiken in ihrem technischen Verfahren und dem Resultat ihres Einsatzes erheblich. So läuft das embryo-splitting auf die künstliche Bildung von Mehrlingen hinaus, wohingegen im Wege des Zellkerntransfers nicht allein genetisches Material von Embryonen vervielfacht werden kann, sondern es sogar möglich ist, das Erbgut

---

[326] DFG – Empfehlung 2001, S. 19.

[327] DFG – Empfehlung 2001, S. 18.

[328] „Richtlinien für die allogene Knochenmarkstransplantation mit nichtverwandten Spendern", Bundesärztekammer 1994; „Richtlinie zur Transplantation peripherer Blutstammzellen" Bundesärztekammer 1997; „Richtlinie zur Gewinnung von Blut und Blutbestandteilen und zur Anwendung von Blutprodukten", Bundesärztekammer 2000.

eines lebenden oder bereits verstorbenen Menschen zu reproduzieren. Zur Zeit der Entstehung des Embryonenschutzgesetzes handelte es sich bei der letztgenannten Technik noch um ein Verfahren, dessen tatsächliche Durchführbarkeit sehr fraglich war. Der Gesetzgeber ging aus diesem Grunde bei der Ausarbeitung des Embryonenschutzgesetzes auch nicht näher auf diese Methode ein, sondern wollte vornehmlich die bereits im Tierversuch angewandte Klonierungstechnik des embryosplitting berücksichtigen. Aus diesem Grunde weist eine strafrechtliche Würdigung der verschiedenen Sachverhalte auch jeweils verschiedene Problemfelder auf, die nur innerhalb einer getrennten Prüfung hinreichend gewürdigt werden können.

1. Embryo-splitting bzw. Abteilung einer totipotenten Zelle

Beim embryo-splitting handelt es sich um den vom Gesetzgeber bei der Erarbeitung des Embryonenschutzgesetzes vornehmlich anvisierten Fall der Vervielfältigung menschlichen Erbgutes. In diesen Rahmen fällt neben der Teilung totipotenter Gewebeeinheiten auch die Abteilung einzelner totipotenter Zellen aus der Blastozyste. Es sei an dieser Stelle nur darauf hingewiesen, dass derzeit jedoch nicht einhellig geklärt ist, ob die Entnahme einer totipotenten Zelle zu diagnostischen Zwecken bei IVF – Embryonen, die sog. Präimplantationsdiagnostik, diesen Sachverhalt ebenfalls erfüllt. Grundsätzlich wäre die entnommene Zelle unter optimalen Bedingungen ebenfalls in der Lage gewesen, sich zu einem Individuum zu entwickeln.[329]

a) Das Klonierungsverbot nach § 6 I ESchG

Das embryo-splitting erfüllt unzweifelhaft den im Embryonenschutzgesetz von 1990 niedergelegten Tatbestand des Klonens. Nach § 6 I ESchG macht sich des Klonens schuldig, wer einen Embryo mit der gleichen Erbinformation eines anderen Embryos, eines Feten, eines Menschen oder eines Verstorbenen erstellt. Beim embryo-splitting wird der frühe Embryo in einer Entwicklungsphase geteilt, in der die einzelnen Zellen bzw. die Zellen in ihrer Gesamtheit in der Lage sind, verlorenes oder zerstörtes Gewebe zu ersetzen. Die durch die Abtrennung entstandenen Zellvereinigungen sind somit jeweils totipotent, können sich also jeweils zu einem eigenständigen Individuum entwickeln, und verfügen grundsätzlich über eine identische genetische Codierung wie die Ausgangszelle. Der im Wege des embryosplitting erzeugte Klon muss damit auch Embryo iSd § 8 I ESchG sein. Zur Zeit der Begründung des Embryonenschutzgesetzes schien gerade diese Klonierungstechnik auch für den Menschen realisierbar, sodass der Gesetzgeber mit der Bildung des § 6 I ESchG eben diese Vervielfältigungsmethode unter ein strafrecht-

---

[329] weiterführend hierzu, z.B.: Beckmann „Rechtsfragen der Präimplantationsdiagnostik“ in: MedR 2001, S. 167 ff mwN.

liches Verbot stellen wollte.[330] Als subjektives Tatbestandsmerkmal ist Vorsatz in Form des dolus eventualis ausreichend.[331] Nach § 6 III StGB ist bereits der Versuch strafbar.

b) Verbotene Geschlechtswahl nach § 3 ESchG

Die Anwendung des embryo-splitting als Klonierungstechnik auf den Menschen erfüllt nicht den Tatbestand der verbotenen Geschlechtswahl nach § 3 ESchG. Denn danach macht sich strafbar, wer eine geschlechtsabhängige Auswahl der männlichen Keimzelle, als Trägerin des in ihr enthaltenen Geschlechtschromosoms, zur in vitro Befruchtung der Eizelle trifft. Zwar beinhaltet die Anwendung einer Klonierungstechnik zugleich auch grundsätzlich die Vorbestimmung des Geschlechts des Klons[332] – so verfügt bei der Methode des embryo-splitting der Klon im Regelfall über dasselbe Geschlecht wie der Ausgangsembryo – doch ist diese Geschlechtsbestimmung gerade nicht von der Auswahl einer männlichen Keimzelle abhängig. Eine Einbeziehung dieses Sachverhaltes würde den Anwendungsbereich des § 3 I ESchG somit in unzulässiger Weise überdehnen. Auch besteht die Notwendigkeit, den Tatbestand des § 3 ESchG auch auf die Anwendung von Klonierungstechniken auszudehnen, mit Rücksicht auf § 6 I ESchG nicht.

c) Missbräuchliche Verwendung menschlicher Embryonen nach § 2 I 4. Mod. EschG

Die Klonierung mittels der Technik des embryo-splitting erfüllt aber den Tatbestand der missbräuchlichen Verwendung menschlicher Embryonen iSd § 2 I 4. Mod. ESchG. [333] Die Teilung des Embryos bzw. die Entnahme totipotenter Zellen aus der Blastozyste dient gerade nicht einem Zweck der allein der Erhaltung des Ausgangsembryos dient, sondern verfolgt vielmehr mit der Schaffung weiterer Embryonen einen fremdnützigen Zweck. Unabhängig von einer möglichen Gefährdung des Ausgangsembryos in seiner Entwickungsfähigkeit und Implantierbarkeit in den weiblichen Uterus ist damit die Tatbestandsvoraussetzung der „Verwendung“ iSd § 2 I 4. Mod. bereits durch die Aufspaltung bzw. Entnahme von Zellen erfüllt. Da es sich bei der missbräuchlichen Verwendung iSd § 2 I ESchG um einen Auffangtatbestand handelt, geht jede spezialgesetzliche Regelung dieser

---

[330] BT-DS **13**/11263, S. 13; v. Bülow „Dolly und das Embryonenschutzgesetz“ in: Dt. Ärztebl. 1997; 94:A-718 (A-720); Keller „Klonen, Embryonenschutzgesetz und Biomedizinkonvention“ in: FS für Lenckner, S. 477 (483).

[331] Keller/Günther/Kaiser, § 6, Rn. 10.

[332] BT-DS **13**/11263, S. 22.

[333] Eser et al. in: „Hello Dolly?“, S. 240; Keller/Günther/Kaiser, § 2, Rn. 30; Nationaler Ethikrat „Stellungnahme – Klonen zu Fortpflanzungszwecken und Klonen zu biomedizinischen Forschungszwecken“ S. 30f.

Norm vor. Dementsprechend ist § 2 I 4. Mod. ESchG auch § 6 I ESchG gegenüber subsidiär.[334] Gleiches gilt für den Versuch nach § 2 III EschG.

d) Missbräuchliche Anwendung von Fortpflanzungstechnologien nach § 1 I Nr. 2 EschG

Das Klonen mittels embryo-splitting erfüllt schließlich nicht den Tatbestand der missbräuchlichen Anwendung von Fortpflanzungstechniken iSd § 1 I Nr. ESchG. Der Wortlaut der Norm setzt ausdrücklich die „Befruchtung“ einer Eizelle zu einem anderen Zwecke als der Herbeiführung einer Schwangerschaft bei der Eizellspenderin voraus. Mit der Erzeugung eines Klons durch embryo-splitting liegt aber gerade kein Embryo vor, der durch „Befruchtung“ erzeugt wurde. Die gesetzgeberische Motivation für diese Norm läuft auch in eine andere Richtung, als dass die Norm auf Fälle der Klonens ausgeweitet werden könnte. Vielmehr entsprach es dem gesetzgeberischen Willen, Fälle der gespaltenen Mutterschaft sowie die Erzeugung von menschlichen Embryonen zu Forschungszwecken zu verhindern.[335] Aufgrund der hinreichenden strafrechtlichen Abdeckung für Fälle des Klonens, besteht auch eine Notwendigkeit der Ausdehnung der Norm über ihren Wortlaut hinaus nicht.

2. Der Zellkerntransfer

Ebenso, wie auch bei der Methode des embryo-splitting, ist es mittels der Technik des Zellkerntransfers möglich geworden, menschliches Erbgut zu vervielfältigen. Allein im Wege dieser Methode ist es jedoch zumindest theoretisch möglich geworden, Erbgut eines lebenden oder bereits verstorbenen Menschen in einer entwicklungsfähigen Eizelle zu reproduzieren. Da sich aufgrund des Entwicklungspotentials dieser Zelle unter Zugrundelegung optimaler Bedingung wiederum ein Mensch entwickeln kann, stellt der Einsatz dieser Technik nicht nur für die medizinische Grundlagenforschung und die Erforschung neuer Therapiemöglichkeiten ein weites Einsatzfeld dieser Methode dar, sondern auch für den Bereich der Fortpflanzungs- und Reproduktionsmedizin bieten sich hierdurch neue Möglichkeiten genetische Abkömmlingen trotz Infertilität der Patienten erzeugen zu können.

a) Das „therapeutische Klonen“

Der Begriff „therapeutisches Klonen“ ist äußerst missverständlich und gibt tatsächlich in keiner Weise den zugrunde liegenden Sachverhalt wieder. Der Akt des Klonens hat für sich genommen überhaupt keinen therapeutischen Effekt. Er dient allein dazu entwicklungsfähige menschliche Eizellen zu erstellen, die dann in der

---

[334] Eser et. al in: „Hello Dolly?“, S. 240; Keller/Günther/Kaiser, § 2, Rn. 30.
[335] BT-DS **13**/11263, S. 21 und **11**/5460, S. 8.

medizinischen Forschung verwendet werden können, um auf diese Weise neue Therapiemöglichkeiten ergründen zu können. Diese Experimente haben jedoch regelmäßig auch die Zerstörung des Eizelle zur Folge, sodass für diese ein therapeutischer Effekt sowieso nicht vorliegt.

aa) Das Klonierungsverbot nach § 6 I ESchG

Auch die Klonierung von Erbinformation mittels Zellkerntransfer fällt in den Anwendungsbereich des § 6 I ESchG.[336] Dies folgt schon daraus, dass der Tatbestand des § 6 I ESchG den Fall erfasst, dass ein Embryo mit dem gleichen Erbgut eines Menschen oder eines Verstorbenen erzeugt wird. Dieser Sachverhalt ist nach gegenwärtigen Erkenntnissen nur denkbar, wenn eine Klonierung mittels Zellkerntransfers vorgenommen wird.[337] Trotzdem erweist sich die Subsumtion unter die einzelnen Tatbestandsvoraussetzungen teilweise als sehr problematisch.

aaa) Das Tatbestandsmerkmal des Embryos

§ 6 I ESchG setzt zunächst die Erzeugung eines Embryos voraus. Wie bereits dargestellt wurde, erfasst die Legaldefinition in § 8 I ESchG grundsätzlich jede in vivo oder in vitro befruchtete Eizelle ab dem Zeitpunkt der Kernverschmelzung, sowie jede einer solchen Eizelle abgespaltene totipotente Zelle. Nach dem Wortlaut der Norm werden jedoch auf andere Weise entstandene entwicklungsfähige Eizellen nicht ausdrücklich einbezogen. Daher ist es fraglich, ob auch die mittels Zellkerntransfer erzeugte entwicklungsfähige Eizelle unter den Embryobegriff des § 8 I ESchG subsumiert werden kann. So werden hierzu auch verschiedene Ansichten vertreten.

α) Befruchtung als notwendige Voraussetzung für einen Embryo iSd § 8 I ESchG

Teilweise wird die Ansicht vertreten, dass die durch Zellkerntransfer entstandene entwicklungsfähige Eizelle nicht unter die Definition des § 8 I EschG fällt und als Folge auch nicht Tatbestandsmerkmal des § 6 ESchG sein kann.[338] Diese Ansicht beruft sich dabei vornehmlich auf eine begriffslogische Analyse der Norm. Das Wort „bereits" sei allein in seiner temporalen Bedeutung zu verstehen, wobei sich § 8 I ESchG dabei allein auf den durch Keimverschmelzung erzeugten Embryo beziehe, diesen jedoch „bereits" ab dem Zeitpunkt der Befruchtung berücksichtigen will. In den Anwendungsbereich der Norm falle somit aufgrund der eindeutigen Wortwahl allein die „befruchtete, entwicklungsfähige menschliche Eizelle vom

---

[336] Keller/Günther/Kaiser, § 6, Rn.2.
[337] BT-DS 13/11263, S. 13.
[338] Gutmann „Auf der Suche nach einem Rechtsgut", S. 353 (355).

Zeitpunkt der Kernverschmelzung an". Hierfür sprächen auch historische Argumente: zum Zeitpunkt des Erlasses des Embryonenschutzgesetzes habe der Gesetzgeber zumindest rein theoretisch die Möglichkeit der Klonierung mittels Zellkerntransfers gekannt, jedoch diese Klonierungsmethode aufgrund des Unwissens um die tatsächliche technische Durchführbarkeit der Methode absichtlich noch nicht ausdrücklich mitregeln wollen.[339]

Eine objektiv-teleologische Betrachtung mache zudem deutlich, dass es für den geklonten Embryo interessensgerechter sei, nicht unter § 8 I ESchG zu fallen. Wenn es der Zielsetzung des Embryonenschutzgesetzes entspräche, „den Wertschätzungen der Verfassung zugunsten der Menschenwürde und des Lebens Rechnung [zu] tragen"[340], so müsse auch das Lebensinteresse des frühen Embryos unbedingt durch das Gesetz geschützt sein. Dass der Klon jedoch kein Embryo iSd § 8 I ESchG sein könne, verdeutliche dabei § 6 II ESchG. Diese Regelung spricht dem Klon gerade das Lebensrecht ab, indem dieser nicht in den Uterus einer Frau implantiert werden darf und ihm somit im Ergebnis ein eigenes Lebensrecht nicht zugesprochen wird.[341]

Schließlich lasse auch der Wortlaut des § 8 I ESchG aufgrund des Analogieverbotes im Strafrecht eine weite Auslegung des Embryobegriffes gerade nicht zu. Die Einbeziehung entwicklungsfähiger Eizellen, die durch Zellkerntransfer erzeugt wurden, verstößt nach dieser Ansicht damit gegen Art.103 II GG.

β) Weite Auslegung des Embryobegriffes

Vielfach wird jedoch der Embryobegriff in § 8 I ESchG weiter ausgelegt, sodass auch die durch Zellkerntransfer erstellte entwicklungsfähige Eizelle unter den Embryobegriff im Sinne der Norm fällt.[342] Dafür wird angeführt, dass die Definition in § 8 I ESchG gerade keine abschließende Regelung zum Begriff Embryo darstellen soll, sondern vielmehr den Mindestumfang des Anwendungsbereiches des Embryobegriffes bestimmen will. Die Formulierung „bereits" solle allein die Einbeziehung frühester Entwicklungsstadien, im Falle der natürlichen Befruchtung und somit die Einbeziehung des Zeitpunkts der Keimverschmelzung in den Anwendungsbereich der Norm sichern. Hieraus könne aber kein Rückschluss gezogen werden, dass der Gesetzgeber ausschließlich Fälle der natürlichen Befruchtung in

---

[339] Gutmann „Auf der Suche nach einem Rechtsgut", S. 353 (355f).
[340] BT-DS **11**/5460, S. 6.
[341] Gutmann „Auf der Suche nach einem Rechtsgut", S. 353 (356).
[342] v. Bülow „Dolly und das Embryonenschutzgesetz" in: Dt. Ärztebl. 1997; 94: A-718 (A-720f); Keller/Günther/Kaiser, § 6, Rn. 2; Keller in Festschrift für Lenckner, S. 486; Eser et al. in: „Hello Dolly?", S. 241f.; Schmidt-Jortzig „Die Würde des Menschen ist unantastbar" in Recht 1997, S. 21; Drucksache 12/1283 des Landtages Baden-Württemberg, S. 6f; Höfling „Verfassungsrechtliche Aspekte des so genannten therapeutischen Klonens" in: Zeitschrift für medizinische Ethik (2001) 47: S. 277 (279); Nationaler Ethikrat „Stellungnahme – Klonen zu Fortpflanzungszwecken und Klonen zu biomedizinischen Forschungszwecken" S. 28f.

die Definition des § 8 ESchG habe aufnehmen wollen. Vielmehr sei die Norm dahingehend zu verstehen, dass „zumindest" dieser Sachverhalt von der Norm erfasst werden soll, was daneben auch den Raum schafft, jede andere entwicklungsfähige Eizelle in den Regelungsgehalt mit einzubeziehen.[343] Jede Zelle, die über das gleiche Entwicklungspotential wie eine befruchtete Eizelle verfügt, fällt somit nach dieser Ansicht in den Begriff Embryo als unabdingbares Tatbestandsmerkmal des § 6 I ESchG mit hinein.

γ) Stellungnahme

Eine restriktive Auslegung des § 8 I ESchG unter Ausschluss der durch Zellkerntransfer erzeugten entwicklungsfähigen Zellen vermag nicht zu überzeugen. Zwar ist Gutmann beizupflichten, dass der Wortlaut der Norm eine Einbeziehung der durch Zellkerntransfer erstellten entwicklungsfähigen Zelle als fraglich erscheinen lässt; eine teleologische Betrachtung und verfassungsrechtlich erlaubte Interpretation[344] lassen jedoch eine Ausweitung des Anwendungsbereiches der Norm auf die „Zellkerntransfer – Blastozyste" zu. Dem Gesetzgeber war bei der Begründung des § 8 I ESchG bewusst, dass eine Klonierung durch das Abspalten von Zellen (embryo-splitting) des frühen Embryos auch beim Menschen möglich ist bzw. in naher Zukunft sein wird.[345] Die auf diese Weise erzeugten genidentischen Embryonen bildeten somit auch den eigentlichen vom Gesetzgeber anvisierten Bereich des Klonierungsverbotes. Trotz der Erzeugung dieser Klone durch künstliche Abspaltung einzelner totipotenter Zellen bzw. Abteilung eines totipotenten Zellkonglomerates sollte es sich bei ihnen auch um Embryonen im Sinne des Embryonenschutzgesetzes handeln, was sich auch ausdrücklich in § 6 I ESchG widerspiegelt. Doch auch in diesen Fällen liegt eine Befruchtung nicht vor, wobei im zweiten Fall, nämlich der Erzeugung eines Embryos durch Teilung einer totipotenten Zellgesamtheit, bei einer rein begriffslogischen Auslegung ebenfalls eine Subsumtion unter die in § 8 I ESchG genannte Alternative, namentlich die Abspaltung einer totipotenten Zelle von einem Embryo, nicht mit dem Gesetzeswortlaut vereinbar wäre. Der Embryobegriff des § 8 I ESchG muss daher in einem bestimmten Maße auslegungsfähig sein. Dies gilt um so mehr, bedenkt man, dass der Gesetzeswortlaut ebenfalls nicht voraussetzt, dass die totipotente Zelle allein einem durch Befruchtung erzeugten Embryo entnommen sein muss.[346] So wird deutlich, dass der Begriff des Embryos in § 6 I ESchG, eine Konkretisierung des nicht abschließend definierten Embryonenbegriffs in § 8 I ESchG darstellen muss. Für die durch Zellkerntransfer erzeugte entwicklungsfähige Eizelle kann dabei nichts anderes gelten.

---

[343] Eser et al. in: „Hello Dolly?", S. 241.

[344] vgl. zur Auslegung und Interpretationsfähigkeit strafrechtlicher Normen BVerfG **47**, 109 (121); **71**, 108 (115).

[345] BT-DS **11**/1856, S. 4.

[346] vgl. dazu auch BT-DS **13**/11263, S. 14.

Dieses Ergebnis besteht auch unabhängig davon, ob der Gesetzgeber bei Begründung des ESchG ebenfalls den Zellkerntransfer schon vor Augen hatte. Denn seiner Zielsetzung oblag es u.a. einer seiner Ansicht nach bestehenden verfassungsrechtlichen Verpflichtung zum Schutz des menschlichen Lebens in seiner frühesten Entwicklungsform nachzukommen. Dabei sollte der Umgang mit allen Formen von in vitro erzeugten und entwicklungsfähigen Zellen im Embryonenschutzgesetz umfassend geregelt werden.[347] Die Konsequenz dieser Zielsetzung kann somit nur die Einbeziehung der aus Zellkerntransfer entstandenen totipotenten Zelle in den Anwendungsbereich des § 8 I ESchG sein. Dieses Ergebnis spiegelt sich auch im Embryonenschutzgesetz wider, ohne dass bei der Analyse eine Überdehnung des Anwendungsbereiches des § 8 I ESchG und ein Verstoß gegen das Analogieverbot des Art. 103 II GG zu befürchten steht: das Embryonenschutzgesetz lässt bewusst offen, wann menschliches Leben beginnt. Eine dahingehende Definition würde auch dem Regelungsauftrag des Embryonenschutzgesetzes widersprechen. Die Regelungskompetenz des Embryonenschutzgesetzes läuft allein darauf hinaus zu bestimmen, ab wann menschliches Leben strafrechtlich geschützt wird und somit frühestens von einem Embryo im Sinne des Gesetzes ausgegangen werden muss.[348] Die Formulierung „bereits" macht dabei hinreichend deutlich, dass die Vorschrift entsprechend der ratio des Gesetzes, den menschlichen Embryo umfassend schützen zu wollen, keine abschließende Begriffsbestimmung enthält.[349] Die rein temporale Bedeutung will damit nicht allein die durch Befruchtung erzeugten Embryonen in den Schutzbereich des Gesetzes einbeziehen, sondern schafft lediglich eine zeitliche Konkretisierung im Hinblick darauf, ab wann der strafrechtliche Schutz für die früheste Entwicklungsphase durch das Gesetz sichergestellt wird. Spätere Entwicklungsphasen müssen dementsprechend „erst recht" eingeschlossen sein. Dies muss natürlich auch dann gelten, wenn diese Zellen auf andere Art und Weise, als durch Befruchtung entstanden sind.[350]

Schließlich vermag auch der Einwand, dass es aufgrund der Regelung des § 6 II ESchG gerade im Überlebensinteresse der im Wege des Zellkerntransfers geschaffenen totipotenten Zelle liege, nicht unter den Embryobegriff des § 8 I ESchG zu fallen, als Argument gegen die Aufnahme des „Zellkerntransfer – Klons" in den Anwendungsbereich des § 8 I ESchG nicht zu überzeugen. Fakt ist, dass § 6 II ESchG das Überlebensinteresse jedes Klons, soweit dieser überhaupt über ein solches Interesse verfügen kann, aufgrund des Implantationsverbotes in

---

[347] vgl. hierzu BT-DS **11**/5460, S. 12: innerhalb der amtlichen Begründung zum Entwurf des ESchG heißt es zu § 8: „§ 8 I bestimmt, dass als Embryo im Sinne des Gesetzes schon die befruchtete Eizelle vom Zeitpunkt der Kernverschmelzung an gilt. darüber hinaus stellt die Vorschrift jede totipotente Zelle, die sich zu teilen und zu einem Individuum zu entwickeln vermag, dem Embryo gleich." Für den Embryobegriff ist danach allein die Entwicklungsfähigkeit einer Zelle entscheidend, unabhängig von der Art ihrer Entstehung.

[348] BT-DS **13**/11263, S. 13.

[349] vgl. Bülow in: Dt. Ärztebl. 1997 ; 94; A-718 (721).

[350] Keller „Klonen, Embryonenschutz und Biomedizin – Konvention", in: Festschrift für Lenckner, S. 486.

verfassungsrechtlich bedenklicher Weise einschränkt.[351] Denn, konsequent dieser Linie folgend, liegt es ja auch nicht im Interesse des durch Abspaltung von Zellen des Embryos gewonnenen Klons, niemals in einen weiblichen Uterus implantiert werden zu dürfen. Die Annahme, dass nur der durch Zellkerntransfer erzeugte Klon von dieser Regelung auszunehmen sei und ihm somit ein höheres Lebensrecht zuzusprechen ist, als anderen im Wege der Klonierung gewonnenen totipotenten Zellen, ist in sich kontrovers. In vielen verschiedenen Regelungen des Embryonenschutzgesetzes wird auch gerade deutlich, dass der Lebensschutz für entwicklungsfähige Zellen nicht absolut ist. Eine zwingende Begründung, warum aber dem „Zellkerntransfer – Embryo" ein solcher Lebensanspruch zukommen sollte, drängt sich nicht auf.

bbb) Das Tatbestandsmerkmal der „gleichen Erbinformation" iSd § 6 I ESchG

Im Gegensatz zum embryo-splitting führt die Methode des Zellkerntransfers nicht zu einer absoluten genetischen Identität der Erbinformation des Zellkernspenders und des Klons, da sich zumindest das mitochondriale Genom unterscheidet.[352] Die genetische Differenz liegt dabei im Bereich bei ca. 0,1 – 0,2 %. Allein in den Fällen bei denen der Zellspender der somatischen Zelle und die Spenderin der Eizelle identisch sind, kann ein höchstmöglicher Grad genetischer Identität erreicht werden. Auch wenn es sich bei der genetischen Unterscheidung zwischen Zellkernspender und Klon nur um eine marginale Differenz handelt, ist es fraglich und nicht einhellig geklärt, ob das Ergebnis des Zellkerntransfers dem Tatbestandsmerkmal „gleich" iSd § 6 I ESchG gerecht wird und somit auch mit dem mittels Zellkerntransfer erzeugten Embryo der Tatbestand des Klonens erfüllt wird oder eine Ausweitung des Anwendungsbereiches gegen Art. 103 II GG verstoßen würde.

α) Verstoß gegen Art. 103 II GG

Nach teilweise vertretener Auffassung[353] führt eine Anwendung des § 6 I ESchG auf die Fälle des Klonens mittels Zellkerntransfers zu einer unerlaubten Interpretation des Wortlautes der Norm und somit zu einem Verstoß gegen den Grundsatz des nullum crimen sine lege scripta, nulla poena sine lege certa im Sinne des Art. 103 II GG.

---

[351] Zu diesem Problempunkt erfolgen im Folgenden noch eingehende Ausführungen.

[352] Vgl. 1. Kapitel A V 2 b) bb).

[353] Gutmann „Auf der Suche nach einem Rechtsgut", S. 353 (354f); kritisch auch Höfling „Verfassungsrechtliche Aspekte des so genannten therapeutischen Klonens" in: Zeitschrift für medizinische Ethik (2001) 47: 277 (278f).

β) Weite Auslegung

Nach überwiegender Ansicht[354] ist die Tatbestandsvoraussetzung der „gleichen Erbinformation“ weit auszulegen. Eine „gleiche Erbinformation“ liegt danach bei einer Übereinstimmung des Kerngenoms vor, was in den Fällen des Zellkerntransfers regelmäßig der Fall ist, sodass die tatbestandlichen Voraussetzungen des § 6 I ESchG erfüllt werden.

γ) Stellungnahme

Bei der Bewertung dieser Fragestellung bietet sich zunächst der Rückgriff auf die Begründung der Bundesregierung zum Regierungsentwurf eines Embryonenschutzgesetzes an; danach impliziert der Begriff Klonen die Erstellung „identischer Menschen“[355]. Das Ziel des Klonverbotes läuft dabei auf die Verhinderung der Verletzung der Menschenwürde hinaus, da eine solche in den Fällen der durch den Menschen gesteuerten Zuweisung der Erbanlagen „in besonders krasser Weise“ vorläge.[356] Gerade die teleologische Hinterfragung der Norm zeigt aber, dass es dem Gesetzgeber nicht darum ging, genetische Identität bei Menschen zu verhindern. Genetisch identische Individuen kommen in der Gesellschaft als eineiige Zwillinge vor, wobei ihre Präsenz keine rechtssoziologischen Auswirkungen hat. Sie sind in gleicher Weise Träger der Menschenwürde, wie jeder andere Mensch auch und nehmen auch ansonsten als uneingeschränkte Rechtsträger am gesellschaftlichen Leben Teil. Die Intention des Gesetzgebers bei der Entstehung der Norm ging mithin in eine andere Richtung: Kein Mensch sollte durch menschliches Handeln einem „genetischen Determinismus“ ausgesetzt werden, bei dem sich der Klon als die genetische Kopie eines anderen Menschen sehen muss. Diese teleologische Betrachtung zeigt, dass der Gesetzgeber mit „identischen Menschen“ und „gleicher Erbinformation“ gerade nicht auf eine hundertprozentige Duplizierung genetischen Materials abzielt, sondern vornehmlich auf vom Menschen gesteuerte Zuordnung genetischer Merkmale, wie es nun mal sowohl beim embryo-splitting als auch beim Zellkerntransfer der Fall ist, verhindern wollte.

Zudem ist beachtlich, dass auch die Klonierungstechnik des embryo-splitting, wie auch die natürliche Bildung von Klonen in Form eineiiger Zwillinge, nicht re-

---

[354] Bülow in: Dt. Ärztebl. 1997; 94: A-718 (A-720); Eser et. al in: „Hello Dolly?“, S.223 (240f); Keller/Günther/Kaiser, § 6, Rn. 2 u. 6; Keller „Embryonenschutz und Biomedizin-Konvention“ in Festschrift für Lenckner, S. 477 (485ff). DFG – Empfehlung 2001, S. 21; DFG – Stellungnahme 1999, S. 7; Schmidt-Jortzig „Die Würde des Menschen ist unantastbar“, Rede im Deutschen Bundestag vom 21. März 1997 in Recht 1997, S. 21; eindeutig dazu auch BT-DS **13**/11263, S. 13 u. 18f; in diesem Sinne wohl auch Taupitz, „Der rechtliche Rahmen des Klonens zu therapeutischen Zwecken“, S. 3; Nationaler Ethikrat „Stellungnahme – Klonen zu Fortpflanzungszwecken und Klonen zu biomedizinischen Forschungszwecken“ S. 27f.

[355] BT-DS **11**/5460, S. 6.

[356] BT-DS **11**/5460, S. 11.

gelmäßig zu einer absoluten genetischen Identität der Ableger führen muss. Mutationen innerhalb der Erbinformation können zu Abweichungen zwischen den Abkömmlingen und Spendern führen, die den Schluss auf eine „gleiche Erbinformation" im absoluten Sinne ebenfalls nicht mehr unbedingt zulassen.[357]

Um entgegen natürlicher oder mechanischer Beeinflussung des genetischen Codes Rechtssicherheit schaffen zu können, muss auf eine objektive Konstante bei der Beurteilung der Gleichheit im Sinne des Gesetzes abgestellt werden können. Der Rückgriff auf die genetische Identität des Kerngenoms drängt sich hierbei auf. Da mit dem Austausch des Kerngenoms dem Klon die maßgeblichen Erbinformationen übertragen werden, ist der Klon in seiner genetischen Identität also auch beim Zellkerntransfer immer ein vorbestimmtes Wesen. Daran ändert auch die Tatsache einer marginalen genetischen Differenz im Bereich des mitochondrialen Genoms nichts.[358] Keller/Günther/Kaiser gehen dementsprechend wie selbstverständlich in ihrem Kommentar zum Embryonenschutzgesetz davon aus, dass auch durch den Zellkerntransfer das Tatbestandsmerkmal „gleiche Erbinformation" erfüllt wird.[359] Nach ihnen bedeutet „gleiche Erbinformation" Gleichheit der DNS des Zellkerns und somit die Identität der Kerngenome.[360] Maßgeblich ist im Hinblick auf § 6 I ESchG daher kein mathematischer Gleichheitsbegriff, sondern nur ein rechtlicher. Es kann somit auch dann noch von Gleichheit gesprochen werden, wenn nach naturwissenschaftlichen Prinzipien nur eine „ungefähre Gleichheit" vorliegt.[361] Weitere Anhaltspunkte hierfür lassen sich bereits im Embryonenschutzgesetz selbst finden. So spricht § 6 I ESchG ausdrücklich von der „gleichen" und nicht von „derselben" Erbinformation, eine Formulierung die eine semantische Unterscheidung nahelegt.[362] Der Wortlaut indiziert damit ebenfalls allein eine relative Übereinstimmung und geht somit nicht von absoluter Identität aus[363].

Abschließend ergibt sich die Einbeziehung des Zellkerntransfers begriffslogisch bereits aus dem Gesetz selbst. Nach § 6 I ESchG erfüllt die Schaffung eines Embryos mit dem gleichen Erbgut wie dem eines anderen Embryos, Foeten, Menschen oder Verstorbenen den Tatbestand. Gerade die beiden letzten Fälle können nach derzeitigem wissenschaftlichem Erkenntnisstand nur im Wege des Zellkerntransfer erzielt werden.[364]

---

[357] BT-DS **13**/11263, S. 18.

[358] BT – DS **13**/11263, S. 13 mit Verweis auf v. Bülow, Dt. Ärztebl. 1997; 94; A-718 (A720).

[359] Keller/Günther/Kaiser, § 6, Rn. 2.

[360] Keller/Günther/Kaiser, § 6, Rn. 6.

[361] Eser et al. in: „Hello Dolly?", S. 241; BT – DS **13**/11263, S. 13.

[362] v. Bülow, Dt. Ärztebl. 1997; 94: A-718 (A-721); in diesem Sinne auch Schmidt – Jortzig „Die Würde des Menschen ist unantastbar", in Recht 1997, S. 21; Simon „Rechtliche Regulierung des Klonens von Menschen", S. 25 (27); Drucksache des Landtags Baden-Württemberg 12/1283.

[363] v. Bülow, Dt. Ärztebl. 1997; 94: A-718 (A720); Keller „Embryonenschutz und Biomedizin-Konvention", in FS für Lenckner, S. 477 (487); BT – DS **13**/11263, S. 13.

[364] vgl. BT – DS **13**/11263, S. 13; Drucksache des Landtags Baden-Württemberg, **12**/1283, S. 7; Keller „Embryonenschutz und Biomedizin-Konvention" in FS für Lenckner, S. 485.

Gleichheit iSd § 6 I ESchG liegt schließlich regelmäßig mit der Identität der Kerngenome vor. Das Verbot des Klonens in § 6 I ESchG schließt das Klonverbot im Wege des Zellkerntransfers somit mit ein.

ccc) Subjektive Tatbestandsvoraussetzungen

§ 6 I ESchG setzt Vorsatz voraus, wobei bedingter Vorsatz ausreicht.[365]

ddd) Versuch

Der Versuch nach § 6 III ESchG liegt bereits mit dem Entkernen der Eizelle vor, wenn dies zu dem Zweck erfolgt, dass in diese später eine andere somatische Zelle bzw. ein Zellkern eingesetzt wird.[366]

bb) Verbotene Geschlechtswahl nach § 3 EschG

Ebenso wie das embryo-splitting erfüllt der Zellkerntransfer als Klonierungsmethode nicht den Tatbestand der verbotenen Geschlechtswahl iSd § 3 ESchG, auch wenn das Geschlecht des Klons regelmäßig dem des Zellkernspenders entspricht.[367]

cc) Verbotene Keimbahnmanipulation nach § 5 ESchG

Das Entkernen der Eizelle sowie das Implantieren einer somatischen Zelle bzw. eines anderen Zellkerns erfüllt schließlich nicht den Tatbestand der verbotenen Keimbahnmanipulation iSd § 5 ESchG.[368] § 5 I ESchG setzt hierfür die unzulässige Manipulierung einer menschlichen Keimbahnzelle voraus. § 8 III ESchG zählt zwar die Eizelle ausdrücklich zu den menschlichen Keimbahnzellen, sodass diese unzweifelhaft als taugliches Tatobjekt in Betracht kommt.[369] Die Veränderung des genetischen Codes müsste jedoch auch in unzulässiger Weise erfolgt sein. Dies ergibt sich aus Abs. IV, der in seinem Katalog die negativen Tatbestandsmerkmale des Abs. I enthält.[370] Nach § 5 IV Nr. 1 ESchG ist eine Anwendung des ersten Ab-

---

[365] Keller/Günther/Kaiser, § 6, Rn. 10.
[366] Eser et. al in: „Hello Dolly?", 223 (S. 242).
[367] vgl. BT – DS **13**/11263, S. 22.
[368] vgl. hierzu auch BT – DS **13**/11263, S. 16; v. Bülow, Dt. Ärztebl. 1997; 94: A-718 (A721); Simon „Rechtliche Regulierung des Klonens von Menschen", S. 25 (29).
[369] Ob das Entkernen einer Eizelle bereits das Tatbestandsmerkmal der künstlichen Veränderung der Erbinformation erfüllt, ist in diesem Zusammenhang aufgrund des Tatbestandsausschlusses nach Abs. IV nicht weiter erheblich. Von entscheidender Bedeutung ist diese Fragestellung jedoch im Hinblick auf die Umgehung des Klonierungsverbotes durch Veränderung des genetischen Codes der Spenderzelle und den sog. Oozyten – Transfer. Auf diese Sachverhalte wird im Folgenden noch eingegangen.
[370] Keller/Günther/Kaiser, § 5, Rn. 15.

satzes ausgeschlossen, wenn sich die Keimzelle außerhalb des Körpers befindet und eine Verwendung zur Befruchtung nach ihrer Manipulierung ausgeschlossen ist. Der Wortlaut des vierten Absatzes setzt somit für die Tatbestandsmäßigkeit von Abs. I explizit die Möglichkeit der Nutzung einer manipulierten Keimzelle zur Befruchtung voraus. Diese entfällt in den Fällen der Klonierung mittels Zellkerntransfers jedoch. Eine Einbeziehung und Gleichstellung der ohne Kernverschmelzung entwicklungsfähigen Eizelle nach Zellkerntransfer mit Eizellen, die für die Bildung ihres selbständigen Entwicklungspotentials der Befruchtung bedürften, würde in unzulässiger Weise den Anwendungsbereich des § 5 IV Nr. 1 ESchG über seinen Wortlaut hinaus ausdehnen und somit gegen das Analogieverbot des Art. 103 II GG verstoßen. Aus dem gleichen Grund kommt auch eine Bestrafung für die Verwendung einer genetisch manipulierten Keimzelle zur Befruchtung nach § 5 II ESchG nicht in Betracht.

b) Das „reproduktive Klonen"

Anders als beim Einsatz der Technik des Zellkerntransfers in der medizinischen Forschung läuft das sog. „reproduktive Klonen" auf die Implantation der entwicklungsfähigen Eizelle in den Uterus einer Frau hinaus, um so eine Schwangerschaft hervorzurufen.

aa) Klonierungsverbot nach § 6 I EschG

Da für das reproduktive Klonen ebenfalls der Zellkerntransfer als Klonierungstechnik eingesetzt wird, wird hierbei in gleichem Maße wie beim therapeutischem Klonen der Tatbestand des § 6 I ESchG erfüllt.

bb) Implantationsverbot nach § 6 II ESchG

Der Unterschied zwischen dem therapeutischen und dem reproduktiven Klonen, der in der Absicht der Implantation des durch die Klonierung erzeugten Embryos in den Uterus einer Frau zur Herbeiführung einer Schwangerschaft liegt, wird mit § 6 II ESchG gesetzlich ausdrücklich bedacht. Dabei hebt § 6 II ESchG die Strafwürdigkeit der Übertragung eines durch Klonierungstechniken erzeugten Embryos auf eine Frau hervor, unterwirft diesen Tatbestand jedoch keiner höheren Strafandrohung. Sinn und Zweck der Norm ist es auf diese Weise die mögliche Sozialschädlichkeit einer solchen Handlung zu verdeutlichen. Aus dem Verbot der Implantation eines durch Klonierung erzeugten Embryos resultiert schließlich aber sogar eine strafbewehrte Tötungsverpflichtung.[371]

Das Tatbestandsmerkmal der Übertragung ist erfüllt, sobald die entwicklungsfähige Eizelle derart in den Uterus implantiert wurde, dass diese theoretisch in der

[371] Keller/Günther/Kaiser, § 6, Rn. 11.

Lage ist, sich selbständig in die Gebärmutterschleimhaut einzunisten und so eine Schwangerschaft entstehen kann.

Ebenso wie bei Abs. I ist gem. Abs. III der Versuch strafbar, wobei ein unmittelbares Ansetzen zur Tatbestandsverwirklichung mit der Einführung in den weiblichen Unterleib im Sinne des Embryotransfers bei der in-vitro-Fertilisation der Fall ist.

c) Handlungen im Ausland

Eine Strafbarkeit eines Deutschen für die Anwendung von Klonierungstechniken auf den Menschen im Ausland kommt weder nach § 7 II StGB, noch nach § 6 StGB in Betracht. Das Klonen zu therapeutischen Zwecken wird zunehmend in verschiedenen Ländern weltweit erlaubt bzw. auch zukünftig nicht unter ein strafrechtliches Verbot gestellt werden. Auch ein Verbot des reproduktiven Klonens ist bisher erst in wenigen Ländern normiert worden, sodass hinreichend Möglichkeiten an Ausweichländern zur Durchführung dieser Praktiken gegeben sind. Auch konnte bisher kein internationaler Konsens zu einem Verbot des Klonens menschlichen Lebens erzielt werden, sodass das Klonen auch nicht dem Weltrechtskatalog des § 6 StGB unterworfen werden kann. Ebenfalls ist bisher eine Aufnahme des Klonverbotes in § 5 StGB noch nicht erfolgt.[372] Täterschaft im Hinblick auf Auslandstaten kommt nicht in Betracht. Allein eine nach deutschem Strafrecht strafbewehrte Teilnahme kann sich unter Anwendung des § 9 II 2 StGB ergeben.

VII. Zellkernaustausch bei unbefruchteten Eizellen

Der Austausch von Zellkernen unbefruchteter Eizellen ist aus verschiedenen Gründen denkbar. Zum einen könnte sich der Transfer des Zellkerns einer unbefruchteten Eizelle in eine andere entkernte Eizelle zum Zwecke der Verhinderung mitochondrialer Erberkrankungen der Mutter anbieten. Dabei würde der Zellkern einer im Genom des Mitochondriums genetisch erkrankten Eizelle explantiert und in eine gespendete gesunde und entkernte Eizelle eingesetzt werden.[373] Ein anderer Anwendungsbereich dieses sog. Oozyten – Transfers könnte zukünftig auch in der Fortpflanzungsmedizin liegen. Älteren Frauen, deren Eizellen in ihrer Entwicklungsfähigkeit nur noch beschränkt sind, könnten dann Eizellen entnommen und deren Zellkern isoliert werden. In einem zweiten Schritt werden dann die Zellkerne wiederum in junge entkernte Eizellen implantiert, die dann später im Wege der in-vitro-Fertilisation mit männlichen Keimzellen befruchtet werden und schließlich der Zellkernspenderin in den Uterus eingesetzt werden können.[374] Die Implantati-

---

[372] Ein dahingehender Vorschlag wurde innerhalb der Unterrichtung durch die Bundsregierung in BT-DS **13**/11263, S. 21.

[373] vgl. 1. Kapitel A V 3 e).

[374] BT-DS **13**/11263, S. 25.

on befruchteter Eizellen in die Gebärmütter postklimaktärischer Frauen ist schon früher erfolgreich gelungen.

1. Klonierungsverbot nach § 6 I ESchG

Der Tatbestand des § 6 I ESchG wird bei dieser Praktik nicht erfüllt, da die Eizelle im Wege der in-vitro-Fertilisation mit männlichen Keimzellen befruchtet und somit eine neue und einzigartige genetische Information durch die Verschmelzung der Keimzellen erzeugt werden würde.

2. Missbräuchliche Anwendung von Fortpflanzungstechnologien nach § 1 I Nr. 1 ESchG

Eine Strafbarkeit nach § 1 I Nr.1 ESchG kommt ebenfalls nicht in Betracht, da diese Norm als Tathandlung die Übertragung einer fremden unbefruchteten Eizelle auf eine Frau voraussetzt. Unter Übertragung ist dabei allein die Verbringung der unbefruchteten Eizelle von außerhalb des Körpers in die Leibeshöhle der anderen Frau zu verstehen.[375] Wird einer Frau jedoch eine fremde befruchtete Eizelle, mithin ein Embryo iSd § 8 ESchG implantiert, ist der Anwendungsbereich von § 1 I Nr. 1 ESchG nicht eröffnet.[376] Da bei beiden oben genannten Praktiken die Befruchtung jeweils im Wege der in-vitro-Fertilisation durchgeführt werden kann, sind diese Handlungen nicht tatbestandsmäßig nach § 1 I Nr. 1 ESchG.

3. Missbräuchliche Verwendung eines menschlichen Embryos § 2 I ESchG

Ebenso wird durch die Anwendung dieser Praktik nicht der Tatbestand der missbräuchlichen Verwendung menschlicher Embryonen iSd § 2 I ESchG erfüllt. Der Oozyten – Transfer verfolgt gerade die Absicht den Embryo zu erhalten, womit die Tatbestandsvoraussetzung eines „nicht seiner Erhaltung dienenden Zweck[es]“ des § 2 I ESchG gerade nicht vorliegt. Gleiches gilt auch im fortpflanzungsmedizinschen Bereich. Vielmehr handelt es sich in den Fällen der Verhinderung etwaiger vererbbarer mitochondrialer Erkrankungen der Mutter bei positiver Prognose des Eingriffs um einen zulässigen Heilversuch.[377]

4. Keimbahnintervention nach § 5 I ESchG

Fraglich und umstritten ist schließlich, ob diese Technik den Tatbestand der künstlichen Veränderung menschlicher Keimbahnzellen iSd § 5 I ESchG erfüllt. Der Wortlaut des § 8 III ESchG führt die Eizelle ausdrücklich als menschliche Keim-

---

[375] Keller/Günther/Kaiser, § 1, Rn. 11.
[376] Keller/Günther/Kaiser, § 1, Rn. 9.
[377] Taupitz „Der rechtliche Rahmen des Klonens zu therapeutischen Zwecken“, S. 5.

bahnzelle auf. Nicht eindeutig ist es jedoch, ob dieser Status durch Entfernung des Zellkerns aufgehoben wird.

Teilweise wird die Ansicht vertreten, dass bereits das Entkernen einer weiblichen Eizelle den Tatbestand des § 5 I verwirklicht. Begründet wird diese Sichtweise damit, dass auch die entkernte Eizelle aufgrund des in ihr enthaltenen Zytoplasmas weiterhin eine Eizelle bleibe, solange sie nicht zugrunde geht. Veränderungen der Erbinformation könnten nicht allein durch Manipulationen in einzelnen Gensequenzen, sondern auch durch den Austausch des gesamten Zellkerns herbeigeführt werden.[378]

Nach anderer Ansicht handelt es sich jedoch bei der bereits entkernten Eizelle nicht mehr um eine Keimbahnzelle iSd § 8 III ESchG. Durch die Entkernung ist der Eizelle der maßgebliche Anteil an Erbgut entzogen, womit der Zelle die Fähigkeit zur Weitergabe genetischer Information genommen werde. In diesem Stadium könne eine solche Zelle daher nicht mehr als Keimbahnzelle im Sinne der Definition angesehen werden. Weder das Entfernen des Zellkerns, noch das Hinzufügen eines anderen Zellkerns, stellt daher eine tatbestandsmäßige Manipulierung der genetischen Information dar.[379]

Im Ergebnis wird jedoch verbotene Manipulation menschlicher Keimbahnzellen anzunehmen sein. Nach der Legaldefinition des § 8 III ESchG sind Keimbahnzellen alle Zellen, die in einer Linie von der befruchteten Eizelle bis hin zu den Keimzellen des aus ihr hervorgegangenen Individuums entstehen. Dazu gehören, alle totipotenten embryonalen Zellen, die körpereigenen Keimbahnzellen (die an der Weitergabe der Erbinformation an die Folgegeneration beteiligt sind) und die Keimzellen selbst, darüber hinaus auch noch die imprägnierte Eizelle und die in ihr enthaltenen Vorkerne.[380] Bei der Eizelle hingegen handelt es sich somit unzweifelhaft um eine Keimbahnzelle iSd § 8 III ESchG. Diesen Status verliert die Eizelle auch nicht durch die Entnahme des Zellkerns. Zwar wird ihr auf diesem Wege der maßgebliche Anteil an Erbgut entzogen, sodass dieses auch nicht weitergegeben werden kann, jedoch wird dieser Status durch die Reimplantation eines fremden Kerngenoms wieder aufgehoben. Auch wenn keine Manipulation am Kerngenom selbst vorgenommen wurden, gebieten es Sinn und Zweck der Norm den Austausch von Zellkernen in den Anwendungsbereich der verbotenen Keimbahnmanipulation mit einfallen zu lassen. Ziel des Gesetzgebers bei der Begründung der Norm war es unter anderem Nachfolgegenerationen, vor Eingriffen in die Keimbahnen ihrer Vorgängergenerationen zu schützen, da es nach gegenwärtigem Erkenntnisstand nicht beurteilbar ist, welche unbeherrschbaren Auswirkungen solche Manipulationen zuungunsten der Folgegenerationen mit sich bringen können.[381]

---

[378] vgl. BT-DS **13**/11236, S. 16.

[379] In diesem Sinne Tauptiz „Abgestufte Menschenwürde“ in PZ 2001, S. 2903 (2906); ders., „Der rechtliche Rahmen des Klonens zu therapeutischen Zwecken“, S. 6; vgl. zum Streitgegenstand auch BT-DS **13**/11236, S. 16.

[380] Günther in: Lexikon der Bioethik, Band 2, S. 351.

[381] Günther in: Lexikon der Bioethik, Band 2, S. 351; BT – Drucksache **11**/1856, S. 5.

Zwar hatte der Gesetzgeber dabei vorrangig die Keimbahntherapie in dem Sinne vor Augen, dass innerhalb der frühesten Embryonalphase bei monogenetischen Erkrankungen das defekte Gen gegen ein gesundes Gen ausgetauscht werden würde, die Folgen einer genetischen Veränderung der Erbinformation sind beim Austausch des gesamten Zellkerns jedoch genauso wenig absehbar wie beim Transfer einzelner Gene. Welche Einflüsse das mitochondriale Genom in der Entwicklungsbiologie von Zellen hat und inwieweit ein Abhängigkeitsverhältnis zwischen dem Kerngenom und der mitochondrialen DNA besteht, ist derzeit noch nicht hinreichend geklärt. Mit dem Austausch der Zellkerne liegt somit eine verbotene Keimbahnintervention iSd § 5 I ESchG vor. Die negativen Tatbestandsmerkmale des Abs. IV finden bei diesem Sachverhalt keine Anwendung, da eine Befruchtung der Eizelle nicht ausgeschlossen werden kann. Im Regelfall ist sogar die Verwendung einer derart veränderten Keimzelle bezweckt, sodass der Tatbestand von § 5 II ESchG gleichfalls erfüllt ist.

VIII. Umgehung des Klonierungsverbotes nach § 6 I ESchG durch Manipulation der Erbinformation der Spenderzelle vor Implantation in eine enucleirte Eizelle

Der strafrechtliche Schutz des Embryonenschutzgesetzes vor Zellkerntransfertechniken ist ferner aber unzureichend, wenn Manipulationen an dem Zellkern der Spenderzelle vorgenommen werden. Der Zellkerntransfer als Klonierungsmethode erfüllt aus den aufgeführten Gründen grundsätzlich das Klonierungsverbot des § 6 I ESchG. Die Voraussetzung des Tatbestandes des § 6 I EschG, der Erschaffung eines Embryos mit der gleichen Erbinformation, wie der des Zellkernspenders, liegt beim Zellkerntransfer als Klonierungsmethode regelmäßig vor. Der Gleichheitsbegriff des § 6 I ESchG ist in diesem Zusammenhang also nur ein relativer, sodass für die Erfüllung des Tatbestandes keine absolute genetische Identität zwischen Zellkernspender und Empfänger bestehen muss.[382] Auf der anderen Seite muss dieser Gleichheitsbegriff aber auch wieder eingrenzbar sein und eine klar Trennlinie gezogen werden können, wonach nach objektiven Kriterien beurteilbar ist, wann Gleichheit iSd Norm noch vorliegt und wann nicht mehr. Eine sachgerechte Trennlinie kann mithin durch eine Trennung von Kerngenom und dem mitochondrialen Genom gezogen werden. Zwar ist gegenwärtig noch nicht hinreichend geklärt, ob das mitochondriale Genom auch phänotypische Auswirkungen hat, jedoch ist schon aufgrund der massiven Größenunterschiede und in dem Bewusstsein, dass das Kerngenom der Hauptträger des Erbgutes ist, ein alleiniger Rückgriff auf das Kerngenom bei der Bestimmung des Gleichheitsbegriffes iSd § 6 I ESchG gerechtfertigt. Somit ist für die Bestimmung der Gleichheit iSd § 6 I ESchG allein auf die Gleichheit der Kerngenome abzuzielen. In diesem Verhältnis

---

[382] vgl. 3. Kapitel A VI 2 a) aa) bbb) γ).

ist jedoch dann eine enge Auslegung des Gleichheitsbegriffs geboten, da schon geringste Veränderungen des Kerngenoms wiederum von Bedeutung sein können. Die Tatbestandsvoraussetzung des § 6 I ESchG ist also nur in den Fällen gegeben, wenn die Kerngenome genetisch identisch sind. Unterschiede im genetischen Code des Kerngenoms, egal welcher Größenordnung und Art ihrer Entstehung (natürliche Mutation oder chemisch – physikalische Manipulation), haben somit zur Folge, dass eine Tatbestandsmäßigkeit nach § 6 I ESchG nicht mehr vorliegen kann. Die Veränderung der Erbinformation einer somatischen Zelle und ihre Implantation in eine entkernte Eizelle können somit regelmäßig eine Tatbestandsmäßigkeit iSd § 6 I ESchG verhindern.[383]

Auch wird der Tatbestand der verbotenen Keimbahnmanipulation iSd § 5 I ESchG nicht erfüllt. So können somatische Zellen vor ihrer Einbringung in eine enucleirte Eizelle nicht unter den Begriff Keimbahnzelle iSd § 8 III ESchG subsumiert werden. Dies würde vielmehr eine Interpretation darstellen, die nicht mehr mit dem Analogieverbot aus Art. 103 II GG vereinbar wäre.[384] Eine genetische Veränderung dieser Zellen fällt somit nicht unter das Embryonenschutzgesetz. Allein die Implantation dieser Zellen in vorher entkernte Eizellen kommt schließlich nur noch als durch § 5 I und II ESchG sanktionierte Handlung in Betracht. Im Falle des ersten Absatzes greift jedoch der Tatbestandsausschluss des § 5 IV Nr. 1 ESchG, da eine Verwendung dieser entwicklungsfähigen Zellen zu Befruchtungszwecken ausgeschlossen ist. Aus diesem Grunde scheidet ebenfalls auch eine Strafbarkeit nach § 5 II ESchG aus.

IX. Zur Lebenserhaltungspflicht gegenüber dem übriggebliebenen Embryo

Das Embryonenschutzgesetz ist so konzipiert worden, dass sich dass Problem „überzähliger IVF – Embryonen“ grundsätzlich nicht stellen dürfte. Gem. § 1 I Nr. 3 und Nr. 2 ESchG dürfen nur so viele Eizellen einer Frau befruchtet werden, wie sie ihr auch während eines Zyklus tatsächlich implantiert werden können, wobei es höchstens drei sein dürfen. Jedoch gibt es Fälle der tatsächlichen Unmöglichkeit zur Implantation (Krankheit oder Tod der Frau) oder ein Transfer entspricht nicht mehr dem Willen der Eizellspenderin. In diesen Fällen sieht das Embryonenschutzgesetz keinerlei Verpflichtung des Arztes vor, den aus einer IVF – Behandlung übriggebliebenen Embryo am Leben zu erhalten. Auch kommt kein Tatbestand nach dem Embryonenschutzgesetz in Betracht, aus dem in Form eines unechten Unterlassungsdeliktes ein Absterbenlassen des in vitro befindlichen Embryos strafrechtlich sanktioniert würde.[385] § 2 I ESchG ist auf diese Fälle nicht an-

---

[383] vgl. v. Bülow in: Dt. Ärztebl. 1997; 94: A-718 (A-721); in diesem Sinne auch der zweite Teilbericht der Enquete-Kommission „Recht und Ethik in der modernen Medizin“, Ziff. 1.2.3.1, S. 34, BT-DS **14**/7546.

[384] v. Bülow „Dolly und das Embryonenschutzgesetz“ in: Dt. Ärztebl. 1997; 94: A-718 (A-724).

[385] ausführlich hierzu Keller/Günther/Kaiser, § 2, Rn. 34.

wendbar; er schreibt allein vor, einen Embryo nicht zu fremdnützigen Verwendungen zu gebrauchen. Damit wird zwar jede Verwendung, die nicht der Erhaltung des Embryos dient und somit jedes aktive Zerstören[386], von der Norm erfasst, eine Lebenserhaltungspflicht kann hieraus aber nicht gezogen werden.[387] § 2 II ESchG schränkt hingegen sogar bestimmte Maßnahmen, die dem Überleben des Embryos in vitro dienen könnten, strafrechtlich ein.[388]

Die Kryokonservierung befruchteter Eizellen ist grundsätzlich nur im Vorkernstadium zulässig. Allein in Ausnahmefällen ist nach § 9 Nr. 3 ESchG auch die Kryokonservierung von Embryonen vorgesehen, wenn die im Behandlungszyklus beabsichtigte Übertragung nicht möglich ist.[389] Ein Verpflichtung hierzu besteht jedoch nach § 10 ESchG nicht.

X. Die imprägnierte Eizelle

Da sich die imprägnierte Eizelle noch nicht als Embryo iSd § 8 ESchG darstellt, unterliegt sie auch nur geringfügig den Schutzbestimmungen des Embryonenschutzgesetzes. Allein das künstliche Bewirken des Eindringens oder Verbringens einer Samenzelle in eine Eizelle zu einem anderen Zweck als der Herbeiführung der Schwangerschaft der Eizellspenderin unterliegt mit § 1 II ESchG einem strafrechtlichen Verbot. Die Erzeugung imprägnierter Eizellen zu Forschungszwecken ist damit ebenfalls pönalisiert. In der Reproduktionsmedizin gehört es jedoch zu den gängigen Praktiken zum Zwecke einer IVF – Behandlung eine Vielzahl von Eizellen zu imprägnieren. Noch bevor es dann zu einer Befruchtung kommt, werden diese dann kryokonserviert. Weder nach strafrechtlichen Gesichtspunkten noch nach ärztlichem Standesrecht[390] ist ein solches Verfahren zu bemängeln, wenn dies zu dem Zwecke geschieht, die Eizelle im Vorkernstadium zu einem späteren Zeitpunkt zu implantieren.[391] Wird eine spätere Implantation jedoch nicht mehr durchführbar, werden diese imprägnierten Eizellen zerstört oder können auch zu Forschungszwecken genutzt werden. Eine Kultivierung bis zur vollständigen Befruchtung und anschließenden Verwendung zu klinischen Zwecken unterliegt jedoch wieder dem Anwendungsbereich des ESchG. Schließlich handelt es sich dann um einen Embryo iSd § 8 I ESchG. Seine Erzeugung und Verwendung erfüllt die Tatbestände des § 1 I Nr. 2 ESchG und § 2 I ESchG.

---

386 Keller/Günther/Kaiser, § 2, Rn. 47.
387 Keller/Günther/Kaiser, § 2, Rn. 34.
388 Keller/Günther/Kaiser, Vor § 1 II, Rn. 73.
389 „Richtlinie zur Durchführung der assistierten Reproduktion“ der Bundesärztekammer, Dt. Ärztebl. 1998; 95: A-3166–3171 [Heft 49], Ziff. 4.2..
390 vgl. Richtlinie der BÄK zur Durchführung der assistierten Fortpflanzung, Ziff. 4.2, Dt. Ärztebl. 1998; 95: A 3166 – 3171.
391 Zur Anzahl kryokonservierter Eizellen im Vorkernstadium, vgl. Fn. 54.

XI. Schlussbetrachtung

Die Forschung mit menschlichen Embryonen sowie die Anwendung von Klonierungstechniken auf den Menschen sind in Deutschland sehr restriktiv geregelt. Dies gilt jedoch erst für den Embryo ab dem Zeitpunkt der Befruchtung. Die imprägnierte Eizelle fällt (mit Ausnahme von § 1 II ESchG) nicht unter die Schutzbestimmungen des Embryonenschutzgesetzes.

Die „verbrauchende Embryonenforschung" unterliegt in Deutschland dem absoluten strafrechtlichen Verbot durch das Embryonenschutzgesetz. Unerheblich ist dabei die Art der Erzeugung der Embryonen bzw. auch ihre Herkunft.[392] Auch die Herstellung von ES – Zelllinien aus menschlichen Blastozysten ist damit nach deutschem Recht strafrechtlich sanktioniert. Nicht hingegen wird die Verwendung, Kultivierung und Züchtung pluripotenter ES - Zellen vom ESchG erfasst. Der Import pluripotenter ES – Zellen zu solchen Zwecken nach Deutschland wird grundsätzlich durch das StZG geregelt und unterliegt dem grundsätzlichen Verbot mit Genehmigungsvorbehalt.

Die Gewinnung und Verwendung von EG – und AS – Zellen ist strafrechtlich bedenkenlos und unterliegt vornehmlich dem Standesrecht.

Die Anwendung von Klonierungstechniken auf den Menschen, sowohl zu reproduktiven als auch zu therapeutischen Zwecken, ist nach deutschem Recht ebenfalls verboten. Dies betrifft das embryo-splitting in gleicher Weise wie auch die Technik des Zellkerntransfers. Umgekehrt unterliegt auch der Austausch des unbefruchteten Zellkerns einer Eizelle in eine andere zuvor entkernte Eizelle, im Sinne eines Oozyten – Transfers, der strafrechtlichen Sanktionierung. Die Anwendung der Zellkerntransfertechnik auf den Menschen ist in Deutschland ferner jedoch nicht umfassend geregelt. Die genetische Veränderung somatischer Zellen und ihre anschließende Implantation in eine entkernte Eizellen stellt eine Möglichkeit der Umgehung des Klonierungsverbotes in § 6 I ESchG dar und unterliegt daher keinem Straftatbestand.

B. Neueste rechtliche Entwicklungen im Ausland
I. Die Rechtslage in der Schweiz
1. Die rechtliche Entwicklung

Im Mai 1992 wurde von Volk und Ständen eine Ergänzung der Bundesverfassung[393] zum Schutz der Würde des Menschen und der Kreatur bei der Anwendung neuer Fortpflanzungs- sowie Gentechnologien im Human- und Außerhumanbereich beschlossen und als Konsequenz daraus Art 24 ^{novies} der Verfassung hinzuge-

---

[392] Da die Nukleustransferblastozyste in gleicher Weise Embryo iSd § 8 I ESchG ist, stellt sich natürlich die Gewinnung von ES – Zelllinien aus einer solchen ebenfalls als eine missbräuchliche Verwendung menschlicher Embryonen iSd § 2 I 4. Mod. ESchG, wie unter Ziff. 1 erläutert, dar.

[393] Bundesverfassung der Schweizerischen Eidgenossenschaft vom 29. Mai 1874.

fügt. Damit wurde erstmalig eine verfassungsrechtliche Schutzbestimmung gegen Missbräuche der Fortpflanzungs- und Gentechnologie in der Schweiz entwickelt. Art. 24 ^{novies} BV a.F. enthielt neben seinen Schutzgarantien zudem diverse Gesetzgebungsaufträge an den Bundesgesetzgeber. Hiernach bedurften die bis zu diesem Zeitpunkt bundesgesetzlich noch nicht geregelten Bereiche der Reproduktionsmedizin sowie der Umgang mit menschlichem Keim- und Erbgut, die Regelung der Bedingungen für eine IVF – Behandlung und auch die abstammungs- und datenrechtlichen Probleme in Fällen der heterologen Insemination somit einer bundesgesetzlichen Regelung. Zuvor wurden diese Bereiche allein durch kantonales Recht[394] und standesrechtliche Richtlinien[395] reglementiert, obwohl dem Bund die umfassende Gesetzgebungskompetenz zustand. Für einen äußerst restriktiven Umgang mit neuen Fortpflanzungstechnologien setzte sich die „Volksinitiative für menschenwürdige Fortpflanzung (FMF)" ein. Im Dezember 1998 kam der Bundesgesetzgeber mit der Verabschiedung des Fortpflanzungsmedizingesetzes (FMedG) seinem verfassungsmäßigem Gesetzgebungsauftrages nach. Dieser wurde als indirekter Gegenvorschlag zur FMF – Initiative eingebracht und von Volk und Ständen schließlich angenommen. Seit dem Inkrafttreten des Gesetzes im Januar 2001 ist nun auch der Umgang mit menschlichen Embryonen in ihrer der frühesten Entwicklungsphase, namentlich vom Zeitpunkt der Kernverschmelzung bis zum Zeitpunkt des Abschlusses der Nidation, sowie die Anwendung von Fortpflanzungstechniken auf den Menschen geregelt. Das Fortpflanzungsmedizingesetz sieht ferner die Bildung einer nationalen Ethikkommission vor (Art. 28 FMedG), welche die Entwicklungen in der Fortpflanzungs– und Gentechnologie überwachen und eine ethisch beratende Stellung einnehmen soll.[396]

Das Stammzellenforschungsgesetz (StFG) vom 19. Dez. 2003 erlaubt nicht nur den Import von embryonalen Stammzellen, sondern deren Gewinnung aus „überzähligen" Embryonen. Das Gesetz wurde in beiden Räten angenommen. Am 28. November 2004 wurde das Gesetz vom Volk mit sehr klarer Mehrheit angenommen. Es ist am 1. März 2005 in Kraft getreten und lässt die Forschung mit embryonalen Stammzellen unter klar definierten Auflagen ausdrücklich zu. Das StFG nimmt Bezug auf das FMedG und findet in den dort formulierten Verboten ausdrücklich seine Grenzen.

Bei der Neukonzeption der Bundesverfassung im Jahre 2000 wurden die bisher nur durch Rechtsprechung und Lehre anerkannten und gewährleisteten Grund-

---

[394] Die einzelnen Regelungen fielen in den verschiedenen Kantonen dabei sehr unterschiedlich aus. Das Spektrum reichte von äußerst restriktiven Erlassen, die allein die homologe Insemination zulassen wollten, bis zur Verbindlicherklärung der jeweiligen standesrechtlichen Richtlinien.

[395] Die Schweizerische Akademie der Medizinischen Wissenschaften hat sich bereits schon Jahre zuvor der Problematik der artifiziellen Fortpflanzung angenommen und einschlägige Richtlinien erlassen. Im Jahr 1991 erarbeitete SAMW das erste mal medizinisch – ethische Richtlinien für die artifizielle Insemination, 1985 für die in vitro Fertilisation und den Embryotransfer. Diese Richtlinie wurde jedoch 2001 aufgehoben.

[396] s. hierzu Verordnung über die nationale Ethikkommission im Bereich der Humanmedizin.

rechte der Wissenschaftsfreiheit (nun Art. 20 BV) sowie der Menschenwürde (nun Art. 7 BV) explizit in die Bundesverfassung aufgenommen und werden von nun an ausdrücklich verfassungsrechtlich garantiert. Auf der anderen Seite wurde auch der Art. 24 ^{novies} BV dem neuesten naturwissenschaftlichen Entwicklungen angepasst, indem unter anderem die Anwendung von Klonierungstechniken auf den Menschen erstmalig ausdrücklich in das Verfassungsverbot aufgenommen wurde. Im Gegensatz zu Art. 24 ^{novies} BV erstreckt sich der Annwendungsbereich des neu eingeführten Art. 119 BV jetzt allein auf den Menschen, verfassungsrechtliche Schutzbestimmungen im „Außerhumanbereich" und gegenüber der „Kreatur", die bis zur Neukonzeption ebenfalls unter Art. 24 ^{novies} BV fielen, werden von nun an in Art. 120 BV geregelt. Die zentralen Regelungen der Bundesverfassung in diesem Kontext lauten nun:

> **Art. 7 Menschenwürde**
> Die Würde des Menschen ist zu achten und zu schützen.
>
> **Art. 20 Wissenschaftsfreiheit**
> Die Freiheit der wissenschaftlichen Lehre und Forschung wird gewährleistet.
>
> **Art. 119 Fortpflanzungsmedizin und Gentechnologie im Humanbereich**
> (1) Der Mensch ist vor Missbräuchen der Fortpflanzungsmedizin und Gentechnologie geschützt.
>
> (2) Der Bund erlässt Vorschriften über den Umgang mit menschlichem Keim- und Erbgut. Er sorgt dabei für den Schutz der Menschenwürde, der Persönlichkeit und der Familie und beachtet insbesondere folgende Grundsätze:
>
> a. Alle Arten des Klonens und Eingreifens in das Erbgut menschlicher Keimzellen und Embryonen sind unzulässig.
>
> b. Nichtmenschliches Keim- und Erbgut darf nicht in menschliches Keimgut eingebracht oder mit ihm verschmolzen werden.
>
> c. Die Verfahren der medizinisch unterstützten Fortpflanzung dürfen nur angewendet werden, wenn die Unfruchtbarkeit oder die Gefahr der Übertragung einer

schweren Krankheit nicht anders behoben werden kann, nicht aber um beim Kind bestimmte Eigenschaften herbeizuführen oder um Forschung zu betreiben; die Befruchtung menschlicher Eizellen außerhalb des Körpers der Frau ist nur unter den vom Gesetz festgelegten Bedingungen erlaubt; es dürfen nur so viele menschliche Eizellen außerhalb des Körpers der Frau zu Embryonen entwickelt werden, als ihr sofort eingepflanzt werden können.

d. Die Embryonenspende und alle Arten von Leihmutterschaft sind unzulässig.

e. Mit menschlichem Keimgut und mit Erzeugnissen aus Embryonen darf kein Handel getrieben werden.

f. Das Erbgut einer Person darf nur untersucht, registriert oder offenbart werden, wenn die betroffene Person zustimmt oder das Gesetz es vorschreibt.

g. Jede Person hat Zugang zu den Daten ihrer Abstammung.

Die gesetzgeberische Konkretisierung des dem Art. 119 II 1 BV entspringendem verfassungsrechtlichen Gesetzgebungsauftrages, wie sie sich teilweise im FMedG wiederfindet, enthält folgende Normen, die für die strafrechtliche Beurteilung der aufgerissenen Problematik von entscheidender Bedeutung sind:

Art. 2 Begriffe

...

i. Embryo: Die Frucht von der Kernverschmelzung bis zum Abschluss der Organentwicklung.

...

m. Klonen: Die künstliche Erzeugung genetisch identischer Wesen.

...

Art. 4 Verbotene Praktiken

Die Ei- und die Embryonenspende sowie die Leihmutterschaft sind unzulässig.

Art. 5 Indikationen

...

3. Das Ablösen einer oder mehrerer Zellen von einem Embryo in vitro und deren Untersuchung sind verboten.

Art. 17 Entwicklung von Embryonen
1. Außerhalb des Körpers der Frau dürfen nur so viele imprägnierte Eizellen zu Embryonen entwickelt werden, als innerhalb eines Zyklus für die Herbeiführung einer Schwangerschaft erforderlich sind; es dürfe jedoch höchstens drei sein.

2. Der Embryo darf außerhalb des Körpers der Frau nur so weit entwickelt werden, als für die Einnistung in der Gebärmutter unerlässlich ist.

3. Das Konservieren von Embryonen ist verboten.

Art. 29 Missbräuchliche Gewinnung von Embryonen
1. Wer durch Imprägnation einen Embryo in der Absicht erzeugt, diesen zu einem anderen Zweck als der Herbeiführung einer Schwangerschaft zu verwenden, wird mit Gefängnis bestraft.

2. Ebenso wird bestraft, wer eine imprägnierte Eizelle in der Absicht konserviert, diese zu einem anderen Zweck als der Herbeiführung einer Schwangerschaft zu verwenden oder verwenden zu lassen.

Art. 35 Eingriffe in die Keimbahn
1. Wer in das Erbgut einer Keimbahnzelle oder einer embryonalen Zelle verändernd eingreift, wird mit Gefängnis bestraft.

....

Art. 36 Klonen, Chimären- und Hybridbildung
1. Wer einen Klon, eine Chimäre oder eine Hybride bildet, wird mit Gefängnis bestraft.

2. Ebenso wird bestraft, wer eine Chimäre oder eine Hybride auf eine Frau oder auf ein Tier überträgt.

Das StFG:

Art. 1 Gegenstand, Zweck und Geltungsbereich
1 Dieses Gesetz legt fest, unter welchen Voraussetzungen menschliche embryonale Stammzellen aus überzähligen Embryonen gewonnen und zu Forschungszwecken verwendet werden dürfen.

2 Es soll den missbräuchlichen Umgang mit überzähligen Embryonen und mit embryonalen Stammzellen verhindern sowie die Menschenwürde schützen.

3 Es gilt nicht für die Verwendung embryonaler Stammzellen zu Transplantationszwecken im Rahmen klinischer Versuche.

Art. 3 Verbotene Handlungen
1 Es ist verboten:

a. einen Embryo zu Forschungszwecken zu erzeugen (Art. 29 Abs. 1 des Fortpflanzungsmedizingesetzes vom 18. Dez. 1998), aus einem solchen Embryo Stammzellen zu gewinnen oder solche zu verwenden;

b. verändernd ins Erbgut einer Keimbahnzelle einzugreifen (Art. 35 Abs. 1 des Fortpflanzungsmedizingesetzes vom 18. Dez. 1998), aus einem entsprechend veränderten Embryo embryonale Stammzellen zu gewinnen oder solche zu verwenden;

c. einen Klon, eine Chimäre oder eine Hybride zu bilden (Art. 36 Abs. 1 des Fortpflanzungsmedizingesetzes vom 18. Dez. 1998), aus einem solchen Lebewesen embryonale Stammzellen zu gewinnen oder solche zu verwenden;

d. eine Parthenote zu entwickeln, daraus embryonale Stammzellen zu gewinnen oder solche zu verwenden;

e. einen Embryo nach Buchstabe a oder b oder einen Klon, eine Chimäre, eine Hybride oder eine Parthenote ein- oder auszuführen.

2 Es ist überdies verboten:

a. überzählige Embryonen zu einem anderen Zweck als der Gewinnung embryonaler Stammzellen zu verwenden;

b. überzählige Embryonen ein- oder auszuführen;

c. aus einem überzähligen Embryo nach dem siebten Tag seiner Entwicklung Stammzellen zu gewinnen;

d. einen zur Stammzellengewinnung verwendeten überzähligen Embryo auf eine Frau zu übertragen.

Art. 4 Unentgeltlichkeit
1 Überzählige Embryonen und embryonale Stammzellen dürfen nicht gegen Entgelt veräussert oder erworben werden.

2 Entgeltlich erworbene überzählige Embryonen und embryonale Stammzellen dürfen nicht verwendet werden.

3 Als Entgelt gilt auch die Entgegennahme beziehungsweise Gewährung nicht finanzieller Vorteile.

4 Entschädigt werden dürfen Aufwendungen für:

a. die Aufbewahrung oder Weitergabe überzähliger Embryonen;

b. die Gewinnung, Bearbeitung, Aufbewahrung oder Weitergabe embryonaler Stammzellen sein.

Art. 7 Bewilligungspflicht für die Stammzellengewinnung
1 Wer aus überzähligen Embryonen embryonale Stammzellen im Hinblick auf die Durchführung eines Forschungsprojekts gewinnen will, braucht eine Bewilligung des Bundesamtes für Gesundheit (Bundesamt).

2 Die Bewilligung wird erteilt, wenn:

a. für das Forschungsprojekt die befürwortende Stellungnahme der Ethikkommission nach Artikel 11 vorliegt;

b. im Inland keine geeigneten embryonalen Stammzellen vorhanden sind;

c. nicht mehr überzählige Embryonen gebraucht werden, als zur Gewinnung der embryonalen Stammzellen unbedingt erforderlich sind; und

d. die fachlichen und betrieblichen Voraussetzungen gegeben sind.

Art. 8 Bewilligungspflicht für Forschungsprojekte zur Verbesserung der Gewinnungsverfahren
1 Wer im Rahmen eines Forschungsprojekts zur Verbesserung der Gewinnungsverfahren aus überzähligen Embryonen embryonale Stammzellen gewinnen will, braucht eine Bewilligung des Bundesamtes.

2 Die Bewilligung wird erteilt, wenn:

a. das Projekt die wissenschaftlichen und ethischen Anforderungen nach Absatz 3 erfüllt;

b. nicht mehr überzählige Embryonen gebraucht werden, als zur Erreichung des Forschungsziels unbedingt erforderlich sind; und

c. die fachlichen und betrieblichen Voraussetzungen gegeben sind.

3 Das Forschungsprojekt darf nur durchgeführt werden, wenn:

a. mit dem Projekt wesentliche Erkenntnisse zur Verbesserung der Gewinnungsverfahren erlangt werden sollen;

b. gleichwertige Erkenntnisse nicht auch auf anderem Weg erlangt werden können;

c. das Projekt den wissenschaftlichen Qualitätsanforderungen genügt; und

d. das Projekt ethisch vertretbar ist.

4 Für die wissenschaftliche und ethische Beurteilung des Projekts zieht das Bundesamt unabhängige Expertinnen oder Experten bei

Art. 24 Vergehen
Mit Gefängnis wird bestraft, wer vorsätzlich:

a. aus einem zu Forschungszwecken erzeugten oder in seinem Erbgut veränderten

Embryo oder aus einem Klon, einer Chimäre, einer Hybride oder einer Parthenote embryonale Stammzellen gewinnt oder solche embryonalen Stammzellen verwendet oder einen solchen Embryo oder einen Klon, eine Chimäre, eine Hybride oder eine Parthenote ein- oder ausführt (Art. 3 Abs. 1);

b. einen überzähligen Embryo zu einem anderen Zweck als der Gewinnung embryonaler Stammzellen verwendet oder ein- oder ausführt oder aus einem überzähligen Embryo nach dem siebten Tag seiner Entwicklung Stammzellen gewinnt oder einen zur Stammzellengewinnung verwendeten überzähligen Embryo auf eine Frau überträgt (Art. 3 Abs. 2).

Zwangsläufig entsprechen sich der Tatbestand und Rechtsfolgenausspruch des Klonverbotes des FMedG und des StFG.

2. Der strafrechtliche Schutzanspruch des menschlichen Embryos

Der vorgeburtliche strafrechtliche Schutz menschlichen Lebens beschränkt sich nach dem StGB CH auf die Bestimmungen zur Abtreibung in Art, 118 StGB CH. Das Gesetz vermeidet eine Qualifizierung der Leibesfrucht zum Menschen und spricht wertneutral von der „Frucht“.[397] Erst durch die Geburt, bzw. durch das Einsetzen der Eröffnungswehen[398], entsteht ein Mensch im strafrechtlichen Sinne und somit ein taugliches Tat- und Schutzobjekt im Hinblick auf Körperverletzungs- (Artt. 123 – 125 StGB CH) und Tötungsdelikte (Artt. 111 – 117 StGB CH).[399]

[397] vgl. auch Honsell, S. 407.
[398] Dieser Streitgegenstand wird im Überblick bei Stratenwerth, Schweizerisches Strafrecht, Besonderer Teil I, § 1 I a , S. 23, Rn. 5 dargestellt.
[399] Honsell, S. 407.

Die strafrechtlichen Regelungen zum Schwangerschaftsabbruch nach Art. 118 StGB CH setzen beim Beginn der Schwangerschaft ein. Hierbei wird zwischen der Konzeption und der Nidation unterschieden und als maßgeblicher Zeitpunkt für den strafrechtlichen Abtreibungsschutz der Zeitpunkt der Nidation bestimmt.[400] In der Entwicklungsphase ab dem Zeitpunkt der Imprägnation bis zur Nidation enthält das StGB CH keine Schutzbestimmungen. Ebenso wird der in vitro befindliche Embryo von den Regelungen des Strafgesetzbuches in keiner Weise erfasst.

Eine strafrechtliche Schutzregelung der pränidativen Entwicklungsperiode enthält nun das FMedG. Hiernach ist bereits der Embryo während dieser Lebenspanne Würdeträger[401] und Besitzer eines originären Lebensanspruches, der durch strafrechtliche Normierungen gewährleistet werden soll. Nach der Legaldefinition des Art. 2 i FMedG ist Embryo „die Frucht von der Kernverschmelzung bis zum Abschluss der Organentwicklung". Die imprägnierte Eizelle, also die befruchtete Eizelle vor der Kernverschmelzung (Art. 2 h FMedG) fällt somit noch nicht unter den Embryobegriff iSd Fortpflanzungsmedizingesetzes. Das Fortpflanzungsmedizingesetz differenziert zwischen dem im Mutterleib befindlichen Embryo und der in der Retorte gezeugten bzw. befindlichen befruchteten Eizelle nicht, sodass für den Zeitpunkt ab der Kernverschmelzung bis zum Abschluss der Nidation dem menschlichen Embryo in vitro in gleicher Weise wie dem Embryo in vivo der Schutz durch das Fortpflanzungsmedizingesetz zukommt.

3. Die verbrauchende Embryonenforschung und Gewinnung von ES – Zellen

a) Herstellung von IVF – Embryonen zu Forschungszwecken und zur Gewinnung von ES - Zellen

Art. 29 I FMedG stellt die Erzeugung eines Embryos in der Absicht, diesen zu einem anderen Zweck als der Herbeiführung einer Schwangerschaft zu verwenden unter ein strafrechtliches Verbot. Ziel dieser Norm ist es, die Herstellung menschlicher Embryonen zu anderen Zwecken, insbesondere auch zu Forschungszwecken, zu verhindern. Der Wortlaut des Art. 29 I FMedG begrenzt den Anwendungsbereich damit klar. Art. 3 I lit. a. StFG greift diese Regelung auf und konkretisiert das Forschungsverbot auch auf den Bereich der Stammzellforschung..

b) Der „überzählige IVF-Embryo"

Zwar dürfen für die in-vitro-Fertilisation (Art. 2 c FMedG) grundsätzlich zur Vermeidung „überzähliger IVF – Embryonen" nach Art. 17 I FMedG nur so viele Embryonen in vitro erzeugt werden, wie innerhalb eines Zyklus einer Frau implantiert werden können, wobei es höchstens drei sein dürfen, jedoch können nach der

---

400 BGE 115 Ia 234 (263); Honsell, S. 407; Stratenwerth, Schweizerisches Strafrecht, Besonderer Teil I, § 2 I 1a, S. 47, Rn. 5.

401 BGE 119 Ia 460 (503).

Erzeugung der Embryonen Implantationshindernisse (Tod der Frau, schwere Krankheit oder nachträgliche Ablehnung der Implantation) auftreten. Das Verbot der Kryokonservierung menschlicher Embryonen nach Art. 17 III FMedG sowie das Verbot der Embryonenspende nach Art. 4 FMedG hätten somit regelmäßig ein Absterbenlassen bzw. die Vernichtung des Embryos zur Folge.

Diese Rechtslage greift das StFG auf. Der überzählige im Rahmen des IVF-Verfahren gewonnene Embryo ist der Forschung und Verwendung zur Gewinnung von Stammzelllinien zugänglich. Dies gilt unter Folgenden Voraussetzungen:

c) Die Herstellung und Verwendung von Zellkerntransferblastozysten zu Forschungszwecken

Die Sanktionsnorm des Art. 29 I FMedG gilt nach dem Wortlaut allein für die Fälle in denen die Erzeugung des Embryos im Wege der Imprägnation erfolgt ist. Nach der Legaldefinition des Art. 2 g FMedG stellt sich die Imprägnation als das Bewirken des Eindringens der Samenzelle in das Plasma der Eizelle im Wege der Insemination, des Gametentransfers oder der in-vitro-Fertilisation dar. Die auf anderem Wege, namentlich mittels Zellkerntransfers oder auch embryo-splittings, erzeugte entwicklungsfähige Eizelle wird somit gerade nicht von der Legaldefinition des Art. 2 g FMedG und somit vom Tatbestand des Art. 29 I FMedG erfasst. Nach dem Legalitätsprinzip des „nulla poena sine lege", das aus Art. 9 BV (vormals Art. 4 BV) folgt und in Art. 1 des StGB CH normiert ist, darf eine Handlung nicht unter einen gesetzlichen Tatbestand subsumiert werden, wenn nach den Grundsätzen der strafrechtlichen Auslegung die weitestgehendsten Grenzen überschritten werden.[402] Dies gilt in gleichem Maße für alle strafrechtlichen Bestimmungen[403] und somit auch für das Fortpflanzungsmedizingesetz als nebenstrafrechtliches Regelwerk. Beim Zellkerntransfer liegt eine der Befruchtung wesensfremde Form der Einführung fremden Erbgutes in eine Eizelle vor. Insbesondere ist die genetische Information des Kerngenoms bereits vor der Implantation feststehend, wohingegen die Imprägnation der Zelle das Eindringen des männlichen Samens und somit fremden Erbgutes bedeutet, das sich in der Zelle mit dem weiblichen Erbgut neu vermischt. Eine interpretatorische Ausdehnung der Norm auf alle Fälle von entwicklungsfähigen Eizellen würde der Norm daher ihren eigentlichen Aussagegehalt nehmen, den Wortlaut entstellen und somit einen Verstoß gegen das strafrechtliche Bestimmtheitsgebot iSd Art. 1 StGB CH bedeuten.

Unter verfassungsrechtlichen Gesichtspunkten ergab sich bis zur Aufhebung der SAMW – Richtlinie zur „ärztlich assistierten Fortpflanzung" hingegen die Unzulässigkeit der „verbrauchenden Forschung" auch mit den auf diese Art gewonnenen entwicklungsfähigen Eizellen. Der Verweis des Bundesgerichts[404] auf die Richt-

---

[402] BGE 112 Ia 112; 103 Ia 96; 96 I 28; Stratenwerth, Schweizer Strafrecht, Allg. Teil I, § 4 A I 2, S. 77.

[403] Stratenwerth, Schweizer Strafrecht, Allg. Teil I, § 4 A I 2, S. 77.

[404] BGE 119 Ia 460 (503).

linien des SAMW führte gerade dazu, dass auch die Zellkerntransferblastozyste in den verfassungsrechtlichen Schutzbereicht fiel. Denn nach der Richtlinie der SAMW zur medizinisch assistierten Fortpflanzung wurde der Embryo als „Frucht bis zur vollständigen Ausbildung der Organanlagen" definiert. Aufgrund des Entwicklungspotentials der Zellkerntransferblastozyste, das dem eines durch Befruchtung erzeugten Embryos entspricht, war diese ebenfalls anhand dieser Definition als Embryo iSd Richtlinie anzusehen. Das in der Richtlinie festgelegte Verbot der Embryonenforschung galt damit auch für Zellkerntransferblastozyste. Die Aufhebung der Richtlinie hat nun zu einer Regelungslücke in diesem Bereich geführt.

Klarheit vermag hier auch nicht das StZG zu schaffen. Denn als Embryo gilt hiernach allein, dass Produkt der Kernverschmelzung, vgl. Art. 2 lit. b. StZG. Im Übrigen verweist das Klonverbot in Art. 3 I lit. c auf das FMedG. Lediglich stellt das StZG klar, dass die Herstellung und Verwendung von Stammzellen aus einem Klon verboten ist.

4. Herstellung von EG – Zellen

Die Herstellung von EG – Zellen aus spontan- oder auch klinisch abortierten Feten unterliegt gegenwärtig keiner strafrechtlichen Verbotsnorm. Zur Regelung dieser Materie wurden vom Senat der SAMW am 3. Juli 1998 die „Medizinisch-ethischen Richtlinien für die Transplantation fötaler menschlicher Gewebe" verfasst. Im wesentlichen lehnen diese sich an die Grundsätze des Europarates und der Weltgesundheitsorganisation an. Dem Gesetzgebungsauftrag des Art. 119a BV zum Erlass eines Transplantationsgesetzes folgend, ist davon auszugehen, dass der Bundesgesetzgeber den Umgang mit embryonalen und fetalen Geweben oder Zellen in naher Zukunft bundeseinheitlich und verbindlich regeln wird. Nach dem Entwurf zum Transplantationsgesetz umfasst das siebte Kapitel mit den Artt. 46 – 51 VE TPG Regelungen zum Umgang mit embryonalen und fetalen Geweben. Danach ist die Entnahme und Transplantation embryonaler und fetaler Zellen und Gewebe grds. zulässig, wenn dies zu einem von einer Bundesstelle bewilligten rein therapeutischen Zweck (Art. 47 VE TPG), nach Aufklärung und Einverständnis (Art. 48 VE TPG) und im Vorfeld unabhängig getätigtem Entschluss der Patientin zum Schwangerschaftsabbruch (Art. 46 VE TPG) erfolgt. Daneben müssen die Transplantatempfänger ebenfalls hinreichen aufgeklärt worden sein und ihre Zustimmung zur Transplantation bekundet haben (Art. 49 VE TPG). Nach der Vernehmlassung wird die Verwendung von embryonalen oder fötalen menschlichen Geweben oder Zellen zu Transplantationszwecken jedoch mehrheitlich als problematisch angesehen. Vielfach wird daher ein Verbot solcher Techniken gefordert. Andere halten wiederum die vorgeschlagenen Regelungen für sachgerecht, äußern jedoch aufgrund der medizinisch-ethischen Problematik erhebliche Zweifel an der

Durchsetzbarkeit.[405] Die gegenwärtige Rechtslage bleibt jedoch von dieser Diskussion unberührt.

5. Herstellung von ES – Zelllinien im Ausland

Nach dem Schweizer Strafgesetzbuch gilt gem. Art. 3 StGB CH das Territorialprinzip.[406] Danach ist das Schweizer Strafrecht nur anwendbar, wenn die Tat innerhalb der Schweiz begangen wurde. Gem. des Ubiquitätsprinzips in Art. 7 StGB CH ist dabei auf den Handlungsort bzw. auf den Erfolgsort abzustellen. Ausnahmen von diesem Grundsatz bilden dabei allein die Artt. 4, 6 und 6 bis, wonach eine Strafbarkeit im Inland nur in Betracht kommt, wenn es sich um ein Verbrechen oder Vergehen gegen den Staat handelt (Art. 4 StGB CH), ein solches Verbrechen oder Vergehen eines Schweizers im Ausland begangen wurde, für welches auch eine Strafbarkeit am Begehungsort vorgesehen ist[407] ferner, wenn für das in Frage stehende Delikt die Auslieferung vorgesehen ist (Art. 6 StGB CH). Ob es sich um ein Auslieferungsdelikt handelt, richtet sich nach dem IRSG von 1981.[408] Ebenso kommt eine Anwendung schweizerischen Strafrechts in Betracht, wenn sich die Schweiz im Rahmen eines internationalen Abkommens zur Strafverfolgung verpflichtet hat (Art 6 bis StGB CH). Gerade diese Fälle liegen jedoch bei der Herstellung von ES – Zellen im Ausland nicht vor, weshalb eine Strafbarkeit nach Schweizer Recht bzw. in der Schweiz nach fremden Recht nicht in Betracht kommt

6. Import von ES – Zelllinien und deren Einsatz zu Forschungszwecken im Inland

Der Import von ES – Zelllinien fällt unter Art. 15 des StFG und steht unter dem Bewilligungsvorbehalt. Gem. Art. 15 III StZG ist die Bewilligung regelmäßig zu erteilen, wenn die embryonalen Stammzelllinien für ein konkretes Forschungsziel verwendet werden (lit. a.), es sich bei den verwendeten Embryonen um überzählige IVF-Embryonen aus Schwangerschaftsbehandlung gehandelt hat (lit. b.) und das betroffene Paar nach Aufklärung frei ind ie Verwendung des Embryos zu Forschungszwecken eingewilligt hat (lit. c.).

7. Die Anwendung von Klonierungstechniken auf den Menschen

Sowohl nach der schweizerischen Bundesverfassung (Art. 119 II a) als auch nach dem Fortpflanzungsmedizingesetz (Art. 36) werden ausdrücklich „alle Arten" des Klonens verboten. Dieses Verbot findet sich sodann auch im StFG in Art. 3 c wie-

---

405 Eidgenössisches Department des Innern, Bericht über die Ergebnisse des Vernehmlassungsverfahrens zum Vorentwurf einen Transplantationsgesetzes November 2000, S. 8, 31ff.

406 Stratenwerth, Schweizerisches Strafrecht, Allg. Teil I, § 5 I 1, S. 97, Rn. 5.

407 Stratenwerth, Schweizerisches Strafrecht, Allg. Teil I, § 5 I 2, S. 100, Rn. 12.

408 Stratenwerth, Schweizerisches Strafrecht, Allg. Teil I, § 5 I 2, S. 100, Rn. 13.

der. Danach ist verboten „einen Klon, eine Chimäre oder eine Hybride zu bilden" und zusätzlich bzw. erst recht „aus einem solchen Lebewesen embryonale Stammzellen zu gewinnen oder solche zu verwenden".

Art. 119 II a BV stellt das Klonen von menschlichem Erbgut unter ein verfassungsrechtliches Verbot. Der Bundesgesetzgeber ist dem in dieser Norm enthaltenem verfassungsrechtlichen Gesetzgebungsauftrag nachgekommen und hat mit der Schaffung der Artt. 36 I und 2 m FMedG sowie Art. 3 StFG diese verfassungsrechtliche Norm bundesgesetzlich konkretisiert. Trotzdem erweist sich die Rechtslage bezüglich der Anwendung von Klonierungstechniken auf den Menschen noch immer nicht als eindeutig. Innerhalb dieser Verbotsnormen wird weder zwischen der Art der gegenwärtig bekannten Klonierungstechniken, dem embryo-splitting und Zellkerntransfer differenziert, noch erfolgt eine Unterscheidung nach dem jeweiligen Zweck der Anwendung dieser Techniken. Gem. Art 36 I FMedG ist die Bildung von Klonen verboten, wobei sich das Klonen nach Art. 2 m FMedG als die „künstliche Erzeugung genetisch identischer Wesen" darstellt. Eine hundertprozentige genetische Identität zwischen Zellkernspender und Klon liegt aber aufgrund des unterschiedlichen mitochondrialen Genoms gerade bei der Technik des Zellkerntransfers nicht vor. Diese Praktik war aber bereits bei der Erarbeitung des FMedG bekannt und wird ausdrücklich innerhalb des Entwurf eines Bundesgesetzes über die medizinische Fortpflanzung erwähnt.[409] Art. 36 I iVm Art. 2 m FMedG findet daher unzweifelhaft auch auf die Fälle des Zellkerntransfers Anwendung. Genetische Identität liegt nach dem Fortpflanzungsmedizingesetz somit regelmäßig bei Identität der Kerngenome vor.

Problematischer ist die Kategorisierung des Begriffs „Wesen" iSd Art. 2 m FMedG. Dieser wird im Fortpflanzungsmedizingesetz nicht weiter definiert, sodass eine Einbeziehung der entwicklungsfähigen Eizelle nach Zellkerntransfer in den Anwendungsbereich des Art. 36 FMedG aus diesem Grunde fraglich erscheint.[410] Der Entwurf zum Fortpflanzungsmedizingesetz enthält keine tiefergehenden Ausführungen hinsichtlich dieser Begriffsbestimmung. Bei der Beantwortung der Frage, ob eine Ausweitung der Normen auch auf den Zellkerntransferembryo vom Gesetzgeber gewollt und bezweckt war, ergibt sich zunächst ein Rückgriff auf die historische Situation, während der das FMedG erarbeitet wurde. Dabei kann festgestellt werden, dass sowohl die Bundesverfassung als auch das Fortpflanzungsmedizingesetz aufgrund des historischen Kontextes allein vom reproduktiven Klonen ausgehen, welches eindeutig den Tatbestand des Klonens im Sinne der Artt. 36

---

409 BBl. 1996 III, 248, Ziff. 323.310. Das Klonen zu reproduktiven Zwecken wird ferner durch landesgesetzliche Regelungen verboten. Gem. § 8 III lit. a des Gesetzes des Kantons Basel-Stadt vom 18. Oktober ist das Klonen zu Fortpflanzungszwecken ausdrücklich verboten und unterliegt auch der strafrechtlichen Sanktion, § 11 I. Da mit dem FMedG eine bundesrechtliche Regelung vorliegt, ist der Rückgriff auf das subsidiäre kantonale Recht jedoch gesperrt.

410 Rehmann-Sutter „Human Cloning? Teil 1" in: Schweizerische Ärztezeitung (2001); 82: 983 (984).

iVm 2 m FMedG erfüllt.[411] Die Gewinnung von ES – Zellen aus mittels Zellkerntransfer erzeugten Embryonen stand bei der Abfassung der Gesetzestexte hingegen noch nicht zur Debatte.[412] Auch wenn die durch Klonierung erzeugte entwicklungsfähige Eizelle noch kein Mensch ist und in den Fällen des „therapeutischen Klonens“ auch niemals werden soll, so folgt aus Art. 36 iVm 2 m FMedG bei der Zugrundelegung der heutigen naturwissenschaftlichen Erkenntnisse jedoch, dass „genetisch identische Wesen“ bereits auch die Klone in ihrer frühesten Entwicklungsphase sein müssen, mithin die totipotenten durch Klonierung entstandenen Zellverbände. Subjektive Motivationen über den Zweck der Erzeugung sind somit beim Klonen nicht ausschlaggebend. Die durch Klonierung entstandene entwicklungsfähige Eizelle ist grundsätzlich einem durch Keimverschmelzung erzeugten einem Embryo gleichgestellt. Somit muss für beide Arten von Embryonen auch der gleiche Schutzumfang gelten. Dies ergibt sich insbesondere daraus, dass die Übertragung eines Klons auf eine Frau nicht unter Strafe gestellt wird. In der Botschaft heißt es dazu: „Eine solche strafbewehrte Tötungspflicht besteht mit Rücksicht auf den Lebensschutz nicht hinsichtlich der Übertragung des Klons auf eine Frau.“[413] Damit müsste das Verfassungsgebot des Art. 119 II BV, die Menschenwürde zu schützen, die dem Embryo bereits zukommt[414], ebenfalls auch für den Klon gelten, und das auch vom frühesten Zeitpunkt seiner Entstehung an. Auf der anderen Seite besteht jedoch keine gesetzliche Verpflichtung, diese auf die Art gewonnenen entwicklungsfähigen Eizellen auch tatsächlich einer Frau zu implantieren.

Die Klonierungstechnik des Zellkerntransfers erfüllt des Weiteren regelmäßig den Tatbestand der verbotenen Eizellspende nach Art. 4 iVm Art. 37 c FMedG und steht daher bereits hiernach unter einem gesetzlichen Verbot. Ebenso erfüllt die Technik des Zellkerntransfers den Tatbestand des unerlaubten Eingriffs in die menschliche Keimbahn nach Art. 35 I und II FMedG. Genetisch verändernde Eingriffe in menschliche Keimzellen und Embryonen sollten nach dem Willen des Gesetzgebers sowie nach der Bundesverfassung eine äußerst restriktive Regelung erfahren.[415] Dies kann nur zur Folge haben, dass jeder genetisch verändernde Eingriff dieser Regelung unterfallen soll. Die Intensität des Eingriffs ist damit unerheblich, sodass auch der Austausch des gesamten Kerngenoms den Tatbestand erfüllt. Dieses entspricht auch dem gesetzgeberischen Willen, nachfolgende Generationen vor der Festlegung ihrer genetischen Anlagen schützen zu wollen.[416]

---

411 In diesem Sinne geht Luchsinger auch davon aus, dass allein das reproduktive Klonen vom Fortpflanzungsmedizingesetz erfasst werde, vgl. Luchsinger, S. 253.

412 Rehmann-Sutter „Human Cloning? Teil 1” in: Schweizerische Ärztezeitung (2001); 82: 983 (983).

413 BBl. 1996 III, 284, Ziff. 324.208; Koechlin Büttiker, S. 217.

414 BGE 119 Ia 460 (503).

415 Koechlin Büttiker, S. 219f; Botschaft über die Volksinitiative „zum Schutz des Menschen vor Manipulationen in der Fortpflanzungstechnologie (Initiative für eine menschenwürdige Fortpflanzung, FMF) und zu einem Bundesgesetz über die medizinisch unterstützte Fortpflanzung (Fortpflanzungsmedizingesetz; FMedG); Ziff. 324.207.1f, S. 281f; vgl. Art. 119 II lit. a BV.

416 Botschaft, aaO, Ziff. 324.207.1, S. 281 mwN.

8. Oozyten-Transfer

Der Austausch des Zytoplasmas um den Zellkern fällt in der Schweiz unter das verfassungsmäßige Verbot von Art. 119 II lit. a BV, der den Eingriff in das Erbgut menschlicher Keimzellen und Embryonen schlechthin untersagt. Nach dem FMedG ist ein solcher Eingriff zudem strafrechtlich sanktioniert. Art. 35 I FMedG pönalisiert in Anlehnung an das Verfassungsgebot jede Form der genetischen Veränderung menschlicher Keimbahnzellen. Dies gilt gem. Art. 35 II FMedG erst recht, wenn eine solche Zelle zur Imprägnation und danach auch zur weiteren Entwicklung verwendet wird und unabhängig davon, ob der Austausch des Zytoplasmas zu präventiv-therapeutischen Zwecken, zur Erzeugung von ES - Zellen oder zur Umgehung von Fertilitätsstörungen angewendet wird. Da das Ziel des sog. Oozyten-Transfers neben der Verhinderung mitochondrialer Erberkrankungen auch die Überwindung von Fertilitätsstörungen ist und damit in beiden Fällen eine spätere Befruchtung bezweckt wird, kann regelmäßig von einer Miterfüllung des Tatbestandes des Art. 35 II FMedG ausgegangen werden.

9. Manipulierung des genetischen Codes somatischer Zellen und Implantation dieser in entkernte Eizellen

Die Veränderung der genetischen Information ausdifferenzierter Zellen und deren Implantation in entkernte Eizellen führt nicht zur Erzeugung genetisch identischer Wesen iSd Art. 2 m FMedG. Der Tatbestand der Klonierung nach Art. 36 I FMedG wird mithin bei Anwendung dieser Praktik nicht erfüllt. Ebenso wie auch in Deutschland ist vom Wortlaut der Norm her nicht eindeutig, ob eine solche Handlung auch den Tatbestand des verbotenen Eingriffs in die menschlichen Keimbahnen nach Art. 35 I FMedG erfüllt. Sinn und Zweck der Norm gebieten aber wohl eine Einbeziehung. Der Einsatz der genetisch veränderten Zelle bzw. ihres Zellkerns in eine zuvor entkernte Eizelle verändert deren zunächst vorliegenden genetischen Code, wodurch eine Manipulierung des Erbgutes schließlich vorliegt. Allein eine solche Interpretation wird dem Verfassungsgebot des Art. 119 II lit. a gerecht. Eine Strafbarkeit nach Art. 35 II FMedG kommt hingegen nicht in Betracht, da die entstandene entwicklungsfähige Eizelle nicht mehr zu Imprägnationszwecken verwendet werden kann. Anders als in Deutschland sanktioniert Art. 35 I FMedG den manipulierenden Eingriff in das Erbgut einer Keimzelle unabhängig von einer späteren Befruchtung.

10. Schlussbetrachtung

Der Einsatz von Klonierungstechniken zu Fortpflanzungzwecken ist in der Schweiz unabhängig von der Art der Technik verboten. Ebenso steht das sog. „therapeutische Klonen“ unter einem strafrechtlichen Verbot. Die Regelungen des Fortpflanzungsmedizingesetzes verbieten jedoch keine „verbrauchende Forschung“

an Zellkerntransferblastozysten. Ein grundsätzliches Verbot spricht dagegen das StFG aus. Die „verbrauchende Forschung“ an durch Imprägnation gewonnenen Embryonen, wie sie als „überzähligen Embryonen“ aus einer IVF-Behandlung resultieren können, unterliegt damit zwar Sanktionsnormen des StZG doch besteht ein Genehmigungsvorbehalt.

Der Import humaner ES - Zelllinien in die Schweiz widerspricht grundsätzlich keiner gesetzlichen Regelung, sondern steht allein unter dem Bewilligungsvorbehalt. So ist auch die nicht kommerzielle Weitergabe sowie die Forschung mit diesen Zellen im Inland gestattet.

II. Die Rechtslage in Großbritannien

1. Die rechtliche Entwicklung

Zur Regelung neuer Fortpflanzungstechnologien und des Umgangs mit menschlichen Embryonen zu Forschungszwecken wurde 1990 der "Human Fertilisation & Embryology Act 1990“ (HFE Act) erlassen.[417] Den Regelungsgehalt entnimmt dieses Gesetz den Empfehlungen des "Report of the Comittee of Inquiry into Human Fertilisation and Embryology“, dem sog. Warnock – Report von 1984.[418] Das hierfür eingesetzte Komitee wurde in Folge der Geburt von Luise Brown, dem ersten Retortenbaby, 1978 ins Leben gerufen. Aufgabe der Kommission sollte es sein, den rechtlichen und ethischen Rahmen neuer Fortpflanzungstechnologien zu bestimmen.

Unter anderem legt der HFE Act of 1990 Grenzen für die Forschung an und mit menschlichen Embryonen fest und stellt die rechtlichen Grundlagen zur Gründung einer Überwachungsbehörde, der Human Fertilisation & Embryology Authority (HFEA), auf. Die Behörde hat u.a. die Aufgabe die Forschung an menschlichen Embryonen durch die Vergabe von Lizenzen, die IVF - Behandlungen sowie die Konservierung von Ei – und Samenzellen zu regeln und zu überwachen.

Nach englischem Recht hatte der menschliche Embryo zunächst selbst keinen eigentlichen rechtlichen Status.[419] So wurde dem Embryo auch nie ein eigenes Lebensrecht zugesprochen.[420] Erst infolge des Warnock – Reports, innerhalb dessen die Mehrheit der Kommissionsmitglieder sich für die Anerkennung einer besonderen Rechtsstellung des menschlichen Embryos aussprach, schlug sich mit dem HFE Act 1990 auch eine rechtliche Respektierung des menschlichen Embryos in

---

[417] Einen vertiefenden Einblick zum HFE Act 1990 gewährt Stellpflug „Embryonenschutz in England“ in ZRP 1992, 4ff; ausführlich zur Entstehungsgeschichte, sowie zu den rechtlichen, ethischen und naturwissenschaftlichen Hintergründen: Morgan/Lee in Blackstone`s Guide to the Human Fertilisation and Embryology Act 1990, London 1990.

[418] Der Bericht wurde nach seiner Vorsitzenden Philosophin Dame Mary Warnock benannt.

[419] vgl. Warnock – Report, 62.

[420] Warnock – Report, S. 63.

vivo wie auch in vitro nieder.[421] Alle Bestrebungen, auch dem frühen menschlichen Embryo einen gewissen Schutz zuzusprechen, standen jedoch immer unter der Maxime, ihm nicht den gleichen rechtlichen und moralischen Status wie dem eines Kindes oder eines Erwachsenen zuzusprechen. Allein sollte gesichert sein, dass die Vernutzung menschlicher Embryonen, als anerkanntes Mitglied der menschlichen Spezies, nicht zu Zwecken erfolgen sollte, die auf andere Weise nicht auch erfüllt werden konnten.[422] Für diese Fälle sollte der menschliche Embryo unter einen gesetzlichen und insbesondere auch strafrechtlichen Schutz gestellt werden.[423] Dieser Empfehlung der Warnock – Kommission wurde dann auch mit dem HFE Act 1990 nachgekommen, der die Forschung am menschlichen Embryo bei Vorliegen bestimmter Voraussetzungen gestattete. In der Zeit von 1991 – 1998 wurden aufgrund dieser Regelung 48.444 „überzählige IVF – Embryonen" für die Forschung verwendet, sowie 118 Embryonen nur für diese Zwecke erzeugt. 237.603 Embryonen wurden von insgesamt 763.509 für die IVF – Behandlung erzeugten Embryonen überhaupt nicht gebraucht und zerstört.[424]

Die neuesten naturwissenschaftlichen Regelungen haben in Großbritannien für eine erneute Diskussion der ethischen Vertretbarkeit der Forschung am menschlichen Embryo und der Anwendung von Klonierungstechniken auf den Menschen gesorgt. Verschiedene Gutachten haben sich daher mit den ethischen und rechtlichen Problemen insbesondere im Bereich der neuen Biotechnologie auseinandergesetzt.[425] Während die frühen Abhandlungen dem Zellkerntransfer zur Erforschung neuer Therapieansätze noch sehr kritisch entgegenstanden, kommt die Expertengruppe um den Chief Medical Officer, Professor Liam Donaldson, zu dem Schluss, den Einsatz der Zellkerntransfertechnik zu Klonierungszwecken sowie im Hinblick auf den sog. Oozyten - Transfer zu empfehlen. Die britische Regierung nahm diese und auch alle weiteren Empfehlungen des Donaldson – Reports an[426] und hat unverzüglich eine gesetzliche Ergänzungen zum HFE Act 1990

[421] Nur ein kleiner Teil der Mitglieder der Warnock – Kommission befürwortete ein absolutes Forschungsverbot (vgl. Expression of Dissent B Ziff. 11.16 des Warnock – Reports), ein anderer Teil wollte hingegen dem menschlichen Embryo bis zum 14. Lebenstag überhaupt keinen rechtlichen Schutz zukommen lassen, vgl. Ziff 11.15. Die Mehrheit entschied sich dann für eine vermittelnde Lösung, wonach dem Embryo "Some Protection in Law" zukommen sollte, vgl. Ziff 11.1.

[422] Warnock – Report, S. 63.

[423] Warnock – Report, S. 63f; hierzu auch Chadwick „Stammzellenforschung und therapeutisches Klonen – die Situation in Großbritannien" in: Zeitschrift für medizinische Ethik 2001; 47: 285 (287).

[424] Donaldson – Report, S. 32, Table 2; Sleator "Stem Cell Research and Regulations under the Human Fertilisation and Embryology Act 1990 (Revised Edition)", S. 16 mit Bezug auf HFEA 1. August 1991 – 31 März 1998, wonach Mehrfachzählungen möglich sind.

[425] The Royal Society "Whither Cloning?" (1998); HFEA/HGAC "Cloning Issues in Reproduction Science and Medicine" (1998); Nuffield Council on Bioethics "Stem Cell Therapy: the ethical issues" (2000); Donaldson – Report "Stem Cell Research: Medical Progress with responsibility" (2000).

[426] Government Response to the Recommondations Made in the Chief Medical Officer`s Expert Group Report: "Stem Cell Research: Medical Progress with Responsibility", August 2000.

in Bezug auf die Erweiterung des Anwendungsbereiches der Forschung an menschlichen Embryonen erarbeitet. Die "Human Fertilisation and Embryologie (Research Purposes) Regulations 2001" (HFE Regulations 2001) traten schließlich am 31.01.2001 in Kraft. Im November 2001 entschied das höchste Zivilgericht in London jedoch, dass der „Zellkerntransfer – Embryo" nicht unter die Regelungen des HFE Act 1990 fiele[427], worauf innerhalb kürzester Zeit die Human Reproductive Bill 2001 dem Unterhaus vorgelegt wurde, um so einen sicheren Schutz vor der Anwendung von Klonierungstechniken zu reproduktiven Zwecken zu schaffen. Kurze Zeit später wurde die Gesetzesvorlage dann auch vom Oberhaus verabschiedet und am 4.12.2001 von der Queen unterzeichnet. Der Human Reproductive Cloning Act 2001 (HRC Act 2001) trat noch am selben Tag in kraft.

2. Forschung mit menschlichen Embryonen

Der HFE Act of 1990 legt in Paragraph 3 (1) ein grundsätzliches Verbot der in vitro Erzeugung und Vernutzung menschlicher Embryonen fest. Allein in den Fällen der Vergabe einer Lizenz für diese Forschungszwecke durch die HFEA ist die Forschung an menschlichen Embryonen gestattet. Über die mögliche Ermächtigung zur Vergabe von Genehmigungen zur Forschung am und mit dem menschlichen Embryo bestimmen der HFE Act 1990 sowie der "Code of Practice" der HFEA. Liegen die gesetzlichen Voraussetzungen für die Erteilung einer Genehmigung durch die HFEA vor, so dürfen zu Forschungszwecken „überzählige IVF – Embryonen" verwendet werden, sowie Embryonen, die eigens zu diesen Zwecken hergestellt wurden. Die Forschung mit menschlichen Embryonen, bei denen die Bildung des Primitivstreifens bereits eingesetzt hat, was zumindest nach 14 Tagen p.c. angenommen wird, unterfällt jedoch einem absoluten Verbot (Paragraph 3 (3) (a)). So heißt es in Paragraph 3:

> (1) No Person shall
> (a) bring about the creation of an embryo, or
> (b) keep or use an embryo
> except in pursuance of a licence.
> ....
> (3) A licence cannot authorise
> (a) keeping or using an embryo after the appearance of the primitive streak,
> ....
> (4) For the purposes of subsection (3) (a) above, the primitive streak is to be taken to have appeared in an embryo not later than the end of the period of 14 days

[427] Queen`s Bench Division (Administrative Court): Bruno Quintavallen behalf Pro-Life Alliance vs. Secretary of State for Health, 15. Nov. 2001.

> beginning with the day when the gametes are mixed, not counting any time during which the embryo is stored.

Nach Schedule 2 Paragraph 3 (2) des HFE Act 1990 durften bisher solche Lizenzen nur zu Zwecken der Erforschung neuer Behandlungsmethoden zur Sterilitätstherapie, zur Wissenserweiterung im Bereich der Ursachen genetischer Erberkrankungen, zur Kenntniserweiterung bezüglich der Ursachen von Fehlgeburten, zur Entwicklung neuer und effizienterer Verhütungsmittel sowie zur Entwicklung neuer Methoden für eine praeimplantive Gen- oder Chromosom Diagnostik vergeben werden.[428] Daneben wird die Verwendung menschlicher Embryonen dann noch gestattet, wenn es um die Verfolgung andere Zwecke geht, wobei diese in einem Parlamentsgesetz genau geregelt sein müssen.[429] Die Regelung in Schedule 2, Paragraph 3 (2) lautet im Einzelnen:

> (2) A licence under this paragraph cannot authorise any activity unless it appears to the Authority [HFEA] to be necessary or desirable for the purpose of
>
> (a) promoting advances in the treatment of infertility
> (b) increasing knowledge about the causes of congenital diseases
> (c) increasing knowledge about the causes of miscarriages
> (d) developing more effective techniques of contraception
> (e) developing methods for detecting the presence of gene or chromosome abnormalities in embryos before implantation
>
> or such other purposes as may be specified in regulations.

Die Forschung mit menschlichen Embryonen ist allein nach dieser gesetzlichen Regelung zum Zwecke der Erforschung schwerer Krankheiten und zur Entwicklung neuer Therapiemethoden über den Bereich der vorgeburtlichen genetischen Erkrankungen nicht lizenzierungsfähig. Die Ergänzung des HFE Act 1990 durch die "Human Fertilisation and Embryology Regulations 2001" hat diesen bisher sehr beschränkten Rahmen durch ein parlamentarisches Gesetz ausgeweitet, sodass seit dem in Kraft treten dieser Regelung am 31.01.2001 für die Forschung am menschlichen Embryo folgendes gilt:

---

[428] Eine Übersicht in deutscher Übersetzung auch bei Chadwick „Stammzellenforschung und therapeutisches Klonen – die Situation in Großbritannien" in: Zeitschrift für medizinische Ethik 2001; 47: 285 (286).

[429] "Regulations" iSd Norm meint sog. "affirmative Regulations", d.h. konsenspflichtige Beschlüsse, die der Mehrheit in beiden Häusern bedürfen, vgl. Sleator "Stem Cell Research and Regulations under the Human Fertilisation and Embryology Act 1990 (Revised Edition)", S. 15.

Paragraph 2 der HFE Regulations 2001:

> (1) The Authority may issue a licence for research under paragraph 3 of schedule 2 to the Act for any of the purposes specified in the following paragraph.
>
> (2) A licence may be issued for the purposes of –
> (a) increasing knowledge about the development of embryos;
> (b) increasing knowledge about serious disease, or
> (c) enabling any such knowledge to be applied in developing
>
> treatments for serious disease.

Die Forschung an menschlichen Embryonen bleibt damit zwar weiterhin grundsätzlich verboten, jedoch dürfen von nun an aufgrund dieses parlamentarischen Gesetzes von der HFEA zusätzlich zu den bisher gestatteten Fällen Lizenzen u.a. auch für solche Forschungen an menschlichen Embryonen vergeben werden, welche neue Therapiekonzepte zur Behandlung schwerer Krankheiten über den Bereich der vorgeburtlichen genetischen Erkrankungen (congenital diseases) hinaus ermöglichen.[430] Zu diesem Zweck wurde der zweite Absatz der Regelung auch in unveränderter Form in den "Code of Practice 2001" der HFEA übernommen.[431] In jedem Fall muss die HFEA heute wie auch damals von der Notwendigkeit der beantragten Forschungsarbeit für die Verfolgung der anvisierten Ziele überzeugt sein.[432]

3. Die Herstellung von embryonalen Stammzelllinien aus IVF - Embryonen

Nach der bisherigen Regelung durfte die HFEA eine Bewilligung zur Forschung an Embryonen, mit dem Ziel neue Therapiekonzepte zur Behandlung schwerer Krankheiten zu entwickeln, allein dann vergeben, wenn ein parlamentarisches Gesetz eben diese Fälle auch regelte. Die Herstellung von humanen embryonalen Stammzelllinien unterlag damit einem grundsätzlichen Verbot, so lange weder eines der fünf nach dem HFE Act 1990 genehmigungsfähigen Ziele damit verfolgt wur-

[430] Zu den anderen Genehmigungsmöglichkeiten, Chadwick „Stammzellenforschung und therapeutisches Klonen – die Situation in Großbritannien" in: Zeitschrift für medizinische Ethik 2001; 47: 285 (290).
[431] HFEA - Code of Practice March 2001, Ziff. 11. 2.
[432] vgl. Schedule 2, Paragraph 3 (2) "unless it appears for the Authority to be necessary or desirable" des HFE Act 1990 sowie HFEA – Code of Practice March 2001, Ziff. 11.3 "The HFEA cannot grant a licence unless it is satisfied that the use of human embryos is necessary for the purposes of the research".

de, noch eine andere gesetzliche Regelung diesen Bereich abdeckte. Zwar hat die HFEA unter der alten gesetzlichen Regelung bereits einmal eine Genehmigung zur Isolierung und Forschung mit embryonalen Stammzellen ausgesprochen; diese Lizenz wurde jedoch allein im Hinblick auf die Entwicklung neuer Behandlungsmethoden der Sterilität, zur Kenntniserweiterung im Bereich angeborener genetischer Erkrankungen sowie zu dem Zweck der Entwicklung neuer Methoden zur Gen- und Chromosomendiagnostik bei präimplantiven IVF – Embryonen vergeben.[433] Eine solche Bewilligung zur Gewinnung von humanen ES – Zellen wurde also in mehrfacher Weise durch den HFE Act 1990 gedeckt. Andere spezielle gesetzliche Regelungen, welche die Herstellung von embryonalen Stammzelllinien oder den Umgang mit ES – Zellen umfassten, lagen damals nicht vor. Seit der Einführung der HEF Regulations 2001 darf die HFEA nun, wie gesehen, auch für die Fälle Lizenzen zur Forschung an menschlichen Embryonen vergeben, wenn die Erweiterung der Kenntnisse zur Embryonalentwicklung zu erwarten steht, es sich um die Erforschung schwerer Krankheiten handelt oder dies zur Erlangung von Kenntnissen und zur Entwicklung neuer Behandlungsmethoden von schweren Krankheiten notwendig ist.[434] Letztgenannte Modalität ermöglicht es der HFEA nun tatsächlich, die Genehmigung der Forschung mit menschlichen Embryonen über den Rahmen der Erforschung und Therapie vorgeburtlicher genetischer Erkrankungen hinaus zu vergeben. Die Herstellung von embryonalen Stammzelllinien, die der Entwicklung neuer Behandlungsmethoden bei schwerwiegenden und gegenwärtig noch nicht behandelbaren Krankheiten dienen soll, werden somit ebenfalls von den HFE Regulations 2001 erfasst. Die HFEA darf somit die Gewinnung von ES – Zellen aus menschlichen Embryonen bei Vorliegen aller weiteren Voraussetzungen bewilligen. Zu diesen gehört das Einverständnis der Keimzellspender, wenn es sich um „überzählige IVF – Embryonen" bzw. um allein zu Forschungszwecken erzeugten Embryonen handelt. Des Weiteren muss die HFEA auch in diesen Fällen davon überzeugt sein muss, dass diese Forschung für den verfolgten Zweck auch tatsächlich notwendig und erstrebenswert ist.[435]

4. Das therapeutische Klonen

Der HFE Act 1990 stellt in Section 3 (3) (d) den Zellkernaustausch bei einem Embryo ausdrücklich unter ein gesetzliches Verbot:

> (2) A licence cannot authorise
>
> ....

---

[433] Sleator, "Stem Cell Research and Regulations under the human Fertilisation and Embryology Act 1990 (Revised Edition)", S. 16; House of Commons Debate 20 November 2000 c 50W.

[434] vgl. hierzu Paragraph 2 der HFE Regulations 2001, dargestellt unter Punkt 2.

[435] vgl. Ziff. 11.3 Code of Practice und Schedule 2, Paragraph 3 (2).

> (d) replacing a nucleus of a cell of an embryo with a nucleus taken from a cell of any person, embryo or subsequent development of an **embryo**.
> ....

Grundvoraussetzung nach dieser Norm ist somit das Vorliegen einer befruchteten Eizelle. Der Zellkerntransfer, wie er mit der „Dolly – Methode" entwickelt wurde, zielt hingegen allein auf den Austausch von Zellkernen bei unbefruchteten Oozyten ab. Diese Technik wird somit von dem Zellkerntransferverbot des HFE Act 1990 nicht erfasst.[436] Der Einsatz der Zellkerntransfertechnik stellt bei der Implantation einer somatischen Zelle bzw., ihres Kerns in eine unbefruchtete und entkernte Eizelle daher keinen Fall eines absoluten Verbotes nach dem HFE Act 1990 dar und kann aufgrund des strafrechtlichen Grundsatzes des "maximum certainty"[437] auch nicht entsprechend zum Wortlaut der Verbotsregelung im HFE Act 2001 pönalisiert werden. Die Forschung einschließlich der Erzeugung menschlicher Embryonen durch Zellkerntransfer hätte somit bisher allein unter das grundsätzliche Verbot der Forschung und Erzeugung von menschlichen Embryonen nach Paragraph 3 (1) des HFE Act 1990 fallen können, wenn der „Zellkerntransfer – Embryo" als Embryo iSd HFE Act 1990 hätte angesehen werden können. Die Herstellung und Verwendung von „Zellkerntransfer – Embryonen" wäre dann solange legal gewesen, wie einer der fünf verschiedenen Lizenzierungstatbestände des Schedule 2 Paragraph 3 (2) HFE Act 1990 erfüllt worden wäre und die HFEA eine Genehmigung hätte erteilen können.[438] Die Einbeziehung der Zellkerntransferblastozyste unter den HFE Act 1990 war aber seit jeher nicht eindeutig, da die Regelung in Section 1 (1) bei der Definition des Embryobegriffes ausdrücklich auf den Abschluss der Befruchtung abzielt:

> 1. (1) In this Act, except where otherwise stated
> (a) embryo means a live human embryo where fertilisation is complete, and ...

Ministerien und die HFEA selbst haben trotz dieser Definition bereits kurz nach der Erzeugung von „Dolly" nach ersten juristischen Prüfungen, die Zuständigkeit der HFEA ausdrücklich bestätigt, ebenfalls Lizenzierungsbehörde für die Anwen-

---

[436] vgl. hierzu Nuffield Council on Bioethics "Stem Cell Therapy: The Ethical Issues – A Discussion Paper", S. 7, Rn. 14; Sleator, "Stem Cell Research and Regulations under the Human Fertilisation and Embryology Act 1990 (Revised Edition)", S. 17; HGAC/HFEA "Cloning Issues in Reproduction, Science and Medicine", Ziff. 3.4 mit dem Hinweis darauf, das von Einigen schon der Tatbestand des Paragraph 3 (1) des HFE Act 1990 aufgrund mangelnder Befruchtung als nicht erfüllt angesehen wird. Diese Ansicht wurde nunmehr durch den High Court bestätigt: Bruno Quintavalle behalf Pro-Life Alliance vs. Secretary of State for Health, 15. Nov. 2001.

[437] Ashworth, "Principles of Criminal Law", S. 76.

[438] Sleator, "Stem Cell Research and Regulations under the Human Fertilisation and Embryology Act 1990 (Revised Edition)", S. 17; Donaldson – Report, S. 33.

dung dieser Technik auf den Menschen zu sein und den Zellkerntransfer – Embryo als Embryo iSd HFE Act 1990 angesehen.[439] Diese Bewertung wurde später auch von der Expertengruppe im Donaldson – Report geteilt. Danach ist die Art der Erzeugung eines Embryos nicht wesentlich für die Anwendbarkeit des HFE Act 1990, sondern allein die Fähigkeit der Entwicklung zu einem Menschen.[440] Die Regierungsantwort auf den Donaldson – Report stimmte diesem Ergebnis ebenfalls zu.[441] Da der Katalog an lizenzierungsfähigen Forschungszwecken mit in Schedule 2 Paragraph 3 (2) des HFE Act 1990 den Fall des „therapeutischen Klonens" nicht erfasste, kam nach der oben zugrunde gelegten Sichtweise die Erteilung einer Lizenz für derartige Praktiken allein durch die HFEA nicht in Betracht. Die Einführung der HFE Regulations 2001 vom Januar 2001 sollten diese Rechtslage ändern und Raum für die mögliche Lizenzierung um das „therapeutische Klonen" herum durch die HFEA schaffen. Bezweckte Folge der Gesetzgebung war, dass die HFEA von nun auch dann Lizenzen zur Forschung an menschlichen Embryonen hätte vergeben können sollen, soweit es sich um Kenntniserweiterung zur Behandlung schwerwiegender Krankheiten gehandelt hätte, vgl. 2 (c) der HFE Regulations 2001. Dazu hätte auch die Anwendung des Zellkernaustausches von einer somatischen Zelle in eine entkernte, unbefruchtete, Eizelle gehören sollen. Anhand dieser Technik sollte gerade die Reprogrammierbarkeit somatischer Zellen erforscht sowie Möglichkeiten ausgearbeitet werden, mit ES – Zellen histokompatiblen Zell- und Gewebeersatz zu schaffen, was die Voraussetzungen des Ausnahmetatbestandes hinreichend erfüllt hätte. Allein für die Vergabe von Lizenzen bezüglich des „therapeutischen Klonens" hatte sich die HFEA bis zu einer erneuten juristischen Prüfung dieses Sachverhaltes jedoch selbst einem Moratorium unterworfen und wollte bis zu einer endgültigen juristischen Klärung keine Lizenzen zur Forschung mit aus Zellkerntransfer stammenden Embryonen erteilen.[442] Diese Zurückhaltung der HFEA erwies sich im November 2001 als begründet, als das höchste Londoner Zivilgericht erklärte, dass der „Zellkerntransfer – Embryo" nicht unter den HFE Act 1990 falle. Zur Begründung verwies das Gericht dann auch auf die Definition des Embryobegriffes im HFE Act 1990. Das Gesetz erfasse allein den durch die Verschmelzung von Ei- und Samenzelle erzeugten Embryo, wobei eine entspre-

---

[439] vgl. hierzu Nuffield Council on Bioethics "Stem Cell Therapy: The Ethical Issues – A Discussion Paper", S. 7, Rn. 15; HGAC/HFEA "Cloning Issues in Reproduction, Science and Medicine", Ziff. 3.4.

[440] Donaldson – Report, S. 40, Ziff. 4.17: "However, although these embryos differ in the method of their creation, they are undoubtedly human embryonic life, which, given the right conditions, could develop into a human being". Vgl. auch S. 24, Ziff. 2.29, Box 9: "Research involving the creation of embryos by cell nuclear replacement would be permissible for the currently approved research purposes, subject to the controls of the 1990 Act."

[441] Government Response to the Recommendations Made in the Chief medical Officer`s Expert Group Report, S. 1: "The Government accepts the Report`s recommendations in full and will bring legislation where necessary to implement them as soon as the parliamentary timetable allows."

[442] HFEA – Update 2001, S. 2.

chende Anwendung der Regeln auf den „Zellkerntransfer – Embryo“ nicht zulässig sei.[443]

Das „therapeutische Klonen” unterliegt seit dieser Entscheidung keiner gesetzlichen Regelung.

Das Klonierungsverbot des Paragraph 3 (3) (d) HFE Act 1990 findet auf die Technik des embryo-splitting ebenfalls keine Anwendung, sodass auch diese keinem absoluten Verbot durch den HFE Act 1990 unterliegt. Diese Klonierungstechnik ist somit grundsätzlich durch die HFEA bewilligungsfähig, wenn es sich um die Erforschung der in Schedule 2 (3) (2) HFE Act 1990 genannten Ziele handelt. Durch die HFE Regulations 2001 wurde der Rahmen der bewilligungsfähigen Vorhaben ebenfalls erweitert, soweit die verfolgten Zwecke den gesetzlich vorgesehenen Forschungszielen entsprechen. Die Anwendung des HFE Act 1990 auf den durch embryo-splitting gewonnenen Klon scheint jedoch seit der Entscheidung des High Court zumindest fraglich, da dieser gerade nicht durch die Verschmelzung von Ei- und Samenzellen entstanden ist.

5. Der Einsatz von Klonierungstechniken zu reproduktiven Zwecken

Der Einsatz des Zellkerntransfers nach der „Dolly – Methode“ zu reproduktiven Zwecken erfüllt den Tatbestand des Klonverbotes in Paragraph 3 (3) (d) des HFE Act 1990 ebenso wenig, wie dies auch bei der Anwendung dieser Technik zu therapeutischen Zwecken der Fall ist. Bis zu der Entscheidung des High Court ging die hM jedoch davon aus, dass das „reproduktive Klonen“ mittels Zellkerntransfers unter das grundsätzliche Verbot nach Paragraph 3 I des HFE Act 1990 fällt und eine Legalität des reproduktiven Klonens nur dann in Betracht gekommen wäre, wenn hierfür auch eine Lizenz durch die HFEA hätte erteilt werden können. Die Regelung in Schedule 2, Paragraph 3 (2) sahen einen solchen Zweck aber gerade nicht vor. Überdies betonte die HFEA wie auch die HGAC, dass eine Befürwortung des Zellkerntransfers zu einem reproduktiven Zweck durch diese Behörden nicht zu erwarten stünde.[444] Mit der Entscheidung des High Court muss diese Einschätzung nun auch revidiert werden. Um Eventualitäten entgegenzuwirken, hat das Unterhaus eine Woche nach der Entscheidung im November 2001 eine Gesetzesvorlage verabschiedet, nach der das „reproduktive Klonen“ unter einem strafbewehrten Verbot steht. Nach dem Human HRC Act 2001 macht nun sich gem. Paragraph 1 Subsection (1) schuldig, wer einer Frau einen menschlichen Embryo implantiert, der nicht im Wege der Befruchtung erzeugt wurde.[445] Bei Zuwider-

---

[443] Queen`s bench Division (Administrative Court): Bruno Quintavallen behalf Pro-Life Alliance vs. Secretary of State for Health, 15. Nov. 2001, Ziff. 61: “I decline any invitation to attempt to rewrite any of the sections of 1990 Act to make them apply by analogy to organisms produced by CNR.”

[444] HGAC/HFEA “Cloning Issues in Reproduction Science and Medicine”, Ziff. 3.9.

[445] (1) A person who places in a woman a human embryo which has been created otherwise than by fertilisation is guilty of an offence.

handlungen können nach Subsection (2) eine Bestrafung von zehn Jahren Gefängnis, Geldstrafe oder beides verhängt werden.[446] Nach Subsection (3) werden keine gerichtlichen Verfahren eingeleitet, ohne Zustimmung des Generalstaatsanwaltes.[447]

Die Erklärungen der HFEA und HGAC, die Technik des embryo-splitting nicht für solche Fälle gestatten zu wollen, wenn es darum geht, die Anzahl von in vitro Embryonen für einen späteren Embryotransfer zu erhöhen, sind – unabhängig der Frage der damaligen Zuständigkeit der Institutionen – mit der Verabschiedung des HRC Act 2001 ebenfalls überholt.[448] Der mittels embryo-splitting erzeugte Embryo unterliegt in gleicher Weise dem Verbot des HRC Act 2001 und darf somit nicht einer Frau implantiert werden.

6. Die Herstellung und Gewinnung von EG – Zellen

In Großbritannien gibt es derzeit keine gesetzlichen Bestimmungen, die den speziellen Einsatz von Gewebe abgetriebener und abgegangener Foeten zu medizinisch – therapeutischen Zwecken regeln. Der "Abortion Act 1961" umfasst allein den Bereich der Rechtmäßigkeit von Abtreibungen, wodurch zunächst erst verwendbares fetales Material entsteht. Der an eine Abtreibung anschließende Umgang mit den fetalen Kadavern ist innerhalb des "Code of Practice on the Use of Foetuses and Foetal Material in Research and Treatment"[449] geregelt. Danach ist die Verwendung fetaler Gewebe in Lehre, Forschung und Therapie grundsätzlich gestattet. Wichtigste Voraussetzungen für die wissenschaftliche Nutzung der fetalen Kadaver sind, dass eine schriftliche Einverständnis der Mutter vorliegt, die Unentgeltlichkeit der Freigabe und Verhinderung, dass Schwangerschaftsabbruch und Freigabe des Foeten in Zusammenhang stehen können. Jegliche Arbeit mit solchen Materialen soll ferner noch durch eine Ethikkommission überwacht werden.[450] Verschiedene Einsatzfelder fetaler Gewebe in der regenerativen Medizin sind von den Ethikkommissionen in Großbritannien bereits genehmigt worden. Die Herstellung von EG – Zellen aus abgetriebenen oder abgegangen Feten ist daher in Großbritannien grundsätzlich statthaft.

---

[446] (2) A person who is guilty of the offence is liable on conviction on indictment to imprisonment for a term not exceeding 10 years or a fine or both.

[447] (3) No proceedings for the offence may be instituted –

- (a) in England and Wales, except with the consent of the Director of Public Prosecutions;
- (b) in Northern Ireland, except with the consent of the Director of Public Prosecutions for Northern Ireland.

[448] HGAC/HFEA "Cloning Issues in Reproduction Science and Medicine", Ziff. 3.9.

[449] Diese Richtlinien wurden 1989 von der Kommission um Reverend Polkinghorne herausgearbeitet, die damit betraut wurde die ethischen Bedenken bei der Nutzung foetaler Gewebe zusammenzutragen..

[450] vgl. zu den Voraussetzungen die Aufführung im Donaldson – Report, S. 35, Box 16.

7. Forschung und Therapie mit AS – Zellen

Handelt es sich um die Gewinnung von AS – Zellen aus den Körpern bereits Verstorbener, so wird dieser Bereich durch den "Human Tissue Act 1961" geregelt. Dieses Gesetz umfasst den Bereich der Forschung in gleicher Weise, wie auch den Bereicht der Transplantation zu therapeutischen Zwecken.

Die freiwillige Spende von Zellgewebe zu Forschungszwecken setzt die Aufklärung über den Zweck der Spende voraus. Bei der Verwendung von Nabelschnurblut ist die Aufklärung und das Einverständnis der Mutter notwendig. Die Forschung mit menschlichem Zellgewebe wird durch die Richtlinien der Medical Royal Colleges und des Medical Research Council geregelt. Alle Forschungsprojekte innerhalb der NHS, welche die Entnahme und den anschließenden Gebrauch menschlichen Zellgewebes zur Folge haben, bedürfen zudem der Genehmigung einer Ethikkommission.[451]

8. Der Einsatz von Zellkerntransfer zur Verhinderung mitochondrialer Erkrankungen

Schon unter dem HFE Act 1990 in seiner bisherigen Fassung, konnte der Einsatz der Zellkerntransfertechnik durch die HFEA zur Erforschung mitochondrialer Krankheiten genehmigt werden, so lange es sich um die Erforschung vorgeburtlicher Erkrankungen oder um die Behandlung von Sterilität handelte.[452] Der sog. Oozyten-Transfer, d.h. die Explantation des Zellkerns einer Eizelle in eine andere entkernte Eizelle zum Zwecke der Verhinderung vererblicher mitochondrialer Erkrankungen, fiel gerade nicht unter die Genehmigungsfälle des HFE Act 1990.[453] Durch den Erlass der "Human Fertilisation and Embryology Regulation 2001" wird u. a. auch diese Empfehlung des Donaldson – Reports, Forschung an menschlichen Embryonen zum besseren Verständnis mitochondrialer Erkrankungen zu gestatten und den Einsatz des Zellkerntransfers zur Erforschung und Entwicklung neuer Behandlungsmethoden dieser Krankheiten zuzulassen[454], berücksichtigt. Aufgrund der neuen gesetzlichen Regelung ist die HFEA nun tatsächlich ermächtigt, Lizenzen zu diesen Zwecken zu vergeben. Die Entscheidung des High Court ändert an dieser Rechtslage nichts, da der Nukleustransfer hier noch nicht allein zum Vorliegen einer entwicklungsfähigen Eizelle führt. Die Befruchtung bleibt notwendige Voraussetzung für die Entstehung des Embryos.

---

[451] Donaldson – Report, S. 35, s. Box 16.

[452] Donaldson – Report, S. 46, Empfehlung Nr. 4; Sleator "Stem Cell Research and the Regulations under the Human Fertilisation and Embryology Act 1990 (Revised Edition)", S. 18.

[453] vgl. HGAC/HFEA "Cloning Issues in Reproduction, Science and Medicine", Ziff. 5.10.

[454] Empfehlung Nr. 4 des „Donaldson – Reports", S. 46; entsprechend auch die Empfehlung der HGAC/HFEA in "Cloning Issues in Reproduction, Science and Medicine", Ziff. 9.3.

9. Schlussbetrachtung

In Großbritannien ist die Forschung mit menschlichen Embryonen unter bestimmten Voraussetzungen schon seit Erlass des HFE Act 1990 erlaubt, solange der Beginn der Bildung des embryonalen Primitivstreifens noch nicht gegeben ist, mithin der Zeitpunkt der Befruchtung nicht länger als vierzehn Tage zurückliegt. Der HFE Act 1990 sah seit diesem Zeitpunkt ebenso auch kein ausdrückliches Verbot des Zellkerntransfers einer somatischen Zelle in eine enucleirte Eizelle vor. Allein die vom Gesetz selbst ausdrücklich hervorgehobenen Bewilligungsgründe enthielten noch nicht die Genehmigungsfähigkeit der „verbrauchenden Embryonenforschung" durch die HFEA zum Zwecke der Erforschung schwerer Krankheiten, Entwicklung neuer Behandlungsmethoden z.B. mit der Isolierung humaner embryonaler Stammzelllinien. Erst mit dem Erlass der HFE Regulations 2001 liegt nun ein parlamentarisches Gesetz vor, das grundsätzlich die HFEA ermächtigt, solche Forschungen zu betreiben und bei positiven Ergebnissen neue Therapiemethoden, welche die Vernutzung menschlicher Embryonen voraussetzen, zu bewilligen. Ebenso gestattet es die neue Regelung der HFEA, Genehmigungen zum Oozyten-Transfer zur Entwicklung neuer Behandlungsmethoden bei mitochondrialen Krankheiten auszusprechen und möglicherweise diese Methode als spätere Behandlungsmethode zuzulassen. Der Zellkerntransfer als Klonierungsmethode wird jedoch weder durch den HFE Act 1990 oder die ergänzenden HFE Regulations 2001 erfasst. Das „therapeutische Klonen", das in der ganzen Welt aufgrund der vermeintlichen Regelung in Großbritannien zu Beginn des Jahres 2001 für Diskussionsstoff sorgte, ist damit derzeit tatsächlich nicht geregelt. Eine neue gesetzliche Regelung wird damit notwendig. Von den Gegnern des „therapeutischen Klonens" wird hierin eine Chance gesehen, den vormals geplanten liberalen Regelungen mit den gegenwärtigen öffentlichen Diskussionen und weltweiten Kritiken erneut zu begegnen und einer neuen Regelung dieses Bereiches einen restriktiveren Charakter zu geben. Nach bisherigen Informationen scheinen diese Hoffnungen unberechtigt und es steht vielmehr zu erwarten, dass eine Neuregelung sich darauf beschränken wird, die Zellkerntransferblastozyste ausdrücklich in das Regelwerk mit aufzunehmen und die Grundsätze der HFE Regulations 2001 beizubehalten.

Der HRC Act 2001 verbietet hingegen nun umfassend den Gebrauch von Klonierungstechniken zu reproduktiven Zwecken.

Die Forschung mit humanen EG – und AS – Zellen und ihr therapeutischer Einsatz beim Menschen bedürfen insbesondere der Überprüfung einer staatlichen Ethikkommission und setzen regelmäßig das Einverständnis nach vorheriger Aufklärung der Spender bzw. ihrer Vertreter voraus. Für die Transplantation post mortem gilt der „Human Tissue Act 1961".

C. Internationale Regelungen

Sollen im Folgenden Möglichkeiten zu einer Neuregelung des Embryonenschutzes in Deutschland im Hinblick auf die Stammzellenforschung und Anwendung von Klonierungstechniken erarbeitet werden, ist zunächst der Blick auf inter- und supranationale Regelungen entscheidend. Es muss herausgestellt werden, ob die Bundesrepublik Deutschland anhand internationaler Verträge oder Vereinbarungen an die Einhaltung bestimmter Standards gebunden ist. Des Weiteren wird sich innerhalb dieser Darstellung erweisen, dass auf internationaler Ebene der Schutz vor bestimmten Praktiken gar nicht oder nur fragmentarisch vorhanden ist. Voten internationaler Gremien machen darüberhinaus deutlich, welcher Trend auf internationaler Ebene bei der zukünftigen ethisch-moralischen und rechtlichen Bewertung der verschiedenen Praktiken zu erwarten steht.

I. Europarechtliche Regelungen
1. Die EU – Grundrechte – Charta (2000)

Am 7.12.2000 wurde die „Charta der Grundrechte der Europäischen Union“[455] feierlich in Nizza verabschiedet. Ziel bei der Erarbeitung dieses Grundrechtskataloges war es u.a., der rasanten gesellschaftlichen, sozialen, wissenschaftlichen und technologischen Entwicklung beim weiteren Zusammenschluss der EU – Mitgliedstaaten gerecht zu werden und ein unnachgiebiges Fundament gemeinschaftlicher Grundprinzipien als einer unerlässlichen Voraussetzung für die Legitimität der Union zu schaffen.[456] Im Mittelpunkt stehen dabei die „unteilbaren und universellen Werte der Würde des Menschen, der Freiheit, der Gleichheit und der Solidarität“[457]. Diese Grundprinzipien finden sich ausdrücklich, besonders auch im Hinblick auf die neuesten biotechnologischen Entwicklungen, in der Charta wieder:

> **Art. 1: Würde des Menschen**
> Die Würde des Menschen ist unantastbar. Sie ist zu achten und zu schützen.
>
> **Art. 2: Recht auf Leben**
> (1) Jede Person hat das Recht auf Leben.
> ....

---

[455] “Charta of Fundamental Rights of the European Union”, Deutsche Fassung: ABl. 2000/C 364/01.

[456] vgl. den vierten Absatz der Präambel der Charta; Tettinger „Die Charta der Grundrechte der Europäischen Union“ in NJW 2001, 1010 (1010).

[457] vgl. den zweiten Absatz der Präambel der Charta.

Art. 3: Recht auf Unversehrtheit
(1) Jede Person hat das Recht auf körperliche und geistige Unversehrtheit.

(2) Im Rahmen der Medizin und der Biologie muss insbesondere Folgendes beachtet werden:
....

- das Verbot den menschlichen Körper oder Teile davon als solche zu Erzielung von Gewinnen zu nutzen,

- das Verbot des reproduktiven Klonens von Menschen.

Der Wortlaut der Charta lässt bei diesen Bestimmungen, indem sie in Art. 2 I von Person und in Art. 1 von Mensch spricht, offen, ob das ungeborene menschliche Leben dem Schutz der Charta ebenfalls unterliegen soll. Die Formulierung dieser Grundrechte in Kenntnis der Diskussionen um die neuesten biotechnologischen und medizinischen Entwicklungen legen ein solche Vermutung aber gerade nicht nahe. Indem ausdrücklich allein das reproduktive Klonen in den Grundrechtskatalog aufgenommen wurde, besinnt sich die Charta auf das Menschenrechtsübereinkommen zur Biomedizin von 1996, in der nach dem Grundsatz eines minimalen gemeinsamen Konsenses verfahren wurde.[458] Von diesen Grundsätzen möchte die Grundrechte – Charta ebenfalls nicht abweichen und verbietet daher allein das reproduktive Klonen. Den Gesetzgebern der Einzelstaaten bleibt es dann überlassen, inwieweit sie den Bereich des sog. „therapeutischen Klonens“ restriktiv regeln wollen.[459] Der Bereich der Embryonenforschung wird von der Grundrechte – Charta schließlich gar nicht erfasst und wird somit ebenfalls allein der jeweiligen nationalen Gesetzgebung überlassen.

In Nizza wurde die Charta vom Europäischen Rat „begrüßt“. Ihr fehlt es somit an rechtlicher Verbindlichkeit für die es eines förmlichen Verfahrens nach Art. 48 EUV bedürfte. Gegenwärtig ist noch nicht vorhersehbar, ob es bei der Charta als eine feierliche Deklaration belassen oder ob sie im Rahmen einer Vertragsrevision zum integralen Bestandteil des europäischen Primärrechts ausgestaltet wird.[460]

---

[458] Dazu eingehend im Folgenden unter Ziff. 2.
[459] Erläuterung zum Entwurf der Grundrechte-Charta 4473/00, Erläuterung zu Art. 3 S. 5.
[460] Tettinger „Die Charta der Grundrechte der Europäischen Union“ in NJW 2001, 1010 (1010).

2. Die Bioethik – Konvention des Europarates

a) Das Übereinkommen zum Schutz der Menschenrechte und der Menschenwürde im Hinblick auf die Anwendung von Biologie und Medizin: Das Menschenrechtsübereinkommen zur Biomedizin (1997)

Das Menschenrechtsübereinkommen zur Biomedizin (MÜB)[461] baut auf der europäischen Menschenrechtskonvention von 1950 (EMRK)[462] auf und verfolgt das Ziel, einen übergreifenden europäischen Rechtsstandard zum Schutze der Menschenwürde und der freiheitlichen Menschenrechte im Hinblick auf die raschen Entwicklungen in der Biologie und Medizin in einer für die Vertragsstaaten verbindlichen Fassung zu schaffen.[463] Die verschiedenen Rechtsordnungen der einzelnen Mitgliedstaaten des Europarates im Bereich der Biomedizin, welche die Umgehung nationaler Regelungen durch Abwanderung ins benachbarte Ausland befürchten ließen, sollten dabei im Rahmen eines internationalen Abkommens zu einheitlichen Mindeststandard verbunden werden. Zu diesem Zweck wurde dem Fachausschuss CAHBI[464], dem späteren Lenkungsausschuss für Bioethik (CDBI)[465], das Mandat erteilt, eine Rahmenkonvention für den Schutz des Menschen innerhalb der biotechnologischen Entwicklung zu erarbeiten, die auch Nicht – Mitgliedstaaten des Europarates offen steht und allgemeine Standards zum Schutz der menschlichen Persönlichkeit im Kontext der biomedizinischen Wissenschaften auf internationaler Ebene vereinheitlichend regelt.[466] Zudem sollten Zusatzprotokolle zu spe-

---

[461] Das Übereinkommen ist allein in Englisch und Französisch ausgefertigt worden. Council of Europe, Directorate of Legal Affairs: Convention for the Protection of Human Rights and Dignity of the Human Being with regard to the Application of Biology and Medicine (European Treaty Series No. 164) / Convention pour la protection des Droits de l`Homme et de la dignité de l`être humain à l`égard des applications de la biologie et de la médicine: Convention sur les Droits de l`Homme et de la biomédicine (STE n° 164). Das Übereinkommen ist allein in englischer und französischer Sprache ausgefertigt und gem. Art. 38 MÜB auch nur in diesen Sprachen verbindlich (Vorläufige Arbeitsübersetzung des Bundesministeriums für Justiz: Übereinkommen zum Schutz der Menschenrechte und der Menschenwürde im Hinblick auf die Anwendung von Biologie und Medizin: Menschenrechtsübereinkommen zur Biomedizin.")

[462] EMRK Sart. II Nr. 130.

[463] vgl. Art. 1 I des MÜB: "Parties to this Convention shall protect the dignity and identity of all human beings and guarantee everyone, without discrimination, respect for their integrity and other rights and fundamental freedoms with regard to the application of biology and medicine"; Winter in: Honnefelder/Taupitz/ders. „Gesundheitspolitische Analyse der Europäischen Menschenrechtskonvention zur Biomedizin", S. 34; Honnefelder „Das Menschenrechtsübereinkommen zur Biomedizin des Europarates" In: Jahrbuch für Wissenschaft und Ethik Bd. 2 (1997), S. 305 (306).

[464] Committee of Experts on Progress in Biomedical Science.

[465] Comité Directeur sur la Bioéthique.

[466] So heißt es im erläuternden Bericht zum MÜB (Explanatory Report to the Convention for the Protection of Human Rights and Dignity of the Human Being with Regard to the Application of Biology and Medicine: Convention on Human Rights and Biomedicine, Council of Europe – Directorate of Legal Affairs, Strasbourg 1997 – DIR/JUR [97] 5) in Ziff. 4: "... instructed the CAHBI "to prepare in close co-operation with the Steering Committee for Human Rights

ziellen Bereichen, wie der menschlichen Gewebe- und Organtransplantation sowie der medizinischen Forschung am Menschen erstellt werden.[467]

Bereits 1994 wurde dann ein erster Vorentwurf für eine Bioethik-Konvention vorgelegt.[468] Nach heftiger Kritik aus verschiedenen Ländern wurde dieser Entwurf jedoch von der Parlamentarischen Versammlung des Europarates abgelehnt. Ein überarbeiteter Entwurf wurde im darauffolgenden Jahr wiederholt nicht angenommen. Erst nach weiteren Ergänzungen wurde im November 1996 der Text vom Komitee der Ministerbeauftragten abgesegnet.[469]

Im April 1997 wurde die Konvention schließlich in Oviedo zur Unterzeichnung aufgelegt und bis September 2001 von 30 Mitgliedsstaaten des Europarates unterzeichnet.[470] Die Konvention stellt als Europaratskonvention einen völkerrechtlichen Vertrag dar, durch den die Mitgliedstaaten verpflichtet werden, die in ihm enthaltenen Regeln unmittelbar in innerstaatliches Recht zu überführen.[471] Das Übereinkommen stellt selbst keinen Gesetzgebungsakt des Europarates dar und ist daher weder in Form einer Verordnung unmittelbar für die Mitgliedstaaten noch als Richtlinie, welche die Mitgliedstaaten zwingt, die Konvention in nationales Recht umzusetzen, verbindlich.[472] Für die Überführung in nationales Recht müssen die bisher unterzeichnenden Staaten daher die Konvention zunächst ratifizieren. Nach Art. 33 des MÜB tritt diese selbst erst in Kraft, wenn sie von mindestens fünf Staaten ratifiziert wurde. Bisher wurde die Konvention von bereits zehn Staaten ratifiziert[473], wobei sie seit dem Abschluss des Ratifizierungsverfahrens der ersten fünf Staaten für diese seit dem 1.12.1999 und für die ihnen folgenden, bei Beendigung der Übernahme des MÜB in

---

(CDDH) and the European Health Committee ...a framework Convention, open to non-member states, setting out common general standards for the protection of human person in the context of the biomedical sciences and Protocols to this Convention„ relating to, in a preliminary phase: organ transplants and the use of substances of human origin; medical research on human beings."

467 Conseil de l`Europe, CDBI/INF (97) 2, S. 2 ; siehe auch Honnefelder „Das Menschenrechtsübereinkommen zur Biomedizin des Europarates" in: Jahrbuch für Wissenschaft und Ethik Bd. 2 (1997), S. 305 (314 f).

468 Dieser trug noch den Namen: „Konvention zum Schutz der Menschenrechte und Menschenwürde in Hinblick auf die Anwendung von Biologie und Medizin: Bioethik – Konvention".

469 Bei der Abstimmung stimmten 35 der damals 40 Mitgliedstaaten für die Annahme der Konvention, Deutschland enthielt sich neben Belgien und Polen der Stimme.

470 Bisher wurde die Konvention von folgenden Staaten unterzeichnet: Bulgarien, Estland, Finnland, Frankreich, Georgien, Griechenland, Island, Italien, Kroatien, Lettland, Litauen, Luxemburg, Mazedonien, Moldau, Niederlanden, Norwegen, Polen, Portugal, Rumänien, San Marino, Schweden, Schweiz, Slowakei, Slowenien, Spanien, Tschechische Republik, Türkei, Ungarn und Zypern.

471 vgl. Taupitz/Schelling „Mindeststandards als realistische Möglichkeit", S. 94 (102).

472 Ekaterini, S. 209.

473 Dänemark, Georgien, Griechenland, Portugal, Rumänien, San Marino, Slowakei, Slowenien, Spanien, Tschechische Republik.

der Übernahme des MÜB in innerstaatliches Recht in Kraft getreten ist. Von der Bundesrepublik Deutschland ist die Konvention nicht unterzeichnet.[474]

Obwohl das MÜB von der Prämisse geleitet wird, die Interessen und das Wohlergehen der Menschen nicht von den Interessen der Gesellschaft und der Wissenschaft unterlaufen zu lassen[475], ist es in Deutschland auf heftige Kritik gestoßen.[476] Der Grund dafür liegt vornehmlich in der in vielen Punkten liberaleren Regelung der Konvention im Vergleich zu den Schutzbestimmungen in Deutschland und den innerhalb der Konvention vielfach verwendeten unklaren Begrifflichkeiten.[477] Insbesondere der Bereich der Forschung mit menschlichen Embryonen entspricht nicht dem deutschen Standard.[478] Nach Art. 18 des MÜB wird ein ange-

---

[474] Bereits die Koalitionsvereinbarung der SPD und der Bündnis 90/Grünen „Aufbruch und Erneuerung – Deutschlands Weg in das 21. Jahrhundert", Bonn 1998, setzt ihrem Wortlaut nach eine Unterzeichnung des MÜB voraus. So heißt es auf S. 25: „Der Schutz der verfassungsrechtlichen Grundsätze und der Würde des Menschen im Rahmen von medizinisch – ethischen Fragen muss auch bei der Bioethik – Konvention bedacht werden." Zur Unterzeichnung kam es während der damaligen Legislaturperiode nicht und ist auch nach dem Regierungswechsel 2005 nicht zu erwarten.

[475] vgl. Art. 2 des MÜB: "The interests and welfare of the human being shall prevail over the sole interest of society and science."; dieses Formulierung wurde Wortgleich von der Helsinki – Deklaration übernommen, vgl. hierzu auch Honnefelder „Das Menschenrechtsübereinkommen zur Biomedizin des Europarates" in: Jahrbuch für Wissenschaft und Ethik Bd. 2 (1998), S. 305 (307).

[476] Vgl. hierzu statt vieler Poplutz „Bioethik-Konvention – Gefahr für die Menschenwürde", S. 114 (114ff); ders. „Offene Fragen rund um die Bioethik-Konvention" in: ZfL 1998, 6ff; Hüppe „Gefahr für die Menschenwürde" in idea-Dokumentation April 97, 10/97; auch der deutsche Richterbund sprach sich gegen eine Unterzeichnung der Erklärung aus (Presseerklärung vom 6. Juli 1998; des Weiteren „Grafenecker Erklärung zur Bioethik".

[477] Im Text der Konvention wurden Begriffe, wie „Mensch", „Jeder", „Individuum" und „Person" nicht definiert, da man im europäischen Rahmen nicht auf ihre einheitlich Abgrenzungen und Bestimmungen einigen konnte. Die Auslegung dieser Begriffe soll vielmehr den nationalen Parlamenten obliegen, vgl. Ziff. 18 des erläuternden Berichts zum MÜB. In der „vorläufigen Arbeitsübersetzung des Bundesministeriums der Justiz (Stand:. 19. November 1996)", ebenso wie in der „vorläufigen Arbeitsübersetzung der Deutschen Delegation" wurde der Begriff „human being" konsequent mit „Mensch" übersetzt. Seit der im Februar 1998 erschienen Informationsbroschüre des Bundesministeriums für Justiz lautet die Übersetzung für human being in den Art. 1, 2 und 15 „menschliche Lebewesen". Insgesamt kritisch äußert sich Poplutz „Offene Fragen rund um die Bioethik-Konvention" in: ZfL 1998, 6 (7); ders. „Bioethik-Konvention – Gefahr für die Menschenwürde", S. 114 (121f); Hüppe „Gefahr für die Menschenwürde" in idea-Dokumentation, S. 5f; Emmrich, „Abschied vom Nürnberger Kodex", S. 341 (345f). Ein weiterer Kritikpunkt ist, dass es an einer individuellen Klagemöglichkeit gegen die Verletzungen des Übereinkommens fehlt, sodass es vom nationalen Recht abhängt, welche Rechtsschutzmöglichkeiten betroffene Personen tatsächlich haben, vgl. Poplutz „Bioethik-Konvention – Gefahr für die Menschenwürde", S. 114 (125); Emmrich, „Abschied vom Nürnberger Kodex", S. 341 (343).

[478] Ebenso stößt der Bereich der Forsch am nichteinwilligungsfähigen Patienten nach Art. 17 II des MÜB auf heftige Kritik. Diese Problematik kann jedoch nicht im Rahmen dieser Arbeit weiter erörtert werden. Einführend hierzu Taupitz/Schelling „Mindeststandards als realistische Möglichkeit", S. 94 (95ff); ders. „Menschenrechtsübereinkommen zur Biomedizin – Einheitlicher Mindestschutz" in: Dt. Ärztebl. 1998, 95; A-1078 (A-1078ff); Poplutz „Offene Fragen rund um die Bioethik Konvention" in: ZfL 1998, 6 (8); ders. „Bioethik-Konvention – Eine Gefahr für die

messener Schutz des Embryos gewährleistet, soweit „das Recht" (womit das jeweilige nationale Recht gemeint ist) Forschung am Embryo zulässt.[479] Die Erzeugung menschlicher Embryonen zu Forschungszwecken ist hingegen nach Absatz II gänzlich verboten.[480] Der erste Entwurf von 1994 zu einer Bioethik-Konvention sah noch eine Kompromisslösung vor, wonach Forschung am Embryo dort, wo sie erlaubt ist, nicht über den 14. Tag p.c. hinausgehen dürfe.[481] Eine solche temporäre Einschränkung wird von der Neufassung nun gerade nicht mehr gemacht. Die Neufassung der Konvention ist damit noch weiter gefasst und respektiert damit sämtliche nationalen Regelungen, nach denen die Forschung mit menschlichen „überzähligen IVF – Embryonen" in gewissen Umfang gestattet ist.[482] Allein sollte ein Konsens unter den Mitgliedstaaten hinsichtlich des Verbots der Erzeugung von Embryonen allein zu Forschungszwecken geschaffen werden. Art. 18 des MÜB widerspricht dagegen in dieser weiten Fassung seinem Wortlaut nach dem weit restriktiverem gesetzlichen Schutzstandard in Deutschland, wo die „verbrauchende Embryonenforschung" unter dem absoluten Verbot durch das Embryonenschutzgesetz steht. Tatsächlich liegt aber eine gesetzliche Konfliktlage zwischen dem nationalen deutschen Regelungen im ESchG und den Vorschriften im MÜB nicht vor. Das Übereinkommen garantiert gem. Art. 27 des MÜB nur einen rechtlichen Mindeststandard; den Mitgliedstaaten bleibt es somit schließlich vorbehalten, in verschiedenen Bereichen restriktivere Schutznormen zu bestimmen.[483] Innerhalb dieser durch das MÜB festgelegten Mindeststandards ist es daher den Vertragsparteien freigestellt, ihre –soweit vorhanden– höheren Schutzstandards des nationalen Rechtes beizubehalten oder neue und höhere Schutzstandards einzuführen.[484] Selbst bei der Unterzeichnung und Ratifikation durch die Bundesrepublik Deutschland könnte somit der gegenwärtige Schutzstandard durch das Embryonenschutzgesetz in unveränderter Form beibehalten werden.[485] Zur Kollisionslage zwischen

---

Menschenwürde", 114 (123); Emmrich, „Abschied vom Nürnberger Kodex", S. 341 ff; Honnefelder „Das Menschenrechtsübereinkommen zur Biomedizin des Europarates" in: Jahrbuch für Wissenschaft und Ethik Bd. 2 (1997), S. 305 (310 f).

[479] vgl. Art. 18 I MÜB: "Where the law allows research on embryos in vitro, it shall ensure adequate protection of the embryo."; Nach Auffassung des Bundesjustizministeriums bedeutet dies, dass zumindest die verbrauchende Embryonenforschung untersagt ist. In diesem Sinne auch Drucksache des Landtags Baden-Württemberg 12/1283, S. 9.

[480] vgl. Art. 18 II MÜB: "The Creation of human embryos for research purposes is prohibited."

[481] siehe hierzu auch Honnefelder „Das Menschenrechtsübereinkommen zur Biomedizin des Europarates" in: Jahrbuch für Wissenschaft und Ethik Bd. 2 (1997), S. 305 (312).

[482] Erlaubte Embryonenforschung unter den Mitgliedstaaten gibt es gegenwärtig in Dänemark, Finnland, Frankreich, Großbritannien, Schweden und Spanien.

[483] vgl. Art. 27 MÜB: "None of the provisions of this Convention shall be interpreted as limiting or otherwise affecting the possibility for a party to grant a wider measure of protection with regard to the application of biology and medicine than it is stipulated in this Convention."

[484] Taupitz/Schelling „Mindeststandards als realistische Möglichkeit", S. 94 (106); Honnefelder „Das Menschenrechtsübereinkommen zur Biomedizin des Europarates" in: Jahrbuch für Wissenschaft und Ethik Bd. 2 (1998), S. 305 (306).

[485] Rudloff-Schäffer in: Winter/Fenger/Schreiber, Rn. 168.

deutschem Verfassungsrecht und den Vorschriften der Konvention kommt es daher nicht.[486] Eine im Hinblick auf Art. 1 I GG und Art. 2 II 1 GG befürchtete Inkompatibilität des Art. 18 des MÜB[487] mit deutschem Verfassungsrecht kann auch nicht damit begründet werden, dass eine Nutzung menschlicher Embryonen nach der Vorschrift nicht ausgeschlossen werde[488] und das Embryonenschutzgesetz durch ein liberaleres Vertragsgesetz nach der lex – posterior – Regel ausgehöhlt werde[489]. Vielfach wird auch die Befürchtung laut, das MÜB könnte mit ihren niedrigen Standards eine „Sogwirkung“ auf höhere Rechtsstandards ausüben und somit zu einer Angleichung restriktiver nationaler Regelungen an die internationalen Standards führen.[490] Da jedoch allein durch die Unterzeichnung des MÜB kein rechtliches Erfordernis vorliegt, das deutsche Recht anderen internationalen Regelungen mit niedrigerem Schutzniveau anzupassen, kann eine solche Sogwirkung nach rein rechtlichen Gesichtspunkten nicht als zwingend angenommen werden.[491] Im Gegensatz dazu ist gem. Art. 1 II MÜB der in der Konvention vorgegebene Mindeststandard für die Vertragsstaaten verbindlich.[492] Eine der primären Aufgaben des MÜB ist damit die Schaffung von Leitlinien für eine Gesetzgebung in den Staaten, die bisher noch über keine oder nur eine unzureichende Regelungen im Bereich der Biomedizin verfügen.[493]

Bei der Beratung im Rechtsausschuss des Bundestages wurde von den geladenen Sachverständigen eine Unterzeichnung des MÜB kontrovers beurteilt. Vielfach sprachen sich die Referenten jedoch für eine Unterzeichnung des MÜB aus[494] oder standen einer Unterzeichnung neutral gegenüber[495].

---

[486] So auch Drucksache des Landtags Baden-Württemberg **12**/1283, S. 7; vgl. auch Taupitz/Schelling „Mindeststandards als realistische Möglichkeit“, S. 94 (107).

[487] Ausarbeitung 281/96 v. 7.11.1996 der wissenschaftlichen Dienste des BT WF III – 155/96, S. 11ff; Poplutz, „Offen Fragen rund um die Bioethik – Konvention“ in: ZfL 1998, S. 6ff; ders. „Bioethik-Konvention – Gefahr für die Menschenwürde“, S. (114) 124.

[488] Ekaterini, S. 220.

[489] Diese Befürchtung äußert Poplutz „Offene Fragen rund um die Bioethik-Konvention“ in: ZfL 1998, 6 (9); dagegen spricht jedoch, dass das Vertragsgesetz in gleicher Weise wie das MÜB die Regelungen zur Mindestbestimmung enthalten würde und die Regelungen des ESchG als nationale Schutzbestimmung ausdrücklich anerkannt würden.

[490] Poplutz „Offene Fragen rund um die Bioethik-Konvention“ in: ZfL 1998, 6 (9); Hüppe „Gefahr für die Menschenwürde“ in idea-Dokumentation 10/97, S.12; Neuer-Miebach, Stellungnahme bei der Anhörung des Rechtsausschusses vom 24.07.1998, 113. Sitzung des Rechtsausschusses.

[491] Taupitz/Schelling „Mindeststandards als realistische Möglichkeit“, S. 94 (107).

[492] vgl. Art. 1 II: "Each Party shall take in its internal law the necessary measures to give effect to the provisions of this convention."

[493] Winter „Gesundheitspolitische Analyse der Europäischen Menschenrechtskonvention zur Biomedizin“ in „Das Übereinkommen über Menschenrechte und Biomedizin des Europarates“, S. 34.

[494] in diesem Sinne Taupitz, Wuermeling, Lenard, Schockenhoff bei der Anhörung des 113. Rechtsausschusses des Bundestages am 25.03.1998. Schockenhoff erklärt innerhalb der Anhörung sogar: „Wir bekommen meiner Einschätzung nach zu einem späteren Zeitpunkt keine bessere Konvention. Daher erscheint mir persönlich die Unterzeichnung geboten, in jedem Fall ver-

b) Zusatzprotokoll zum Übereinkommen zum Schutz der Menschenrechte und der Menschenwürde im Hinblick auf die Anwendung von Biologie und Medizin über das Verbot des Klonens von menschlichen Lebewesen (1998)

Als Ergänzung zum Menschenrechtsübereinkommen zur Biomedizin hat der Europarat im Januar 1998 ein Zusatzprotokoll zum Verbot des Klonens menschlicher Lebewesen zur Unterzeichnung aufgelegt. Die Bundesrepublik Deutschland hat sich bei dessen Ausarbeitung für ein weitreichendes Klonierungsverbot eingesetzt.[496] 29 Mitgliedstaaten des Europarates haben das Zusatzprotokoll bereits unterzeichnet, wovon acht es bereits ratifiziert haben.[497] Eine Unterzeichnung und Ratifizierung durch die Bundesregierung blieb jedoch aus, da dies zunächst auch eine Unterzeichnung des Menschenrechtsübereinkommens zur Biomedizin vorausgesetzt hätte.[498]

Das Zusatzprotokoll verbietet nach der vorläufigen Arbeitsübersetzung des Bundesministeriums für Justiz in Art. 1 I jede Intervention, die darauf gerichtet ist, ein „menschliches Lebewesen“ [499] zu erzeugen, das mit einem anderen lebenden oder toten menschlichen Lebewesen genetisch identisch ist[500]. Identität liegt nach Absatz II bei der Identität der Kerngenome vor. Der Einwand, der Zellkerntransfer würde als Klonierungsmethode innerhalb der Konvention nicht hinreichend ge-

---

tretbar.“ Für eine Unterzeichnung auch Honnefelder „Das Menschenrechtsübereinkommen zur Biomedizin des Europarates“ in: Jahrbuch für Wissenschaft und Ethik Bd. 2 (1998), S. 305 (318) unter besonderer Berücksichtung der einheitlichen Mindestanforderung zum Embryonenschutz.

[495] vgl. Stellungnahme von Deutsch im Rechtsausschuss des Bundestages: „Mein: Fazit, Herr Vorsitzender, Sie können das unterschreiben oder nicht unterschreiben, Sie können das ratifizieren oder nicht ratifizieren. Ich denke, es wird sich nichts ändern.“; differenziert äußert sich auch Barth in seiner Anhörung.

[496] Der Bundesrepublik Deutschland ist es nicht verwehrt, Zusatzprotokolle zum Menschenrechtsübereinkommen zur Biomedizin zu erarbeiten, obwohl die Bundesrepublik des MÜB nicht unterzeichnet hat.

[497] Unterzeichnet haben die bereits oben genannten Staaten, die das Menschenrechtsübereinkommen zur Biomedizin ebenfalls unterzeichnet haben, mit Ausnahme von Bulgarien. Ratifiziert haben bereits Georgien, Griechenland, Portugal, Rumänien, Slowakei, Slowenien und die Tschechische Republik.

[498] vgl. Art. 31 MÜB und Art. 4 des Zusatzprotokolls.

[499] Die Übersetzung “menschliches Lebewesen” ist auf Kritik gestoßen, da sie den wirklichen Wortsinn von „human being“ verkehrt, doch gibt sie die deutsche Interpretation der unbestimmten Begrifflichkeiten des MÜB folgerichtig wider. Im englischen Originaltext heißt es: “Any intervention seeking to create a human being genetically identical to another human being, whether dead or alive, is prohibited.”

[500] In Ziff. 2 des Erläuternden Bericht zum Zusatzprotokoll wird deutlich gemacht, das es sich bei der Anwendung von Klonierungstechniken auf den Menschen um verschiedene Fallgruppen handelt: zum einen gibt es die ethisch akzeptable Technik des Klonens von Zellen, des Weiteren den weltweit umstrittenen Gebrauch embryonaler Zellen im Rahmen von Klonierungstechniken und schließlich der ethisch verwerfliche Fall des Klonens von menschlichen Lebewesen. Allein dieser letzte Fall unterliegt dem Zusatzprotokoll, wohingegen der zweit Fall in einem noch zu erstellendem Zusatzprotokoll zum Embryonenschutz Beachtung finden soll.

würdigt, verbietet sich damit.[501] Die marginalen genetischen Unterschiede zwischen Zellspender und Klon bei der Technik des Zellkerntransfers werden ja gerade dadurch berücksichtigt, dass allein auf die genetische Identität der Kerngenome abgestellt wird.[502] In Verbindung von MÜB und Zusatzprotokoll wird der Zellkerntransfer einer zuvor genetisch veränderten Zelle in eine enucleirte Eizelle ebenfalls erfasst. Dem tragen das Verbot der Erzeugung von Embryonen zu Forschungszwecken (Art. 18 II MÜB) und die verbotene Veränderung des menschlichen Genoms (Art. 13 MÜB) bereits hinreichend Rechnung. Nach Ziff. 6 der Erläuterung zum Zusatzprotokoll obliegt es jedoch allein dem innerstaatlichen Recht, die Reichweite des Begriffs „human being" für die Anwendung des Protokolls festzulegen.[503] Je nach Interpretation fällt bereits die entwicklungsfähige Eizelle als „menschliches Lebewesen" oder erst der geborene Mensch unter das Klonverbot. Daher kann das Verbot des Klonens kein absolutes Verbot zum Klonen menschlicher Embryonen darstellen, so lange dies zu einem anderen Zweck als der Entwicklung eines Menschen geschieht. Wird somit nach innerstaatlichem Recht die Anwendung des sog. „therapeutischen Klonens" erlaubt und der Begriff „human being" im Zusatzprotokoll in konformer Weise interpretiert, liegt kein Verbot dieser Praktik nach dem Zusatzprotokoll zum MÜB vor.
Die damalige deutsche Bundesregierung hat der Annahme im Ministerkomitee zugestimmt, da sie bezüglich der Anwendung von Klonierungstechniken auf den Menschen die deutschen Regelungen durch das Zusatzprotokoll bestätigt sah.

3. Europäisches Parlament: Entschließung zum Klonen von Menschen

Das Europäische Parlament hat sich bereits in verschiedenen Entschließungen gegen die Anwendung von Klonierungstechniken auf den Menschen ausgesprochen.[504] Dabei wurde sowohl der Einsatz von Klonierungstechniken zu reprodukti-

---

[501] a.A. Emmrich „Abschied vom Nürnberger Kodex" S. 341 (348), der anscheinend Art. 1 II des Zusatzprotokolls übersieht.

[502] Im Übrigen stellt die Erläuterung des Entwurfes für das Zusatzprotokoll dies auch noch einmal ausdrücklich in Ziff. 2 und 7 heraus.

[503] Ziff. 6 des Zusatzprotokolls zum Übereinkommen zum Schutz der Menschenwürde im Hinblick auf die Anwendung von Biologie und Medizin über das Verbot des Klonens von menschlichen Lebewesen, so heißt es: "In conformity with the approach followed in the preparation on the Convention of Human Rights and Biomedicine it was decided to leave it to domestic law to define and to scope the expression "human being" for the purposes of the application of the present protocol.". Um einen umfassenden Schutz vor der Anwendung von Klonierungtechniken auf den Menschen zu schaffen, wird in neueren Übersetzungen der Begriff „human being" in Deutschland nicht mehr mit Mensch, sondern mit „menschlichem Lebewesen" übersetzt. Damit soll deutlich werden, dass das menschliche Leben bereits in seinen frühesten Entwicklungsphasen dem Zusatzprotokoll unterliegt. Die Niederlande haben einen ausdrücklichen Vorbehalt im Sinne des Art. 36 MÜB erklärt, der in entsprechender Weise auch auf das Zusatzprotokoll anzuwenden ist, dass sie unter „human being" allein den geborenen Menschen verstehen.

[504] Entschließung zur Klonierung menschlicher Embryos vom 12.03.1993, ABl. C 315/224 vom 22.11.1993; Entschließung zum Klonen von Tieren und Menschen vom 12.03.1997, ABl. C

ven als auch zu Forschungszwecken für eine regenerative Medizin verurteilt.[505] In seiner Entschließung zum Klonen von Menschen vom 07.09.2000[506] erklärt das Europäische Parlament nun auch ausdrücklich, „dass das „therapeutische Klonen", das die Produktion menschlicher Embryonen allein zu Forschungszwecken impliziert, ein grundlegendes ethisches Dilemma aufwirft, eine nicht wieder rückgängig zu machende Grenzüberschreitung der Forschungsnormen darstellt und der öffentlich vertretenen Politik der europäischen Union widerspricht". Des Weiteren wird die Regierung des Vereinigten Königreiches aufgefordert, „ihre Position zum Klonen menschlicher Embryonen zu überprüfen, und [...], von ihrer Gewissensentscheidung Gebrauch zu machen und gegen den Vorschlag zu stimmen, wonach die Verwendung von durch Zellkernübertragung produzierten Embryonen in der Forschung erlaubt werden soll". Ferner werden die Mitgliedstaaten ersucht, Rechtsvorschriften gegen das Klonen zu erlassen und strafrechtliche Sanktionen für Fälle von Zuwiderhandlungen zu verhängen. Bei der Forschung an humanen Stammzellen sollen Stammzellen Erwachsener nach dem Beschluss des Parlaments vorrangig benutzt, sowie bei der IVF – Behandlung die Erzeugung „überzähliger Embryonen" verhindert werden. In seinem Beschluss beruft sich das Parlament dabei auf die Entscheidung 1999/167/EG des Rates vom 25. Januar 1999 über ein spezifisches Programm für Forschung, technologische Entwicklung und Demonstration auf dem Gebiet „Lebensqualität und Management lebender Ressourcen" (1998-2002), wonach „keine Forschungstätigkeiten im Bereich der Klonierung unterstützt [werden], die darauf abzielen, den Zellkern einer Keimzelle oder einer embryonalen Zelle durch denn Zellkern eines anderen Individuums zu ersetzen....". Ebenso hebt der Beschluss die Richtlinie 98/44/EG hervor, wonach innerhalb der Gemeinschaft Übereinstimmung besteht, dass der Eingriff in die Keimbahn menschlicher Lebewesen gegen die „öffentliche Ordnung und die guten Sitten" verstößt. Das Europäische Parlament spricht sich somit in seiner Entschließung klar gegen jede Form der Klonierung menschlicher Embryonen aus. Die Entschließung des Parlaments hat jedoch keine verbindliche regulative Kraft, sondern dient vielmehr nur einer Empfehlung an die legislativen europäischen und nationalen Organe.[507]

115/92 vom 14.04.1997; Entschließung zum Klonen von Menschen vom 15.01.1998, ABl. C 34/164 vom 02.02.1998.

[505] vgl. nur Entschließung vom 15.01.1998 (Fn. 399): "... C. whereas the cloning of human beings, whether carried out on an experimental basis, in the context of fertility treatment, preimplantation diagnosis, for tissue transplantation, or for any other purpose whatsoever, is unethical, morally repugnant, contrary to respect for the person and a grave of violation of fundamental human rights which cannot be under any circumstance be justified or accepted....".

[506] B5-0710, 0751, 0753, und 0764/2000, Entschließung vom 7.September 2000.

[507] Callies/Ruffert/Kluthe, Art. 189, Rn.23.

4. Stellungnahme der Europäischen Gruppe für Ethik in den Naturwissenschaften und der neuen Technologie

Die Europäische Gruppe für Ethik in den Naturwissenschaften und der neuen Technologien[508] ist ein unabhängiges, pluralistisches und interdisziplinäres Gremium, das die Europäische Kommission im Hinblick auf ethische Aspekte der Naturwissenschaft und neuen Technologien, sowie der Erarbeitung und Vollziehung von Gemeinschaftsrecht berät. Während ihres ersten Mandats (1998 – 2000) hat die Gruppe Stellungnahmen u.a. zur Embryonenforschung[509] und der Forschung mit menschlichen Stammzellen[510] erarbeitet. Zuvor wurde bereits im Jahre 1997 von der Group of Advisers on the Ethical Implications of Biotechnology eine Stellungnahme zur ethischen Bewertung von Klonierungstechniken erstellt.[511] Hiernach sollte zumindest eine Anwendung solcher Praktiken (sowohl des Zellkerntransfers als auch des embryo-splitting) zu reproduktiven Zwecken verboten werden.[512]

In seiner letzten Stellungnahme erklärt die Gruppe, dass die verschiedenen nationalen Regelungssysteme der EU - Mitgliedstaaten zum Verbot oder der Tolerierung der Forschung mit menschlichen Embryonen jeweils zu respektieren sind. In diesem Sinne hatte sich die Gruppe bereits 1998 geäußert, wobei dem menschlichen Embryo in jedem Fall gesetzlicher Schutz zukommen sollte.[513] In den Fällen, in denen ein Mitgliedsstaat die Forschung mit menschlich Embryonen erlaubt, sind jedoch Regelungen notwendig, die eine willkürliche Forschung und Instrumentalisierung des menschlichen Embryos ausschließen. Soweit Embryonenforschung bereits für die weitere Entwicklung der Fortpflanzungsmedizin gestattet ist, wird eine Verwendung menschlicher Embryonen zur Erforschung schwerer Krankheiten und ihrer Behandlung nach Ansicht der Gruppe ebenfalls als ethisch vertretbar angesehen.[514] Für die Verwendung menschlicher Embryonen zu Forschungszwecken und der Anwendung von Klonierungstechniken sprach die Gruppe verschiedene Empfehlungen aus, wovon folgende im Kontext dieser Arbeit von besonderem Interesse sind:

---

[508] European Group on Ethics in Science and New Technologies (EGE).

[509] Opinion of the European Group on Ethics in Science and New Technologies to the European Commission: "Ethical Aspects of Research involving the Use of Human Embryo in the Context of the 5th Framework Programme", No. 12, November 1998 (Opinion 1998).

[510] Opinion of the European Group on Ethics in Science and New Technologies to the European Commission: "Ethical Aspects of Human Stem Cell Research and Use" No. 15, November 2000 (Opinion 2000).

[511] Opinion of the Group of Advisers on the Ethical Implications of Biotechnology to the European Commission: "Ethical Aspects of Cloning Techniques", No. 9, May 1997 (Opinion 1997).

[512] Opinion 1997, Ziff. 2.6.

[513] Opinion 1998, Ziff. 2.2.

[514] Opinion 2000, Ziff. 2.5.

- Soweit nationales Recht die Forschung mit menschlichen Embryonen zulässt, sollte diese regelmäßig einer staatlichen Kontrollbehörde unterliegen.[515]

- Soweit „überflüssige Embryonen“ aus IVF – Behandlungen zurückgeblieben sind, sind diese vorrangig vor speziell zu Forschungszwecken durch Keimzellverschmelzung erzeugten Embryonen zu verwenden.[516]

- Der potentielle Nutzen der Technik des Zellkerntransfers einer somatischen Zelle in eine entkernte Eizelle zur Sammlung neuer Erkenntnisse über die Reprogrammierbarkeit ausdifferenzierter Zellen wird von der Gruppe anerkannt; ebenso der mögliche Nutzen bei der Herstellung histokompatibler Gewebe. Trotzdem sieht die Gruppe den Einsatz der Zellkerntransfertechnik für Forschungszwecke zur Stammzelltherapie noch als verfrüht an. Zunächst sollte die Forschung mit anderen Stammzellarten, wie z.B. von „überflüssigen IVF – Embryonen“, fetalem Zellgewebe und adulten Stammzellen, vorgehen.[517]

II. Internationale Abkommen und Empfehlungen

1. UNESCO

a) Allgemeine Erklärung über das menschliche Genom und Menschenrechte

Die UNESCO hat 1993 das „Internationale Komitee für Bioethik (IBC)“[518] mit dem Ziel eingerichtet, dass ein weltweites interdisziplinär zusammengesetztes Gremium über alle neuen Fragen der biologischen und medizinischen Wissenschaften beraten soll. In der Zeit von 1993 - 1997 erarbeitete das IBC eine Deklaration zum Schutz des menschlichen Genoms. Diese „Allgemeine Erklärung zum menschlichen Genom und den Menschenrechten“[519] wurde im November 1997 von der 29. Generalversammlung der UNESCO in Paris offiziell beschlossen.

Hierbei handelt es sich um eine Deklaration im Sinne einer politischen Absichtserklärung ohne unmittelbare Rechtsverbindlichkeit für die UNESCO Mitgliedstaaten.[520] Sie hat aber insofern Einfluss, als das sie den 186 Mitgliedstaaten der UNESCO als Rahmenvorschlag für eine jeweilige nationale Regelung für den Bereich der Genforschung und Anwendung von neuen Gen- und Biotechnologien auf den Menschen dient. Die UNESCO – Deklaration verfolgt damit als Prinzipiendeklaration die Zielsetzung „ein Minimum an weltweit einheitlichen Grundsät-

---

[515] Opinion 2000, Ziff. 2.6.
[516] Opinion 2000, Ziff. 2.7.
[517] Opinion 2000, Ziff. 2.7.
[518] International Bioethics Committee of UNESCO.
[519] UNESCO, "Universal Declaration of the Human Genom and Human Rights", Paris 1997.
[520] siehe auch Honnefelder „Stellungnahme aus ethischer Perspektive zur UNESCO-Erklärung“ in: Jahrbuch für Wissenschaft und Ethik Bd. 3 (1998), S. 225 (229).

zen"[521] zur Orientierung der nationalen Gesetzgebung in allen Ländern und deren Harmonisierung im Bereich der Genomforschung zu schaffen. Staaten mit einer geringeren oder überhaupt keiner rechtlichen Einordnung dieses Bereiches sollen nunmehr durch die Deklaration zu einer Regelung angehalten werden.

Inhaltlich versucht die UNESCO – Deklaration die Menschenwürde und die fundamentalen Menschenrechte im Hinblick auf die weitere Entwicklung in der Biomedizin zu schützen. Vielfach ist die Erklärung in ihren Bestimmungen aber nicht abschließend und wenig eindeutig. Die Bereiche der Keimbahnintervention, Genmanipulation sowie der Patentierung von Genen werden schließlich nicht ausdrücklich aufgeführt.[522]

Art. 1 S. 2 der Deklaration erklärt in einem symbolischen Sinne das menschliche Genom zum „Erbe der Menschheit"[523]. Die Forschung am menschlichen Genom darf schließlich keinen „Vorrang ... vor der Achtung der Menschenrechte, Grundfreiheiten und Menschenwürde von Individuen ..."[524] haben. Nach Art. 11 S. 1 der Erklärung sind alle Praktiken, die der Menschenwürde widersprechen, nicht erlaubt. Dazu gehört nach der ausdrücklichen Nennung in Art. 11 S. 1 auch das „reproduktive Klonen". Entsprechende Ausführungen zum sog. „therapeutischen Klonen" macht die Deklaration hingegen nicht. Dies liegt zum einen daran, dass bei der Beschließung der Erklärung diese Praktik noch nicht bekannt war, zum anderen die UNESCO – Deklaration auch die Forschung mit menschlichen Embryonen gerade nicht ausschließen will.[525]

Die Klonierung menschlicher Embryonen zu Forschungszwecken und ihre Verwendung für die regenerative Medizin wird damit gerade nicht durch die UNESCO – Deklaration ausgeschlossen.[526] Nach Art. 24 der UNESCO – Deklaration könnte diese Praktik jedoch zu den Verfahren gehören, die der Menschenwür-

---

[521] Deutsche UNESCO – Kommission, 2. Dossier zum vorläufigen Entwurf einer Allgemeinen Erklärung zum menschlichen Genom und den Menschenrechten, 1.8.1996.

[522] Zur Kritik und Geschichte der UNESCO – Deklaration ausführlich Stellmach „Die Ethik der Bio – Macht", S. 261 ff; zur kritischen Diskussion des Entwurfs in Deutschland Dt. Ärztebl. 1997; 94: S. A –894 „Das Genom darf nicht nutzbar werden".

[523] Art. 1 I UNESCO – Deklaration in ihrem englischen Originaltext: "In a symbolic sense, it is the heritage of humanity.".

[524] vgl. Art. 10 der UNESCO – Deklaration.

[525] vgl. hierzu auch Stellmach „UNESCO – Biopolitik: Neue Technik – Alte Eugenik", S. 303; ein von deutscher Seite eingebrachter Vorschlag zur Begrenzung der Embryonenforschung war bereits im Vorfeld bei der Beratung unter den EU-Partnern nicht konsensfähig; diese liberale Grundhaltung zur Embryonenforschung wird auch durch den Bericht zum Gebrauch embryonaler Stammzellen bestätigt, dazu im Folgenden unter b); krit. hierzu Honnefelder „Stellungnahme aus ethischer Perspektive zur UNESCO-Erklärung" in: Jahrbuch für Wissenschaft und Ethik Bd. 3 (1998), S. 225 (229).

[526] Es bleibt allein der Interpretation der einzelnen Staaten überlassen, Praktiken wie die „verbrauchende Embryonenforschung" bzw. das „therapeutische Klonen" als menschenunwürdig iSd Art. 11 der Erklärung anzusehen, vgl. Honnefelder „Stellungnahme aus ethischer Perspektive zur UNESCO – Deklaration" in: Jahrbuch für Wissenschaft und Ethik, Bd. 3 (1998), S. 225 (228).

de widersprechen könnten, wodurch zunächst eine ethische Prüfung durch das IBC notwendig würde.[527]

b) IBC - Bericht zum Gebrauch humaner embryonaler Stammzellen

Im April 2001 hat das IBC eine eigene Stellungnahme mit Empfehlungen zum Problemkreis humane embryonale Stammzellen mit dem Titel "The Use of Embryonic Stem Cells in Therapeutic Research" herausgebracht. [528] Das IBC kommt dabei zu der Schlussfolgerung, dass der menschliche Embryo in vitro zwar ein Vorläufer des Menschen ist, und als solcher grundsätzlich auch nicht in seiner Entwicklungsfähigkeit gestört werden darf[529], dies jedoch für den „überzähligen IVF – Embryo", der nicht mehr implantiert werden kann, nicht gilt[530]. Dieser, sowie der durch Zellkerntransfer erzeugte „Embryo", der nicht zu reproduktiven Zwecken produziert wurde, haben aufgrund ihrer fehlenden Beziehung zum Mutterleib nicht die Möglichkeit zur Entwicklung zu einem Individuum und können somit nach Ansicht des IBC auch nicht als potentielle Menschen bewertet werden.[531] Soweit nach nationalen Regelungen die IVF – Technik erlaubt ist, soll es dann auch ethisch vertretbar sein, „überzählige Embryonen" für Forschungszwecke und zur Verfolgung therapeutischer Ziele zu verwenden, soweit diese Embryonen ansonsten ohnehin zerstört werden müssten.[532] Nach dem Bericht der IBC muss ferner bei der Verwendung menschlicher Embryonen zu Forschungszwecken danach differenziert werden, ob es sich um Embryonen handelt, die allein zu Forschungszwecken produziert wurden oder ob es sich um Embryonen handelt, die zunächst zu IVF – Zwecken erzeugt wurden und nachträglich überflüssig geworden sind.[533] Der allein zu Forschungszwecken erzeugte Embryo ist dagegen nach der IBC nie zu seinem Selbstzweck, sondern immer allein für fremde Zwecke erschaffen worden. Kommt dem menschlichen Embryo noch nicht der Status einer Person zu, so ist die Verwendung des Embryos für Zwecke, die ihn nicht in seinem moralischen Status als Embryo verunglimpfen, zulässig. Für die Erzeugung menschlicher Embryonen zu Forschungszwecken kommen somit nach der IBC nur hochrangige Zwecke in Betracht, wie dies bei medizinischem Nutzen der Fall ist.[534]

Unter Beachtung und Respektierung der verschiedenen nationalen und internationalen Regelungen, und den innerhalb dieses Berichts gezogenen Schlussfolge-

---

[527] Fulda in: Winter/Fenger/Schreiber, Rn. 520.

[528] United Nations Educational, Scientific, and Cultural Organization: The Use of Embryonic Stem Cells in Therapeutic Research – Report of the IBC on the Ethical Aspects of Human Stem Cell Research, Paris 6. April 2001.

[529] UNESCO – The Use of Embryonic Stem Cells in Therapeutic Research, Ziff. 44 (a).

[530] UNESCO – The Use of Embryonic Stem Cells in Therapeutic Research, Ziff. 44 (b).

[531] UNESCO – The Use of Embryonic Stem Cells in Therapeutic Research, Ziff. 36.

[532] UNESCO – The Use of Embryonic Stem Cells in Therapeutic Research, Ziff. 36.

[533] UNESCO – The Use of Embryonic Stem Cells in Therapeutic Research, Ziff. 45.

[534] UNESCO – The Use of Embryonic Stem Cells in Therapeutic Research, Ziff. 47.

rungen, spricht das IBC verschiedene Empfehlungen an die Mitgliedstaaten aus, die bisher noch über keine Regelungen zur Gewinnung von embryonalen Stammzelllinien verfügen:

- Die Entscheidung über die ethische Einordnung der Gewinnung embryonaler Stammzellen bedarf einer groß angelegten öffentlichen Diskussion in den einzelnen Staaten.[535]

- In welcher Form auch immer Forschung an menschlichen Embryonen gewährt wird, so sollte versucht werden, dass eine solche Forschung einer staatlichen Regulierung unterliegt, welche die Bewahrung ethischer Grundsätze überwacht und Richtlinien in diesem Bereich festsetzt.[536] Bei der Forschung an überzähligen IVF – Embryonen zum Zwecke der Gewinnung von ES – Zellen sollen der Würde und den Rechten beider elterlichen Spendern sowie des Embryos Achtung geschenkt werden.[537] Die Spender sollen ferner über den Verwendungszweck vollständig aufgeklärt werden und müssen ihr freies Einverständnis hierzu erteilen.[538] Zweck der Forschung und Art der Ausführung sind von dem zuständigen unabhängigen Ethik-Komitee zu prüfen.[539]

- Weitere neue Technologien zur Gewinnung humaner Stammzelllinien aus genetisch kompatiblen Quellen zu Transplantationszwecken sollten erprobt werden. Dies schließt sowohl die Forschung AS – Zellen als auch den Zellkerntransfer ein. Vorteile und Risiken dieser neuen Technologien sind mit gebührender Vorsicht abzuwägen. In diesem Zusammenhang stellt das IBC klar, dass der Zellkerntransfer nur für den Bereich der Entwicklung neuer Therapieansätze, nicht aber zu reproduktionsmedizinischen Zwecken eingesetzt werden soll.[540]

- Bei der Forschung mit menschlichen Embryonen soll die Respektierung der Menschenwürde beachtet und die Prinzipien der Allgemeinen Erklärung der Menschenrechte (1948) und der Allgemeinen Erklärung zum menschlichen Genom und den Menschenrechten (1997) gewahrt werden.[541]

---

[535] UNESCO – The Use of Embryonic Stem Cells in Therapeutic Research, Empfehlung A.
[536] UNESCO – The Use of Embryonic Stem Cells in Therapeutic Research, Empfehlung B.
[537] UNESCO – The Use of Embryonic Stem Cells in Therapeutic Research, Empfehlung B.
[538] UNESCO – The Use of Embryonic Stem Cells in Therapeutic Research, Empfehlung B.
[539] UNESCO – The Use of Embryonic Stem Cells in Therapeutic Research, Empfehlung B.
[540] UNESCO – The Use of Embryonic Stem Cells in Therapeutic Research, Empfehlung C.
[541] UNESCO – The Use of Embryonic Stem Cells in Therapeutic Research, Empfehlung E.

2. Weltgesundheitsorganisation

Die Weltgesundheitsorganisation (WHO) hat in ihrer 50. Versammlung ebenfalls einen Beschluss zum Einsatz von Klonierungstechniken in der menschlichen Fortpflanzung gefasst.[542] Danach ist Vervielfältigung von Menschen mittels Klonierungstechniken ethisch unvertretbar.[543] Zum Zeitpunkt des Beschlusses war das sog. „therapeutische Klonen" noch nicht in der Diskussion, sodass sich die WHO in ihrem Beschluss allein auf den Einsatz von Klonierungstechniken zu Reproduktionszwecken festlegen wollte. Die ethischen, wissenschaftlichen und sozialen Implikationen der Anwendung von Klonierungstechniken im Hinblick auf Entwicklungen von neuen Therapien müssen nach dem Beschluss noch geprüft werden. Die Verurteilung des reproduktiven Klonens als ethisch unakzeptabel wird auch während 51. Versammlung der WHO bestätigt. Der potentielle Nutzen für die medizinische Forschung wird wiederholt betont und die Zusammenstellung einer Expertengruppe für die Ausarbeitung internationaler Richtlinien für diesen Bereich gefordert.[544] Die Beschlüsse der WHO haben für die jeweiligen nationalen Gesetzgeber international-rechtlich keinerlei Rechtsverbindlichkeit.

3. Weltärztebund: Deklaration von Helsinki – Ethische Grundsätze für die Medizinische Forschung am Menschen (52. Generalversammlung Edinburgh, Schottland, Oktober 2000)

Im Oktober 2000 wurde in Edinburgh die Deklaration von Helsinki[545] vollkommen neu gestaltet. Seit der Verabschiedung der Deklaration in ihrer Urfassung während der 18. Generalversammlung des Weltärztebundes im Jahre 1964 war dies nach der

542 The World Health Organization, Fiftieth World Health Assembly, Cloning in Human Reproduction (Resolution 50.37, May 1997).

543 The World Health Organization, Fiftieth World Health Assembly, Cloning in Human Reproduction (Resolution 50.37, May 1997).

544 „Ethical, Scientific and Social Implications of Cloning in Human Health" WHA 51.10, 16.05.1998.

545 World Medical Association Declaration of Helsinki – 52nd General Assembley, Edinburgh, Scotland, October 2000 – "Ethical Principles for Medical Research Involving Human Subjects" / Deklaration von Helsinki in der Fassung der 52. Generalversammlung des Weltärztebundes, Edinburgh, Oktober 2000 „Ethische Grundsätze für die medizinische Forschung am Menschen"; 17 c des Handbuches der Deklarationen des Weltärztebundes 2000; Die Deklaration von Helsinki, die 1964 mit dem englischen Originaltitel "Recommendations guiding physicians in biomedical research involving human subjects" von der Generalversammlung von der "World Medical Association" (Weltärztebund, so auch im folgenden Text) angenommen wurde, wurde bereits in den Jahren 1975, 1983, 1989 und 1996 ergänzt. Vertiefende Einblicke in Genese und Inhalt der Helsinki – Deklaration 2000 gewährt Taupitz „Die Neufassung der Deklaration von Helsinki des Weltärztebundes vom Oktober 2000" in: MedR 2001, 277 ff; ebenso ders./Deutsch in: Winter/Fenger/Schreiber, Rn. 527 ff.

völligen Neufassung im Jahr 1975 die zweite große Revision dieses Regelwerkes.[546] Die Deklaration enthält seit jeher lediglich internationales Standesgewohnheitsrecht und eröffnet somit allein Empfehlungen und Selbstverpflichtungsregeln für die Ärzteschaft. Die Deklaration von Helsinki stellt sich daher auch nicht als ein völkerrechtliches Abkommen dar und ist dementsprechend keine Rechtsquelle.[547] Auch wenn sie folglich keinerlei Rechtsverbindlichkeit und Verpflichtung zur Übertragung in innerstaatliches Recht besitzt, werden ihre Grundsätze nahezu in jedem Land als Standesrichtlinien angewandt.[548] In Deutschland sind gem. § 15 IV Muster-Berufsordnung für die deutschen Ärztinnen und Ärzte diese verpflichtet, bei der Forschung am Menschen die Deklaration von Helsinki zu beachten.[549] In ihrer Fassung ab 1975 wurde die Deklaration[550] in drei Bereiche unterteilt: (a) einem Teil mit allgemeinen Grundsätzen, (b) einem weiteren Bereich der wissenschaftlichen Forschung am Menschen in Verbindung mit ärztlicher Versorgung im Sinne von klinischen Versuchen und (c) schließlich einem Abschnitt, der sich mit der biomedizinischer Grundlagenforschung am Menschen, die nicht zu therapeutischen Zwecken erfolgt, befasst.[551] Diese Unterteilung machte deutlich, dass eine gewichtige Trennung zwischen klinischen und nichtklinischen Versuchen am Menschen bezweckt wurde.[552] Die während der 52. Hauptversammlung in Edinburgh beschlossene Neufassung der Deklaration zerfällt zwar ebenfalls in drei Teile, wobei jedoch von nun an auf eine Unterscheidung zwischen therapeutischer und nichttherapeutischer (rein wissenschaftlicher) Forschung verzichtet wird. Die Unterteilung zerfällt jetzt in (a) A. Einleitung, (b) B. Grundlegende Prinzipien medizinischer Forschung und (c) C. Ergänzende Prinzipien für medizinische Forschung in Verbindung mit medizinischer Versorgung. Ein entscheidender Unterschied zur vorhe-

---

546 Eine vollständige Umstrukturierung der Deklaration forderte zunächst 1997 die American Medical Association. Diese Änderungsvorschläge beinhalteten jedoch die Aufhebung verschiedener Schutzprinzipien und stießen daher insbesondere in Europa auf heftige Kritik. Nach Einschaltung eines internationalen Gremiums wurde die Neufassung am 7.10.2000 einstimmig von den 44 Mitgliedstaaten in Edinburgh verabschiedet.

547 Taupitz/Schelling „Mindeststandards als realistische Möglichkeit", S. 94 (102); ders./Deutsch S. 3, Ziff. II; Deutsch/Taupitz in: Winter/Fenger/Schreiber, Rn. 542.

548 Taupitz/Deutsch, S. 3, Ziff. II.

549 Taupitz/Deutsch, S. 3, Ziff. II; in § 15 IV der Muster-Berufsordnung heißt es: „Ärztinnen und Ärzte beachten bei der Forschung am Menschen die in der Deklaration von Helsinki des Weltärztebundes niedergelegten ethischen Grundsätze für die medizinische Forschung am Menschen."

550 Seit der Neufassung der Deklaration von 1975 ist die Deklaration noch dreimal überarbeitet worden, wobei an den Grundprinzipien der Fassung von 1975 jedoch nichts verändert wurde. Die letzte Änderung vor der Revision 2000, fand 1996 in Somerset West in Südafrika im Oktober 1996 statt. Die Deklaration wurde in dieser Version „Empfehlung für Ärzte, die in der biomedizinischen Forschung am Menschen tätig sind" betitelt.

551 Deutsch „Klinische Forschung International: Die Deklaration von Helsinki des Weltärztebundes in neuem Gewand" in NJW 2001, S. 857 (858).

552 Deutsch „Klinische Forschung International: Die Deklaration von Helsinki des Weltärztebundes in neuem Gewand" in NJW 2001, S. 857 (858).

rigen Fassung sticht jedoch bereits zu Beginn der Einleitung hervor: so richtet sich die Neufassung nicht mehr allein an die Ärzteschaft, sondern an jeden, der in der medizinischen Forschung am Menschen tätig ist.[553]

Die Helsinki – Deklaration 2000 macht ferner unmissverständlich die Notwendigkeit der Forschung am Menschen deutlich.[554] Das Grundprinzip, dass in „der medizinischen Forschung [...] Überlegungen, die das Wohlergehen der Versuchsperson (die von der Forschung betroffene Person) betreffen, Vorrang vor den Interessen der Wissenschaft und Gesellschaft"[555] haben, wird bereits in der Einleitung aufgezeigt. Dabei will die Deklaration einen absoluten Mindeststandard an Schutz für den Probanden darstellen, der nicht durch eine liberalere nationale Regelungen unterlaufen werden soll.[556] Während in der Fassung der Deklaration von 1996 der Bereich der Schutzgüter noch relativ unbestimmt war, schafft die Neufassung zwar Rechtssicherheit in der Bewertung[557], äußert sich zu den Bereichen befruchteter Eizellen, Embryonen und Foeten aber nicht ausdrücklich. Gem. A 1 S. 2 der Helsinki – Deklaration 2000 schließt die „medizinische Forschung am Menschen [...] (auch) die Forschung an identifizierbarem menschlichen Material oder identifizierbaren Daten ein". Damit unterliegen bereits auch menschliche Zellstrukturen und Gewebeeinheiten, wie sie auch als humane Stammzellen vorliegen können, der Erklärung. Dies gilt jedoch nicht mehr, sobald diese menschlichen Materialien, wie z.B. bereits isolierte und kultivierte Zelllinien, vom Körper getrennt sind, da die Deklaration allein den Bereich der Forschung am Menschen selbst beinhaltet.[558] Allein ihre Gewinnung zur Verwendung für Forschungszwecke unterfällt schließlich der Helsinki – Deklaration 2000. Für die Erstellung humaner Stammzelllinien gelten somit die ethischen Grundsätze der Deklaration. Die Helsinki – Deklaration spricht ausschließlich von der Forschung am Menschen, weshalb es fraglich erscheint, ob der menschliche Embryo und Foetus ebenfalls der Erklärung unterliegt. Allein die Nichtnennung in der Erklärung kann jedoch nicht als Genehmigung von bestimmten Techniken angesehen werden.[559] So muss auch der lebende Foetus in den Anwendungsbereich der Erklärung fallen, wenn diese umfassenden Schutz des menschlichen Lebens vor klinischen Versuchen

---

[553] vgl. A 1 der Deklaration: „Mit der Deklaration von Helsinki hat der Weltärztebund eine Erklärung ethischer Grundsätze als Leitlinie für Ärzte und andere Personen entwickelt, die in der medizinischen Forschung am Menschen tätig sind."

[554] vgl. A 4 der Deklaration: „Medizinischer Fortschritt beruht auf Forschung, die sich letztlich zum Teil auch auf Versuche am Menschen stützen muss."

[555] A 5 der Deklaration 2000. Auch die Fassung von 1996 enthielt bereits diese Regelung, indem es dort unter Teil III Nr. 4 hieß: „Bei Versuchen an Menschen sollte das Interesse der Wissenschaft und der Gesellschaft niemals Vorrang vor den Erwägungen haben, die das Wohlbefinden der Versuchsperson betreffen." Beachtlicher Weise stand diese Forderung allein in Abschnitt III mit dem Titel "Non-therapeutic biomedical research".

[556] vgl. A 9 der Deklaration 2000.

[557] Deutsch „Klinische Forschung International: Die Deklaration von Helsinki des Weltärztebundes in neuem Gewand" in NJW 2001, S. 857 (859).

[558] Deutsch/Taupitz in: Winter/Fenger/Schreiber, Rn. 538.

[559] Deutsch/Taupitz in: Winter/Fenger/Schreiber, Rn. 538.

den Schutz des menschlichen Lebens vor klinischen Versuchen bezwecken will. Bezüglich des menschlichen Embryos herrscht dagegen mehr Unklarheit, da sein Schutzanspruch in den verschiedenen Kulturkreisen kontrovers beurteilt wird. Mit Blick auf Ziff. A 1 S. 2 der Deklaration sind Embryonen als zumindest entwicklungsfähige menschliche Zellstrukturen vom Schutzbereich der Deklaration mitumfasst.

Eine eingehende Auseinandersetzung mit verschiedenen Problemfeldern der Humangenetik und biotechnologischen Forschung im Zusammenhang mit entwicklungsfähigen menschlichen Zellen liefert die Helsinki – Deklaration 2000 schließlich nicht.[560] Ein Verbot oder Moratorium zur Verwendung und Herstellung von humanen embryonalen Stammzelllinien für Forschungszwecke stellt die Deklaration somit gerade nicht auf. Ebenfalls regelt sie nicht die Fälle der Embryonenforschung sowie die Anwendung von Klonierungstechniken auf den Menschen. Daraus ist zu schließen, dass solche Praktiken nicht gänzlich ausgeschlossen werden sollen. Die Anwendung dieser Praktiken fordert jedoch die Einhaltung der allgemeinen ethischen Grundsätze, wie sie u.a. in A 5 der Deklaration festgelegt sind.

D. Vergleichende Analyse nationaler und internationaler Regelungen und Vereinbarungen

Das deutsche Embryonenschutzgesetz sowie der englische Human Fertilisation and Embryologie Act sind im Gegensatz zum Fortpflanzungsmedizingesetz der Schweiz gesetzliche Regelungen, die speziell den rechtlichen Schutz des Embryos in seinen frühesten Entwicklungsphasen umfassend regeln wollen. Einen solchen universellen Schutz möchte das Fortpflanzungsmedizingesetz der Schweiz nicht gewähren. Hierbei handelt es sich schließlich nicht um ein spezielles Gesetz zum Schutz menschlicher Embryonen, vielmehr beschränkt sich der Regelungsgehalt auf die Anwendung neuerer Fortpflanzungstechnologien und die damit verbundenen Konsequenzen für den menschlichen Embryo. Der schweizerische Gesetzgeber hat jedoch in entsprechender Weise mit dem Stammzellforschungsgesetz reagiert, dessen Regelungsgehalt gerade die Nutzung „überflüssiger Embryonen" beinhaltet. Nach dem Fortpflanzungsmedizingesetz und dem Stammzellforschungsgesetz der Schweiz[561] sowie nach dem deutschen Embryonenschutzgesetz[562] liegt ein menschlicher Embryo mit der Verschmelzung der Kerne der Gameten vor, der von diesem Zeitpunkt an grundsätzlich der fremdnützigen Verwendung enthoben sein soll. Ausnahmen regelt in der Schweiz das Stammzellforschungsgesetz. Der englische Human Fertilisation and Embryology Act 1990 erklärt die befruchtete

[560] Siehe hierzu auch Taupitz „Die Neufassung der Deklaration von Helsinki des Weltärztebundes vom Oktober 2000" in: MedR 2001, S. 277 (285).
[561] vgl. Art. 2 i FMedG.
[562] vgl. § 8 I ESchG.

Eizelle zum Embryo, wenn die Befruchtung vollständig abgeschlossen ist.[563] Dies ist nach dem HFE Act 1990 regelmäßig erst dann der Fall, wenn sich eine zweizellige Zygote gebildet hat.[564] Der Embryo unterliegt im englischen Rechtsraum einer anderen ethisch-moralischen und rechtlichen Einstufung. Das Lebensrecht des Embryos ist danach grundsätzlich abwägungsfähig. Bezüglich der Forschung am menschlichen Embryo bedeutet dies folglich, dass auch der HFE Act 1990 die liberalste Regelung beinhaltet. Bis zum 14. Tag p.c. bzw. der Bildung des Primitivstreifens können Anträge zur Forschung an menschliche Embryonen von der HFEA bewilligt werden, soweit die Vorhaben den Bewilligungsgründen des Kataloges des HFE Act 1990 bzw. der HFE Regulations 2001 entsprechen. Nach den letztgenannten Regelungen, können nunmehr grundsätzlich Genehmigungen von der HFEA zur Gewinnung von ES – Zellen erteilt werden. Bei den zu diesen Zwecken verwendeten Embryonen kann es sich um „überzählige IVF – Embryonen", aber auch um eigens zu diesen Zwecken erzeugte Embryonen handeln. Der Bereich der Forschung mit menschlichen Embryonen und ihre Nutzung zur Gewinnung von ES – Zellen ist nach Schweizer Recht nur lückenhaft geregelt. Die „verbrauchende Embryonenforschung" ist nach dem FMedG nur dann sanktioniert, wenn gerade zu diesem Zwecke Embryonen erzeugt werden. Handelt es sich um jedoch um „überzählige IVF – Embryonen", so fällt eine Nutzung dieser nicht unter das FMedG. Auch die Verwendung durch Zellkerntransfer gewonnener Embryonen fällt nicht unter Regelungen des FMedG. Eine erschöpfende restriktive Regelung zu diesem Bereich enthält allein das deutsche Embryonenschutzgesetz. „Verbrauchende Embryonenforschung" ist in jedem Fall nach dem ESchG verboten und strafbewehrt. Dies wird insbesondere auch dadurch deutlich, dass eine Ausdehnung des Embryobegriffes auf jede einem Embryo entnommene, entwicklungsfähige totipotente Zelle allein vom deutschen Embryonenschutzgesetz vorgesehen ist.[565]

Ebenso restriktiv wird nach dem Embryonenschutzgesetz die Anwendung von Klonierungstechniken –unabhängig von ihrem Zweck– auf den Menschen geregelt.[566] Diese Rechtslage ergibt sich wohl auch in der Schweiz nach dem Fortpflanzungsmedizingesetz, ist aber nicht eindeutig.[567] Allein der HFE Act 1990 erfasst die Anwendung von Klonierungstechniken nach der Zellkerntransfermethode auf den Menschen nicht. Das „reproduktive Klonen" ist seit kurzem spezialgesetzlich durch den HRC Act 2001 pönalisiert. Die Anwendung der Zellkerntransfertechnik zu anderen Zwecken als der Klonierung menschlichen Erbgutes, wie z.B. zur Erforschung und Verhinderung mitochondrialer Erkrankungen, ist des Weiteren allein in Großbritannien genehmigungsfähig. In Deutschland ist es hingegen umstritten, ob dieser Sachverhalt vom Embryonenschutzgesetz erfasst wird. Nach der hier vertretenen Ansicht ist dies jedoch der Fall. Nach der BV und dem

[563] vgl. Paragraph 1 (1) (a) HFE Act 1990.
[564] Paragraph 1 (1) HFE Act 1990.
[565] § 8 I ESchG.
[566] § 6 ESchG.
[567] Art. 36 FMedG.

FMedG der Schweiz stellt jeder manipulierende Eingriff in die menschlichen Keimbahnen einen Rechtsverstoß dar. Dies gilt in gleicher Weise für den Oozyten - Transfer zu präventiv therapeutischen Zwecken für das Kind, wie auch für das Einfügen einer genetisch veränderten somatischen Zelle in eine entkernte Eizelle. Dieser letztgenannte Fall wird von dem deutschen Embryonenschutzgesetz nicht erfasst und ist in Großbritannien zu Forschungszwecken bewilligungsfähig.

Die Forschung an und Verwendung von pluripotenten Stammzellen ist schließlich in allen dargestellten Rechtssystemen legal. Dies gilt nicht allein für ES – Zellen, sondern auch in Bezug auf alle anderen humanen Stammzellarten, wobei die Art der Gewinnung und ihre Verwendung in Forschung und Therapie insbesondere standesrechtlichen Regeln unterliegt.

Die internationalen Regelungen, unabhängig davon, dass sie für die Bundesrepublik Deutschland nicht verbindlich sind, führen allein rechtliche Mindeststandards auf, die durch die weit strengeren Regelungen in Deutschland erfüllt werden. Auf europäischer Ebene ist ein klare Stellung insbesondere zum Bereich des „therapeutischen Klonens" nicht erkennbar. Die EU – Grundrechte Charta lässt diesen Bereich offen[568], ebenso spricht sich das Zusatzprotokoll zum MÜB über das Verbot des Klonens menschlicher Lebewesen nicht absolut gegen die Anwendung von Klonierungstechniken auf den Menschen aus[569]. Allein das Klonen zu reproduktiven Zwecken unterliegt jeweils einem ausdrücklichen Verbot. Das europäische Parlament äußert dagegen ernste Bedenken auch gegen das „therapeutische Klonen"[570], ebenso wie sich auch die Gruppe für Ethik in den Naturwissenschaften und den neuen Technologien gegenwärtig gegen die Anwendung dieser Praktik ausspricht[571].

Die UNESCO – Deklaration verurteilt ebenso wie auch die WHO schließlich allein das reproduktive Klonen[572]; in diesem Sinne äußert sich auch die IBC in ihrer Stellungnahme, wonach die Embryonenforschung und Gewinnung von ES – Zellen auch mittels Zellkerntransfertechnik sogar befürwortet wird[573].

Unter allen internationalen und nationalen Regelungen besteht schließlich ein Rechtseinklang nur dahingehend, als dass die Anwendung von Klonierungsmethoden in der Fortpflanzungs- und Reproduktionsmedizin verurteilt wird.

---

[568] vgl. 3. Kapitel C I 1.
[569] vgl. 3. Kapitel C I 2 b).
[570] vgl. 3. Kapitel C I 3.
[571] vgl. 3. Kapitel C I 4.
[572] vgl. 3. Kapitel C II 1 a).
[573] vgl. 3. Kapitel C II 1 b).

4. Kapitel: Embryonenschutz und Strafrecht

Die herausragende Frage bei den naturwissenschaftlichen aber auch globalen rechtlichen und politischen Entwicklungen der jüngsten Zeit ist, ob die deutschen Regelungen zum Embryonenschutz *de lege lata* diesem Standard noch zu entsprechen vermögen, bzw. eine strafrechtliche Reglementierung der „verbrauchenden Embryonenforschung" und Anwendung von Klonierungstechniken auf den Menschen für eine Regelung *de lege ferenda* überhaupt notwendig und geboten erscheint. Wie bereits in dem vorherigen Kapitel deutlich wurde, kann das deutsche Embryonenschutzgesetz verschiedene, sich von der sozial-ethischen Bedenklichkeit her jeweils entsprechende Sachverhalte, nicht hinreichend in gleicher Weise abdecken. Eine Neukonzeption des Embryonenschutzgesetzes ist schon daher überdenkenswert. Auch scheint es erforderlich, die in vielerlei Hinsicht nicht sehr eindeutigen und damit auch strittigen Regelungsbereiche des Embryonenschutzgesetzes den neuesten Entwicklungen anzupassen und bestehende Rechtsunsicherheiten zu beseitigen. Eine gesetzliche Neugestaltung wirft aber vornehmlich die Frage auf, ob und inwieweit es für den Bereich des Embryonenschutzes bei der Gewinnung humaner ES – Zelllinien, sowie für die Erzeugung von totipotenten Zellen mittels Klonierungstechniken überhaupt strafrechtlicher Sanktionsregelungen bedarf. Durch die Einführung des Art. 74 I Nr. 26 GG steht dem Bundesgesetzgeber nunmehr auch die Möglichkeit zu, die Bereiche um die in-vitro-Fertilisation, die Untersuchung und Manipulation von Erbinformation sowie die Transplantationsmedizin bundesgesetzlich umfassend zu regeln. Der Rückgriff auf das Strafrecht zur Begründung einer Regelungskompetenz (Art. 74 I Nr. 1 GG) ist somit nicht mehr gegeben. Im Vorfeld weiterer Überlegungen zu einer möglichen Novellierung des Embryonenschutzes in Deutschland stellt sich daher zunächst die Frage, wann grundsätzlich die strafrechtliche Regelung einer Materie angezeigt ist und ob die dafür notwendigen Voraussetzungen im Falle des Embryonenschutzes in den hier zu behandelnden Fällen tatsächlich auch gegeben oder sogar zwingend sind.

A. Anwendbarkeit des Strafrechtes

Das Strafrecht wirkt als das schärfste Eingriffsmittel des Staates und muss daher in besonderem Maße den Anforderungen des Rechtsstaatsprinzips und dem daraus resultierenden Verhältnismäßigkeitsprinzip entsprechen.[582] Der Unrechtsgehalt eines beanstandeten Verhaltens muss mit der strafrechtlichen Sanktion im Sinne einer Verhältnismäßigkeit im engeren Sinne korrespondieren, es muss mithin zunächst ein *strafwürdiges* Verhalten vorliegen.[583] Um die Bedeutung und Notwendigkeit strafrechtlicher Regelung im Vergleich zu anderen – eingriffsärmeren – Rege-

---

[582] Günther „Die Genese des Straftatbestandes" in: JuS 1978, S. 8 (14); BVerfGE **35**, 382 (400f.).
[583] Günther „Die Genese des Straftatbestandes" in: JuS 1978, S. 8 (13); Sternberg-Lieben, S. 124; ders. „Gentherapie und Strafrecht" in: JuS 1986, S. 673 (676).

lungsmöglichkeiten zu veranschaulichen, ist es geboten, sich zunächst der Aufgabe des Strafrechts im Gefüge des Kataloges gesetzlicher Regelungsmöglichkeiten bewusst zu werden. Das Strafrecht muss sich dabei als das notwendige Mittel zur Erreichung des Regelungszweckes erweisen. Andere Mittel von geringerer Eingriffsintensität dürfen nicht ausreichen, mithin muss ein *Strafbedürfnis* bestehen.[584] Schließlich muss das Mittel des Strafrechtes auch tatsächlich geeignet sein, den verfolgten Zweck zu erreichen *(Straftauglichkeit)*.

I. Strafwürdigkeit

Die Aufgabe des Strafrechtes besteht vornehmlich darin, sozialschädliches Verhalten zu reglementieren, wobei lediglich moralwidrige Verhaltensmuster vom Regelungsumfang ausgeklammert bleiben müssen.[585] Das Strafrecht kann aufgrund seiner hohen Eingriffsqualität immer nur eine unterste Schwelle von gesellschaftlich allgemein anerkannten Moralvorstellungen und Werten berücksichtigen, nicht aber die Fälle, bei denen Beeinträchtigungen gesellschaftspolitisch nicht als Eingriff in Individualrechte oder Rechte der Allgemeinheit angesehen werden können. Strafrechtliche Normierung ist aber immer dann angezeigt, wenn eine Handlung einen Verstoß gegen die obersten moralischen Prinzipien darstellt und dabei, bzw. gerade dadurch, in hohem Maße sozialschädlich ist. Das ist zumindest dann der Fall, wenn durch die Handlung ein „unmittelbar bestimmbares Rechtsgut verletzt wird"[586]. Die Sozialschädlichkeit eines Verhaltens konkretisiert sich also regelmäßig in der Verletzung fremder „Rechtsgüter". Als Kurzformel bedeutet dies: Das Strafrecht dient als das gesetzgeberische Mittel zum Rechtsgüterschutz.[587] Strafwürdigkeit liegt dabei immer dann vor, wenn der Unrechtsgehalt einer Handlung besonders massiv und gravierend ist und es sich um eine „die Rechts- und Sozialordnung elementar beeinträchtigende Handlung" handelt.[588] Dabei gibt die Verfassung wichtige Leitlinien, welche Rechtsgüter als besonders schützenswert anzusehen sind.[589] Je höher der verfassungsrechtliche Wert eines Rechtsgutes einzustufen ist, desto eher ist es dann auch gerechtfertigt, dieses mit einer strafrechtlichen Bestimmung zu schützen.[590] Eine potentielle Beeinträchtigung des zu schützenden Rechtsgutes muss dann im Rahmen der praktischen Konkordanz mit möglicherweise entgegenste-

---

[584] Gröner, „Klonen, Hybrid- und Chimärenbildung" S. 293 (304); Günther „Die Genese des Straftatbestandes" in: JuS 1978, S. 8 (11); Sternberg – Lieben, S. 125f.
[585] Günther „Die Genese des Straftatbestandes" in: JuS 1978, S. 8 (9).
[586] BT – Drucksache 04/650, S. 376; Günther „Strafrechtlicher Schutz des menschlichen Embryos", S. 137 (140).
[587] Günther „Die Genese des Straftatbestandes" in: JuS 1978, S. 8 (9); Roxin, Allg. Teil I § 2 A, Rn. 1; Maurach/Zipf, Allg. Teil I, § 19, Rn. 4; Jescheck/Wiegend, Allg. Teil, § 1 III 1.
[588] Günther „Die Genese des Straftatbestandes" in: JuS 1978, S. 8 (12).
[589] BVerfGE **27**, 18 (29); Gröner „Klonen, Hybrid- und Chimärenbildung", S. 293 (305).
[590] BVerfGE **39**, 1 (42); Günther „Die Genese des Straftatbestandes" in: JuS 1978, S. 8 (13); Sternberg-Lieben „Gentherapie und Strafrecht" in: JuS 1986, S. 673 (676).

henden Rechtsgütern abgewogen werden.[591] Die Verletzung eines Rechtsgutes indiziert schließlich auch immer das Erfolgsunrecht einer Tat.[592]

Eine strafrechtliche Regelung zum Schutz des frühen Embryos (in vitro), wie sie bisher im Embryonenschutzgesetz normiert ist, ist also Aufgabe gesetzgeberischer Pflichterfüllung, wenn es sich bei dem menschlichen Embryo um ein selbstständiges von der Verfassung geschütztes hochrangiges Rechtsgut handelt. Eine Nichterfüllung des Gesetzgebungsauftrages könnte dann vielmehr den Tatbestand des verfassungsrechtlichen Untermaßverbots erfüllen.[593] Die Frage nach einer möglichen Änderung des Embryonenschutzgesetzes setzt somit zunächst zwingend eine Auseinandersetzung mit dem rechtlichen Status des menschlichen Embryos voraus. Um den Anwendungsbereich strafrechtlicher Sanktion zu eröffnen, müssen die Nutzung humaner Embryonen zu Forschungszwecken und zur Erzeugung von ES – Zelllinien sowie die Erzeugung von totipotenten Zellen und Verwendung solcher zu eben diesem Zweck die Verletzung von hochrangigen Rechtsgütern darstellen und nicht in anderer Weise eingriffsärmer geregelt werden können. In gleicher Weise müsste schließlich auch der Einsatz von Klonierungstechniken zu reproduktiven Zwecken zunächst eine Rechtsgutsverletzung darstellen, um den Rückgriff auf eine strafrechtliche Regelung zu ermöglichen.

1. Der Embryo als von der Verfassung geschütztes Rechtsgut

Notwendige Voraussetzung bei allen im Kontext dieser Arbeit zu diskutierenden Praktiken ist also das Vorliegen von Rechtsgütern, die durch Anwendung der einzelnen Verfahren verletzt werden könnten. Die Subsumtion eines Gegenstandes unter den kriminalpolitisch verbindlichen Rechtsgutbegriff muss dabei seine Ursprünge in der sozialethischen Wertordnung unserer Verfassung finden. Dem Strafrecht kommt die Aufgabe zu, die elementaren Grundwerte des Gemeinschaftslebens zu sichern, die Erhaltung des Rechtsfriedens im Rahmen der sozialen Ordnung zu gewährleisten und das Recht im Konfliktfalle gegenüber dem Unrecht durchzusetzen.[594] Rechtsgüter in diesem Sinne sind dabei vor allem die Lebensgüter, Sozialwerte und rechtlich anerkannte Interessen des Einzelnen oder der Allgemeinheit. Der strafrechtliche Schutz des menschlichen Embryos kommt damit nur in Betracht, wenn sein Leben selbst ein taugliches Rechtsgut darstellt bzw. der Lebensschutz und die Bewahrung vor fremdnütziger Verwendung in besonderem Maße den Interessen der Allgemeinheit entspricht. Dem erzeugten menschlichen Embryo steht auf der anderen Seite bei der zugrundeliegenden Problematik u.a. die schrankenlos gewährleistete Forschungsfreiheit nach Art. 5 III GG in seinen Rechten gegenüber. Handelt es sich bei ihm nicht um ein eigenständiges von der Verfas-

---

[591] Gröner „Klonen, Hybrid- und Chimärenbildung", S. 293 (305); Sternberg-Lieben „Gentherapie und Strafrecht" in: JuS 1986, 673 (676).
[592] Jescheck/Weigend, Allg. Teil, § 1 III 1.
[593] vgl. BVerfGE, **39**, 1 (1, Leitsatz 4).
[594] BVerfGE **51**, 324 (343).

sung geschütztes Rechtsgut, so ist sein allein moralischer Status einer Abwägung mit dem nur durch verfassungs-unmittelbare Schranken beschränkbaren Grundrecht der Forschungsfreiheit nicht mehr zugänglich, sondern muss diesem Recht stets unterliegen.

a) Der Status des Embryos im einfachen Recht

Auch wenn die Regelungen des einfachen Rechtes keine verbindlichen Interpretationsmaßstäbe für die ranghöheren Verfassungsnormen darzustellen vermögen, so offenbaren sie in eindrucksvoller Weise den kaum spürbaren rechtlichen Status, den der menschliche Embryo in seinen frühesten Entwicklungsphasen gegenwärtig zumindest positiv-rechtlich und gesellschaftspolitisch hat.

aa) Die Einordnung des Embryos nach zivilrechtlichen Gesichtspunkten

Eine zivilrechtliche Regelung zur Bestimmung des menschlichen Lebensbeginns gibt es nicht. Allein der Beginn der Rechtsfähigkeit ist positiv im BGB normiert. Nach § 1 BGB beginnt die Rechtsfähigkeit des Menschen, also die Fähigkeit einer Person, Träger von Rechten und Pflichten zu sein, mit der Vollendung der Geburt. Dies ist regelmäßig erst mit dem vollständigen Austritt des lebenden Kindes aus dem Mutterleib der Fall.[595] Aber auch vorgeburtlich findet der Nasciturus bereits in verschiedener Weise durch das BGB Beachtung. So ist dieser nach der gesetzlichen Fiktion des § 1923 II BGB erbfähig und Ersatzansprüche einer geborenen Person können nach § 844 II BGB auch dann bestehen, wenn der Anspruchsberechtigte im Zeitpunkt der Handlung noch nicht geboren, aber bereits erzeugt war. Auch wird der Nasciturus im Deliktsrecht als „ein anderer" iSd § 823 I BGB angesehen, soweit es sich um eine vorgeburtliche Schädigung handelt.[596] Die Entstehung deliktischer Ansprüche setzt dabei regelmäßig den Eintritt der Rechtsfähigkeit und somit die Geburt voraus. Allein die Verletzungshandlung kann im vorgeburtlichen Bereich liegen. Des Weiteren kann der Nasciturus bereits beim Vertrag zugunsten Dritter bedacht werden (§ 331 II BGB) und auch im Rahmen eines Vertrages mit Schutzwirkung zugunsten Dritter Beachtung finden[597]. Schließlich kennt das BGB noch die Pflegschaft für die Leibesfrucht nach §§ 1912f BGB. Unabhängig von der Rechtsfähigkeit des Menschen wird als ein weiterer maßgeblicher Zeitpunkt im Zivilrecht auf die Erzeugung abgestellt. So finden sowohl die deliktischen Ansprüche sowie § 1923 II nur beim bereits Erzeugten Anwendung. Für den Zeitpunkt der Erzeugung stellt die h.M. im Zivilrecht auf den Abschluss der Einnistung des be-

---

[595] Heinrichs in: Palandt, § 1, Rn. 2.
[596] Heinrichs in: Palandt, § 1, Rn. 6.
[597] Heinrichs in: Palandt, § 328, Rn. 16.

fruchteten Eies in die Gebärmutter ab.[598] In gleicher Weise gilt dies auch für die Fälle der in-vitro-Fertilisation. Auch wenn das BGB den Embryo in verschiedenen Regelungen bedenkt und ihm sogar eine Teilrechtsfähigkeit zuspricht, bleibt Voraussetzung für einen endgültigen Rechtserwerb immer noch die Geburt.

bb) Die Einordnung des Embryos im Lichte des Strafrechts

Das StGB setzt für die Anwendung der Tötungs- und Körperverletzungsdelikte eine Handlung gegen einen anderen lebenden Menschen voraus. Unabdingbare Tatbestandsvoraussetzung ist somit regelmäßig ein lebender Mensch. Im Strafrecht wird dabei auf den Beginn des Geburtsaktes abgestellt[599], sodass bereits mit dem Beginn der Eröffnungswehen das Kind als Mensch und somit als taugliches Tatobjekt iSd der Tötungsdelikte nach §§ 211 ff angesehen werden muss[600]. Anders als für die Beurteilung der Rechtsfähigkeit im Zivilrecht ist eine Vollendung der Geburt somit für die strafrechtliche Beurteilung nicht notwendig. Einen vorgeburtlichen Lebensschutz gewährt das StGB allein in den Fällen des Schwangerschaftsabbruches. Ein solcher ist gem. § 218 I 2 StGB grundsätzlich nur dann strafbar, soweit die Einnistung des befruchteten Eies in der Gebärmutter bereits abgeschlossen ist, was grundsätzlich mit dem 14. Tag p.c. der Fall sein dürfte. Nicht als Schwangerschaftsabbruch im Sinne des Gesetzes gelten hingegen nach § 218 I 2 StGB also alle Maßnahmen zur Verhinderung der Einnistung des Eies in die Gebärmutterschleimhaut. Damit ist der Einsatz chemischer und physikalischer Nidationshemmer legal. Das Embryonenschutzgesetz, das die Entwicklungsperiode des menschlichen Embryos bis zum 14. Tag p.c. unter einen strafrechtlichen Schutz stellt, schließt allein den *in vitro* erzeugten bzw. befindlichen Embryo in seinen Anwendungsbereich ein. Die befruchtete Eizelle *in vivo* wird somit nicht in jeder ihrer Entwicklungsphasen strafrechtlich geschützt und ist in der Zeit von der Befruchtung bis zur Vollendung der Nidation schutzlos. Erst mit dem Abschluss der Nidation wird die befruchtete Eizelle zur strafrechtlich geschützten „Leibesfrucht".[601] Frühestens ab diesem Zeitpunkt erfüllt die Anwendung von Mitteln, die zur Abtötung der bereits eingenisteten Leibesfrucht dienen, wie die sog. Abtreibungspille, wiederum den Tatbestand des Schwangerschaftsabbruches.[602] Der strafrechtliche Schutz der Leibesfrucht ist aber auch dann nach dem StGB nur relativ. Nach § 218 a I StGB ist der Schwangerschaftsabbruch bis zur 12. Woche zwar rechtswid-

---

[598] Heinrichs in: Palandt, § 1 Rn. 8; Fahse in: Soergel, § 1, Rn. 27; a.A. Habermann/Weick in: Staudinger, § 1, Rn. 23, diese stellen auf den Zeitpunkt der Verschmelzung der Gameten ab, sodass auch der Embryo *in vitro* bereits als bedingter Rechtsträger in Betracht kommt.

[599] Eser in: Schönke/Schröder, Vorbem. §§ 211ff, Rn. 13; früher ergab sich dies schon aus § 217 a.F. StGB, wonach die Tötung eines „in" der Geburt befindlichen Kindes nicht mehr als Schwangerschaftsabbruch, sondern bereits als Tötungsdelikt im engeren Sinne behandelt wurde.

[600] BGHSt 32, 194 mit Anm. Hirsch in: JR 1985, S. 335 (335), a. A. Saerbeck, S. 94 ff.

[601] Eser in: Schönke/Schröder, § 218, Rn. 6.

[602] Tröndle/Fischer, § 218, Rn. 8.

rig aber straffrei, soweit sich die Betroffene einer Beratung unterzogen hat und der medizinisch eingeleitete Abort von einem Arzt vorgenommen wird. Gar nicht erst rechtswidrig ist der Abbruch bei Vorliegen einer *medizinisch-sozialen Indikation* iSd § 218 a II StGB für die gesamte Dauer der Schwangerschaft sowie bei der *kriminologischen Indikation* iSd § 218 a III StGB bis zur zwölften Woche nach der Empfängnis.

Der durch das StGB erteilte vorgeburtliche und postnatale Lebensschutz unterscheidet sich bei der Zuordnung des strafrechtlichen Unrechtsgehalts und in der Strafbewehrung einer jeweiligen Handlung erheblich. Vor dem Abschluss der Einnistung des befruchteten Eies in die Gebärmutter sieht das StGB gar keine Strafbewehrung vor. Die Regelungen des StGB stellen somit das ungeborene menschliche Leben in keiner seiner Entwicklungsphasen dem postnatalen menschlichem Leben gleich und sieht es somit nicht als gleichberechtigtes Leben an, wobei während der praenatalen Phase wiederum eine klare Differenzierung bzgl. des Lebensschutzes vorgenommen wird. Das Embryonenschutzgesetz, das als strafrechtliches Nebengesetz den Entwicklungsbereich vor der Nidation schützt, gewährt ebenfalls keinen umfassenden und den Tötungsdelikten des StGB entsprechenden strafrechtlichen Schutz. Das deutsche Strafrecht gewährt somit offensichtlich einen nach Entwicklungsphasen abgestuften Lebensschutz.[603]

b) Der verfassungsrechtliche Status des Embryos

Im folgenden gilt es darzulegen, dass der menschliche Embryo –entgegen möglicher Vermutungen, die aus den Regelungen des einfachen Rechts resultieren könnten– bereits vom Zeitpunkt der Konzeption an unter verfassungsrechtlichem Schutz steht und durchaus auch als schutzbedürftiges Rechtsgut im kriminalpolitischen Sinne in Betracht kommt. Dabei wird sich in der folgenden Darstellung zeigen, dass dem menschlichen Embryo ein Anspruch an den Staat auf den Schutz seines Lebens nach Art. 2 II GG und Art. 1 I GG von seiner frühesten Entwicklungsphase an zusteht. In diesem Zusammenhang wird sich jedoch ebenfalls ergeben, dass die Intensität des verfassungsrechtlichen Schutzes dem menschlichen Leben gegenüber nicht statisch, sondern in seinem Schutzumfang von verschiedenen Entwicklungsphasen des Embryos abhängig ist. Der Schutzanspruch des menschlichen Embryos ist schließlich in Ausnahmefällen sogar der Abwägung mit anderen hochrangigen Rechtsgütern, wie z.B. der Forschungsfreiheit nach Art. 5 III GG zugänglich.

---

[603] Hierzu: Keller „Beginn und Stufungen des strafrechtlichen Lebensschutzes", S. 111 (118ff); Ulmer, S. 30.

aa) Die Rechtsprechung des Bundesverfassungsgerichtes

In seinen Urteilen zum Schwangerschaftsabbruch hat das BVerfG festgestellt, dass der Grundrechtsschutz sich auch auf den *Nasciturus* erstreckt.[604] Dieser beschränkt sich dabei freilich auf das Recht auf Leben und körperliche Unversehrtheit nach Art. 2 II 1 GG sowie die Menschenwürde nach Art. 1 I GG. *„Jedenfalls"* vom 14. Tage nach der Empfängnis bestehe *„nach gesicherter biologisch-physiologische Erkenntniss"* menschliches Leben.[605] Diesem komme in jeder Entwicklungsphase Menschenwürde zu, die das Lebensrecht des *Nasciturus* begründe. Die Schutzpflicht des Art. 2 II 1 GG verbiete ferner nicht nur staatliche Eingriffe in das geschützte Rechtsgut, sondern beinhalte zugleich auch die Pflicht des Staates, *„sich schützend und fördernd vor dieses Leben zu stellen"*[606]. Das BVerfG wendet für die Begründung des Lebensschutzanspruches des Ungeborenen also Art. 1 I GG und Art. 2 II 1 GG nebeneinander an. Die *„...Würde des Menschseins liegt auch für das ungeborene Leben im Dasein um seiner selbst willen. Es zu achten und zu schützen bedingt, dass die Rechtsordnung die rechtlichen Voraussetzungen seiner Entfaltung im Sinne eines eigenen Lebensrechts des Ungeborenen gewährleistet. Dieses Lebensrecht, das nicht erst durch die Annahme der Mutter begründet wird, sondern dem Ungeborenen schon aufgrund seiner Existenz zusteht, ist das elementare und unveräußerliche Recht, das von der Würde des Menschen ausgeht, es gilt unabhängig von bestimmten religiösen oder philosophischen Überzeugungen, über die der Rechtsordnung eines religiös-weltanschaulich neutralen Staates kein Urteil zusteht."*[607] Die staatliche Schutzpflicht resultiert somit aus Sicht des BVerfG aus Art. 1 I GG, wohingegen das Maß des Lebensschutzes seine Konkretisierung allein durch Art. 2 II 1 GG erfahren soll.[608]

Da das BVerfG die Entwicklungsphase von der Konzeption bis zum Abschluss der Nidation ausdrücklich bei seinen Entscheidungen ausklammert, kann die Rechtsprechung des BVerfG für die Begründung verfassungsrechtlich gewährleisteter Rechte des frühen Embryos nicht unmittelbar herangezogen werden. Jedoch vermögen die vom BVerfG gebrauchten Formulierungen teilweise einen gewissen Tendenzcharakter in Form eines *obiter dictum* erkennen zu lassen, sodass die Entscheidungen bei einer weiteren Interpretation der grundgesetzlichen Bestimmungen in ihrer Anwendbarkeit und Reichweite auch beim frühen Embryo herangezogen werden können.

---

[604] Der Europäische Gerichtshof für Menschenrechte spricht dem ungeborenen Leben einen aus Art. 2 EMRK folgenden Schutzanspruch gegen den Staat zu, doch kann der Gerichtshof keinen Konsens über den Beginn des Lebens in den Konventionstaaten feststellen. Diesen steht daher ein eigener Beurteilungsspielraum zu, vgl. Entscheidung der Großen Kammer vom 08.07.2004, Az.: 53924/00.

[605] BVerfGE **39**, 1 (37); bestätigt durch BVerfGE **88**, 203 (251).

[606] BVerfGE **39**, 1 (1) Leitsatz.

[607] BVerfGE **88**, 203 (252).

[608] BVerfGE **88**, 203 (203) Leitsatz, (251). Diese Ansicht des BVerfG wird in der Folgerechtsprechung nicht konsequent weiterverfolgt, da der Rückgriff auf die Menschenwürde nach Art. 1 I GG allein zur Begründung des Lebensrechtes des Embryos nach Art. 2 II 1 GG, dem verfassungsrechtlichen Würdeanspruch nicht immer gerecht zu werden vermag.

bb) Konkretisierung des grundrechtlichen Schutzes des Embryos

In der öffentlichen Debatte zum Status des menschlichen Embryos wird vorrangig auf eine mögliche Verletzung der Menschenwürde zurückgegriffen. Dies gilt in gleicher Weise für die öffentlich ausgetragene ethische wie auch juristische Diskussion. Vielfach ermangelt es jedoch der notwendigen Differenzierung zwischen dem philosophischen und juristischen Menschenwürdebegriff. Mit Blick auf die rechtliche Auseinandersetzung erweist sich ein vorschneller Zugriff auf Art. 1 I GG in gleicher Weise als verfehlt, wie auch die nur marginale Würdigung des Art. 2 II 1 GG zur Begründung eines Lebensrechtes. Vielmehr müssen beide Verfassungsgrundsätze bei der Bewertung des Status des menschlichen Embryos in gleichberechtigter Weise und gegebenenfalls auch unabhängig voneinander Beachtung finden, um so der verfassungsrechtlichen Dogmatik gerecht zu werden. In den Entscheidungen zum Schwangerschaftsabbruch würdigt das BVerfG nur ansatzweise dieses Nebeneinander der Grundrechtsnormen, indem es allein für die Begründung der staatlichen Schutzpflicht dem ungeborenen menschlichen Leben gegenüber Art. 2 II 1 GG und Art. 1 I GG parallel verwendet. Zur Verdeutlichung des Einflusses beider Verfassungsnormen werden diese im Folgenden in ihrer Korrelation gewürdigt.

aaa) Der Menschenwürdeschutz als oberstes Verfassungsgebot

Aufgrund der herausgehobenen Stellung des Menschenwürdegebotes innerhalb des Grundgesetzes und seiner imperativen Formulierung kommt dem Art. 1 GG in der Hierarchie der Verfassungsvorschriften besondere Bedeutung zu. *„Die Würde des Menschen ist unantastbar. Sie zu achten und zu schützen ist Verpflichtung aller staatlichen Gewalt.“* Der so in Art. 1 I GG vorgebrachte Menschenwürdeschutz erklärt sich damit zum höchsten Verfassungsgebot und „tragendem Konstitutionsprinzip“[609], wobei die staatliche Schutzverpflichtung in einzigartiger Weise in Art. 1 I 2 GG normiert ist.[610] Die außerordentliche Bedeutung wird bekräftigt durch die Ewigkeitsgarantie nach Art. 79 III GG, sodass die Norm jeder Einschränkung und Verfassungsänderung entzogen ist. Dem Wortlaut nach ist die Menschenwürde stets „unantastbar“ garantiert. Hieraus könnte gefolgert werden, dass sie daher keinerlei Relativierung erträgt und auch einer Abwägung mit anderen Grundrechten in keinem Fall zu-

[609] BVerfGE **6**, 32 (36); **87**, 209 (228); in diesem Sinne auch BVerfGE **61**, 126 (137); bereits auch E **5**, 85 (204).

[610] Streitig ist, ob Art. 1 I GG selbst ein Grundrecht darstellt. Einer Entscheidung darüber bedarf es aber an dieser Stelle nicht, da die Menschenwürde als oberstes Verfassungsprinzip und objektiver Wertungsmaßstab zumindest die Auslegung sämtlicher nachfolgender Grundrechte steuert und damit einen umfassenden Würdeschutz gewährleistet. Dafür Kunig in: v. Münch, Art. 1, Rn. 3; Jarass in: Jarass/Pieroth, Art. 1, Rn. 3; Herdegen in: Maunz/Dürig/Herzog, Art. 1 Abs. 1, Rn. 26, Zippelius in: Bonner Kommentar, Art. 1, Rn. 25; dagegen Dreier in: Dreier, Art. 1, Rn. 129.

gänglich ist.[611] Ein Eingriff stünde damit regelmäßig einer Verletzung der Menschenwürde gleich, sodass sich für derartige Fälle nach Art. 1 II GG eine staatliche Verpflichtung zum gesetzgeberischen Eingreifen und Verbot solcher Praktiken ergeben würde. Die Menschenwürde ist danach also allen utilitären Nützlichkeitserwägungen schlechterdings entzogen. Keine, auch noch so hochrangigen, Forschungsziele können Verletzungen der Menschenwürde rechtfertigen und müssen soweit sie im Widerspruch zur Menschenwürde stehen, verboten werden.

Nicht einhellig geklärt ist es, ob Grundrechte als grundsätzlich subjektive Rechte ihre Wirkung allein gegenüber dem Staat oder auch gegenüber „Privaten" in Form unmittelbarer Drittwirkung entfalten können. Diese Diskussion ist jedoch hier hinfällig, solange zumindest eine „mittelbare" Bindung des Dritten aus ihnen resultiert. Dies ist regelmäßig der Fall, wenn der *objektiv-rechtliche* Gehalt der Grundrechte zu schützen ist. Insbesondere richtet sich aber auch die rechtliche Verpflichtung zur Achtung der Menschenwürde im Gegensatz zu der Schutzverpflichtung nicht allein gegen den Staat, sondern gegen jeden, dessen Verhalten eine Beeinträchtigung der Würde des Betroffenen darstellen könnte. Der Betroffene hat einen gegen den Staat gerichteten Abwehranspruch gegen Beeinträchtigungen seiner Menschenwürde von außen, wobei potentielle Verletzungen selbstverständlich auch durch Private erfolgen können.[612] Die Menschenwürde stellt damit eine absolute Grenze für Wissenschaft und Forschung dar, die in keiner Weise zur Disposition steht. Dies muss im privaten Bereich in gleicher Weise wie auch im staatlichen Sektor gelten. Der Gesetzgeber ist damit im Bereich der Forschung am Menschen bzw. mit menschlichem Material stets herausgefordert und verpflichtet, Regelungen zu schaffen, die Schutz und Beachtung der Unantastbarkeit von Art. 1 I GG gewährleisten. Abwägungen – mögen die entgegenstehenden Rechtsgüter auch noch so hochrangig sein – bei der Gesetzesschaffung widersprechen jedweder verfassungsrechtlichen Legitimität[613]. Auf der anderen Seite ist aufgrund der besonderen Stellung des Art. 1 GG im Gefüge der Grundrechte bei seiner Anwendung besondere Rückhaltung geboten. Die Gewährleistung der Menschenwürde darf nicht vorschnell zur „kleinen Münze"[614] gemacht werden. Um Art. 1 I GG nicht zu einem bloßen Abwehrrecht zu degradieren, ist ein Rückgriff nur dann geboten, wenn ein

---

[611] Ekaterini, S. 116.

[612] in diesem Sinne Taupitz „Der rechtliche Rahmen des Klonens zu therapeutischen Zwecken", S. 7; Pap, Extrakorporale Befruchtung und Embryotransfer aus arztrechtlicher Sicht, S. 182; Starck in: v. Mangoldt/Klein/Starck, Art. 1 Abs. 1, Rn. 33, 46; Häberle in: Isensee/Kirchhoff, HdbStR II, § 22, Rn. 73f; Starck „Der Verfasungsrechtliche Schutz ungeborenen Lebens" in: JZ 1993, S. 816 (816); Pap „Die Würde des werdenden Lebens in vitro" in: MedR 1986, S. 229 (231); ders., Extrakorporale Befruchtung, S. 182; Dürig in: Maunz/Dürig/Herzog, Art. 1, Rn. 3.

[613] Ekaterini, S. 116, mwN.

[614] Dürig „Der Grundrechtssatz der Menschenwürde" in AöR 81 (1956), 117 (124); ders. in: Maunz/Dürig/Herzog, Art. 1 (16, 29); Vitzthum „Die Menschenwürde als Verfassungsbegriff" in: JZ 1985, 201 (203); Böckenförde „Menschenwürde als normatives Prinzip" in: JZ 2003, 809 (811).

notwendiger Schutz durch die weiteren Einzelgrundrechte nicht mehr hinreichend erreicht werden kann.

bbb) Zum Verhältnis von Art. 2 II 1 GG und Art. 1 I GG

Uneinheitlich wird auch die Frage beantwortet, ob Art. 1 I GG als Grundrecht selbst unmittelbar herangezogen werden kann oder seine Wirkung allein in Verbindung mit anderen Grundrechten entfaltet. Eine Entscheidung dieses Problems erweist sich aber in der Praxis als nicht notwendig. Denn, ob Art. 1 I GG als selbstbetroffenes Grundrecht neben einem anderen Grundrecht verletzt ist oder als objektive Wertentscheidung die Grenzen der ihm nachfolgenden Grundrechte bestimmt und dabei durch eine Maßnahme verletzt wird, dürfte indes unerheblich sein. Für die weitere Darstellung einer möglichen Verletzung der Menschenwürde bietet es sich vornehmlich an, auf Art. 1 I GG in seiner Funktion als Interpretationsmaßstab der ihm nachfolgenden Grundrechte abzuheben. Dient Art. 2 II GG primär als Schutzbestimmung des Grundrechtsträgers gegenüber dem Staat, so resultiert eine staatliche Verpflichtung zum Schutz gegen Angriffe Dritter aus Art. 2 II GG zwar bereits aus seiner Bedeutung als objektive Norm der Verfassung[615], diese konkretisiert sich jedoch, soweit sie Ausprägung des Anspruches gegenüber dem Staat auf Schutz der Menschenwürde nach Art. 1 I GG ist.[616] In diesen Fällen kommt Art. 1 I GG die Aufgabe zu, den schlechthin unantastbaren Würdegehalt, der jedem Grundrecht innewohnt, zu bewahren.[617] Die Schutzpflicht des Staates im Hinblick auf den menschlichen Embryo kann sich damit aus der aus Art. 1 I GG resultierenden Verpflichtung zur Wahrung des *objektiv – rechtlichen Gehaltes der Einzelgrundrechte* ergeben.[618] In diesem Sinne ist das BVerfG neben den Abtreibungsurteilen auch in verschiedenen anderen Urteilen verfahren.[619] Dies gilt auch, soweit man davon ausgehen will, dass es sich bei Art. 1 I GG um ein eigenständiges Grundrecht handelt. Denn versteht man Art. 1 I GG neben seiner Funktion als Grundrecht aufgrund seiner herausragenden Rolle im Verfassungssystem in gleichem Maße als werttragenden Interpretationsmaßstab der nachfolgenden Grundrechte, so kann die Verletzung eines Einzelgrundrechtes zusätzlich auch immer eine Menschenwürdeverletzung darstellen. Der axiologische Inhalt der Menschenwürde ist damit grundsätzlich in der Lage, die nachfolgenden Grundrechte anzureichern[620] und als Schutzbereichserweiterung[621] zu dienen.[622] Auf der anderen Seite

---

[615] vgl. BVerfGE **39**, 1 (41).
[616] Pap, Extrakorporale Befruchtung und Embryotransfer, S. 185.
[617] Pap, Extrakorporale Befruchtung und Embryotransfer, S. 185.
[618] Vitzthum „Die Menschenwürde als Verfassungsbegriff" in: JZ 1985, S. 201 (202).
[619] BVerfGE **46**, 160 (164); danach auch E **90**, 145 (195).
[620] Häberle in: Isensee/Kirchhoff, HdbStR, Bd. II § 22, Rn. 56 ff; Vitzthum „Gentechnologie und Menschenwürde" in: MedR 1985, S. 249 (252); ders. „Die Menschenwürde als Verfassungsbegriff" in: JZ 1985, S. 201 (202); Jarass in: Jarass/Pieroth, Art. 1, Rn. 2ff.
[621] BVerfGE, **56**, 54 (74).
[622] Ekaterini, S. 130.

müssen Beeinträchtigungen wie z.B. des Art. 2 II 1 GG nicht unweigerlich auch einen Rückgriff auf Art. 1 I GG zur Folge haben. Diesen Grundsätzen weiter folgend muss nunmehr der Grundrechtsschutz des in vitro Embryos nach Art. 2 II 1 GG herausgestellt werden, um daran anschließend den Schutzumfang des Grundrechtes anhand des Menschenwürdegebotes zu konkretisieren.

ccc) Der Beginn menschlichen Lebens im Lichte des Verfassungsrechtes

Die Bestimmung des Beginns menschlichen Lebens im verfassungsrechtlichen Sinne hängt von dem Zeitpunkt ab, von dem an die lebensschützenden Grundrechte dem sich entwickelnden Leben zustehen. Seit den Entscheidungen des BVerfG zur Fristenlösung setzt der grundrechtliche Lebensschutz zumindest ab dem 14. Tag p.c. ein. Damit ist freilich keinesfalls ausgeschlossen, dass das verfassungsrechtlich gewährleistete Lebensrecht bereits früher, mithin bereits bei der Konzeption ansetzen kann. Nach Art. 2 II 1 GG hat *„Jeder (...) das Recht auf Leben und körperliche Unversehrtheit"*. Für die Eröffnung des Schutzbereiches des Art. 2 II 1 GG müsste der Embryo in der Entwicklungsphase zwischen Konzeption und Nidation damit als „jeder" im Sinne der Vorschrift angesehen werden können. Grundsätzlich schützt das Grundrecht des Art. 2 II GG das körperliche Dasein, mithin die biologisch-physische Existenz und begründet damit allgemein das Recht auf Leben. [623] Dabei kommt es weder auf die Lebensfähigkeit an, noch auf kognitiv-psychische oder moralische Fähigkeiten.[624] In diesem Sinne können Bewusstseinsdifferenzen auch keine Statusdifferenzen begründen.[625] Diese Erkenntnisse lassen aber allein noch keine Rückschlüsse auf den Beginn schutzbedürftigen menschlichen Lebens zu. Nicht zuletzt daher ist es gegenwärtig in der Literatur heftig umstritten, ab welchem Entwicklungsstadium spezifisches menschliches Leben im verfassungsrechtlichen Sinne vorliegt.[626] Größtenteils stellen sich die verschiedenen Ansätze als eine Konkretisierung ethischer Überlegungen, wie sie bereits zuvor dargestellt wurden, in einem rechtlichen Rahmen dar. Daher ist es auch wenig verwunderlich, dass die Ansatzpunkte zur ethischen Statuierung menschlichen Lebens in entsprechender

---

[623] Jarass/Pieroth, Art. 2, Rn. 81; v. Münch, Art. 2, Rn. 40; Schulze-Fielitz in: Dreier, Art 2 II, Rn. 25; Dürig in: Maunz/Dürig/Herzog, Art. 2 Abs. II, Rn. 8f; Di Fabio in: Maunz/Dürig/Herzog, Art. 2 II, Rn. 24 ff; Starck in: v. Mangoldt/Klein/Starck, Art. 2 Abs. 2, Rn. 192.

[624] Höfling „Verfassungsrechtliche Aspekte des so genannten therapeutischen Klonens" in: Zeitschrift für medizinische Ethik (2001) 47: S. 277 (281).

[625] Höfling, „Verfassungsrechtliche Aspekte des so genannten therapeutischen Klonens" in: Zeitschrift für medizinische Ethik (2001) 47: S. 277 (281).

[626] Bereits bei den Beratungen zum Grundgesetz herrschte Streit darüber, ob der Nasciturus ebenfalls in das Grundrecht aufgenommen werden sollte. Erst in der dritten Lesung wurde die schließlich Verfassung gewordene Fassung des Art. 2 II 1 GG, wie sie auch heute noch Gültigkeit hat angenommen. Freilich lässt sich hieraus weder eine Argumentation für oder gegen die Einbeziehung des keimenden Lebens gewinnen, vgl. Herzog „Der Verfassungsauftrag zum Schutz des ungeborenen Lebens" in: JR 1969, 441 (442).

Weise bei einer rechtlichen Analyse wiederfinden, u.a. finden dabei als maßgebliche Zeitpunkte Beachtung:

- Die Befruchtung
- Bildung des Primitivstreifens als erste Körperachse bzw. Abschluss der Nidation einhergehend mit dem Verlust der Totipotenz
- Beginn der Organogenese
- Beginn der Hirnentwicklung
- Zeitpunkt erster wahrnehmbarer Bewegungen
- Der Zeitpunkt der extrauterinen Lebensfähigkeit
- Die Geburt

Nach ganz überwiegender Meinung in der Literatur wird der Lebensschutz des ungeborenen Lebens bejaht.[627] Nach u.a. *Merkel* kommt dem menschlichen Embryo überhaupt kein grundrechtlicher, sondern lediglich einfachgesetzlicher Schutz zu.[628] Diese Auffassung widerspricht der bindenden Rechtsprechung des BVerfG. Merkels Herleitungen und Überlegungen verlieren sich damit bereits in einer mangelhaften praktischen Umsetzbarkeit. Zweckmäßig und notwendig ist es dagegen, die verschiedenen Ansätze zum verfassungsrechtlich relevanten Lebensbeginn in dem in der Rechtsanwendungspraxis vertretbaren Rahmen zu überprüfen. In seinen Entscheidungen zum Schwangerschaftsabbruch hat das BVerfG deutlich gemacht, dass menschliches Leben im verfassungsrechtlichen Sinne spätestens mit dem 14. Tage vorliegt. Der Beginn menschlichen Lebens iSd Art. 2 II 1 GG ist damit nach der ständigen Rechtsprechung des BVerfG, die gem. § 31 BVerfGG Bindungswirkung hat, zumindest mit dem 14. Tage p.c. anzunehmen. Der Rückgriff auf später ansetzende Beurteilungskonzepte widerspricht damit geltendem Verfassungsrecht und ist daher im Rahmen dieser Arbeit für die Bestimmung eines Rechtsgutes im kriminalpolitischen Sinne nicht weiter entscheidungsrelevant. Damit stehen sich allein der Abschluss der Nidation und die Befruchtung als maßgebliche Beurteilungszeitpunkte in der Diskussion gegenüber.

---

[627] so z.B. Schulze-Fielitz in: Dreier, Art 2 II, Rn. 25; Kunig in: v. Münch, GG – Kommentar, Art. 2, Rn. 47 ff; Murswiek, in: Sachs, GG – Kommentar, Art. 2, Rn. 144 ff.; Jarass in: Jarass/Pieroth, Art. 2, Rn. 82; Corell in: Denninger, Art. 2 Abs. 2, Rn. 33; Lorenz in: Isensee/Kirchof, HdbStR VI, , § 128, Rn. 9f; Stern, StR, Bd. III/1, S. 1057 f; Starck in: v. Mangoldt/Klein/Starck, Art. 2 Abs. 2, Rn. 203; a.A. Merkel „Rechte für Embryonen" in DIE ZEIT 05/2001; ders. in „Forschungsobjekt Embryo", S. 112; Hoerster „Ein Lebensrecht für die menschliche Leibesfrucht" in: JuS 1989, S. 172 (174); Eser „Forschung mit Embryonen" S. 264 (287).

[628] Merkel „Forschungsobjekt Embryo", S. 112 ff.

α) Nidations- bzw. Individuationstheorie[629]

Die Begründungen für die Einräumung eines Lebensschutzes erst mit dem Abschluss der Nidation sind vom Argumentationsmuster mit den bereits dargestellten philosophischen Begründungsansätzen nahezu deckungsgleich. Die gegenwärtig auch juristischen Diskussionsansätze, seien – im Sinne der Transparenz – an dieser Stelle trotzdem noch einmal in einem Überblick dargestellt.

In Anlehnung an die statusmäßige Einordnung des menschlichen Embryos im englischen Rechtsraum wird vielfach die Ansicht vertreten, spezifisch menschliches Leben, das unter den Schutz von Art. 2 II 1 GG falle, beginne erst mit dem Verlust der Fähigkeit zur Mehrlingsbildung bzw. mit der vollständigen Einnistung des Embryos in die Gebärmutterschleimhaut. Das Hauptargument ist dabei das sog. Individuationsargument. Solange sich zumindest noch theoretisch die Möglichkeit stellt, dass sich noch monozygote Zwillinge bilden und damit unabhängig voneinander verschiedene Individuen bilden können, ist eine hinreichende Individuation des Keimlings eben noch nicht gegeben. Erst wenn der Zustand der sog. orthischen Teilbarkeit beendet ist, ergibt sich nach dieser Ansicht die Individualisierung, die für die Zuordnung von Grundrechten und die Einordnung des Embryos als „jeder" iSd Art. 2 II 1 GG notwendig ist.[630] Damit läge in der Entwicklungsphase von der Konzeption bis zum Abschluss der Nidation allein artspezifisches nicht jedoch individuelles menschliches Leben vor ohne jeglichen grundrechtlichen Schutzanspruch vor.[631]

Ein anderes Argument für die Ablehnung eines Lebensrechtes während dieser frühen Entwicklungsphase wird darin gesehen, dass während des Zeitraumes vor der Einnistung zwischen 50 – 70 % der Keimlinge absterben. Diese natürlich bedingte Verlustrate ist im Vergleich zu anderen Entwicklungsstufen besonders hoch. So wird von „natürlicher Verschwendung" gesprochen, die einem göttlichen Willen nicht entsprechen könnte, soweit es sich bei den Abgängen bereits um spezifisches menschliches Leben handeln würde. Von einer gesicherten und damit auch rechtlich schützenswerten Entwicklung könne erst nach der Nidation ausgegangen werden, sodass erst dieser Bereich auch einem rechtlichen Schutz unterliegen müsste.[632]

Ein weiteres Argument wird in dem Rückgriff auf die Regelungen des einfachen Rechtes gesehen. Indem § 218 I 2 StGB den Beginn der Schwangerschaft auf

---

[629] vertreten von Hofmann „Biotechnik, Gentherapie, Genmanipulation – Wissenschaft im rechtsfreien Raum?" in: JZ 1986, S. 253 ff; Coester-Waltjen „Befruchtungs- und Gentechnologie bei Menschen– rechtliche Probleme von morgen?" in FamRZ 1984, S. 230 (235); Dressler, S. 46f.

[630] Hofmann, in „Biotechnik, Gentherapie, Genmanipulation – Wissenschaft im rechtsfreien Raum" in: JZ 1986, S. 253 (258); Dressler, S. 46 f.

[631] Coester-Waltjen „Befruchtungs- und Gentechnologie bei Menschen– rechtliche Probleme von morgen?" in FamRZ 1984, S. 230 (235); Hofmann in „Biotechnik, Gentherapie, Genmanipulation – Wissenschaft im rechtsfreien Raum" JZ 1986, S. 253 (258).

[632] Hofmann in „Biotechnik, Gentherapie, Genmanipulation – Wissenschaft im rechtsfreien Raum" JZ 1986, S. 253 (258).

den Zeitpunkt nach Abschluss der Nidation ansiedelt, liege eine positivrechtliche Abstufung des Lebensschutzes vor, die nur gerechtfertigt sein könne, soweit eine grundlegende Änderung des Rechtsstatus beim Embryo durch diese Zäsur einsetzt.[633]

Zum Schluss sei noch ein Begründungsansatz genannt, der insbesondere Auswirkungen auf den in der Retorte befindlichen Embryo hat. Dabei wird auf die Symbiose zwischen der Schwangeren und heranwachsendem Kind abgestellt; eine solche läge erst mit der vollständigen Einnistung des Keimlings in die Gebärmutterschleimhaut. Erst mit dem Abschluss der Nidation werde der Keimling derart mit dem mütterlichen Stoffwechsel verbunden, dass so eine Einheit zweier Organismen begründet wird, die die Potentialität menschlichen Lebens und damit den Lebensschutz begründet.[634]

Mit der Nidation liegt nach den Anhängern dieser Theorie eine klare und nachvollziehbare Zäsur vor, wodurch auch der Normadressat unproblematisch erreicht werden kann. In der praeimplantiven Phase handele es sich hingegen um einen sog. Prae-Embryo, dem keine weiteren Rechte zustehen.[635]

β) Die „Konzeptionslösung"

Vielfach wird dagegen der Beginn spezifischen menschlichen Lebens im verfassungsrechtlichen Sinne bereits mit der Befruchtung angenommen.[636] Mit der Verei-

---

[633] In diesem Sinne Hofmann „Biotechnik, Gentherapie, Genmanipulation – Wissenschaft im rechtsfreien Raum" in: JZ 1986, S. 253 (259). *Hofmann* stellt dabei u.a. noch auf den damals geltenden § 219 d StGB ab.

[634] Hofmann „Biotechnik, Gentherapie, Genmanipulation – Wissenschaft im rechtsfreien Raum" in: JZ 1986, S. 253 (258); mit besonderem Bezug auf den Embryo *in vitro* Schäuble in: FAZ „Vergesst die Mutter nicht" vom 21. Mai 2001, Nr. 117, S. 49.

[635] Dressler, S. 46 f.

[636] so auch Böckenförde-Wunderlich „Präimplationsdiagnostik als Rechtsproblem", S. 179; Schulze-Fielitz in: Dreier, Art. 2 II, Rn. 29; Murswiek in: Sachs, Art. 2, Rn. 145; Kunig in: v. Münch, Art. 2, Rn. 49; Jarass in: Jarass/Pieroth, Art. 2, Rn. 82; Corell in: Denninger, Art. 2 Abs. 2, Rn. 36; Lorenz in: Isensee/Kirchof, HdbStR VI, § 128, Rn. 10; Stern, StR, Bd. III/1, S. 1057f; 1061 f; Schreiber, „Zur rechtlichen Problematik der Stammzellverwendung", S. 11; Hirsch „Zeugung im Reagenzglas" in: MedR 1986, S. 237 (237); Herzog „Der Verfassungsauftrag zum Schutz des ungeborenen Lebens" in: JR 1969, S. 441 (442); Beckmann in ZRP „Embryonenschutz und Grundgesetz" in ZRP 1987, S. 80 (83f.); Günther „Strafrechtliche Verbote der Embryonenforschung" in: MedR 1990, S. 161 (162); Schwarz „Therapeutisches Klonen" in: KV, S. 182 (195f); Fechner „Menschenwürde und generative Forschung und Technik" in: JZ 1986, S. 653 (658); davon ausgehend auch Vitzthum „Die Menschenwürde als Verfassungsbegriff" in: JZ 1985, S. 201 (208); ders. „Gentechnik und Grundgesetz", S. 185 ff; ders. „Gentechnologie und Menschenwürde" in: MedR, S. 249 ff. Das BVerfG beruft sich im zweiten Urteil zum Schwangerschaftsabbruch ausdrücklich auf die Regelungen im Allgemeinen Landrecht für die Preußischen Staaten von 1794, vgl. BVerfGE **88**, 203 (251). Dort heißt es im „Erste[n] Theil, Erste[n] Titel, Von Personen und deren Rechten überhaupt. § 1: Der Mensch wird, insofern er gewisse Rechte in der bürgerlichen Gesellschaft genießt, eine Person genannt. [...] § 10: Die allgemeinen Rechte

nigung von Ei- und Samenzelle und der anschließenden Bildung einer neuen genetischen Erbinformation werde die erste und maßgebliche Bedingung zur Entstehung neuen individuellen Lebens gesetzt. Alle späteren Entwicklungsschritte sind nach dieser Ansicht demgegenüber zweitrangig, wobei auch der Verlust der Möglichkeit zur Mehrlingsbildung keine relevante Zäsur darstellt. Das ontisch Neue besteht nach dieser Auffassung vielmehr darin, dass die ersten Bedingungen gesetzt sind, aus denen bei Hinzutreten weiterer günstiger Bedingungen der neue Mensch erwachsen kann.[637]

γ) Stellungnahme

Ohne Zweifel ist die menschliche Leibesfrucht vom Zeitpunkt der Befruchtung an ein individuelles und eigenständiges Mitglied der biologischen Gattung Mensch.[638] Denn von diesem Zeitpunkt liegt das genetische Programm für die weitere Entwicklung zum Menschen vor. Aber man wird noch weitergehen müssen und mit der Befruchtung nicht nur „artspezifisches menschliches Leben", sondern bereits „individualisiertes menschliches Leben" von Verfassungsrang annehmen müssen. Die theoretische Fähigkeit, sich zu einem Menschen entwickeln zu können, begründet den Status des Embryo als „menschliches Lebewesen". Der Embryo entwickelt sich damit als Mensch[639], dessen Leben daher auch von Anfang an unter dem Schutz der Verfassung steht. *„Erkenntnisse der medizinischen Anthropologie"*[640] legen es dabei nicht nur nahe den Beginn menschlichen Lebens mit der Verschmelzung von Ei- und Samenzelle anzunehmen, sondern gebieten in Verbindung mit den Grundsätzen des deutschen Verfassungsrechtes in unbedingter Weise diese Annahme. Nach der Verfassungsrechtsprechung gehört das ungeborene Leben unzweifelhaft zum menschlichen Leben im verfassungsrelevanten Sinne. Dabei hebt das BVerfG heraus, dass der Nasciturus mit der ihm zugekommenen genetischen Identität in seiner Einmaligkeit und Unverwechselbarkeit festgelegt ist.[641] Genetische Identität entsteht allein bei der Befruchtung. Diese einmal geschaffene genetische Grundlage wird sich in der weiteren Entwicklung zum Menschen nicht mehr ändern. Der Grundstein zur Entwicklung eine Individuums ist damit unwiderruflich gelegt. Diese neue und einmalige Erbanlage, die als Basis der Individualisierung des Menschen in einem lebenden Zellgewebe durch die Konzeption angelegt wurde, verfügt danach grundsätzlich über die Möglichkeit sich zu einem menschlichen

---

der Menschheit gebühren auch den noch ungeborenen Kindern, schon von der Zeit ihrer Empfängnis."

[637] Fechner „Menschenwürde und generative Forschung und Technik" in: JZ 1986, S. 653 (658).

[638] Hoerster „Ein Lebensrecht für die menschliche Leibesfrucht" in: JuS 1989, S. 172 (174); Eser „Forschung mit Embryonen" S. 264 (287).

[639] BVerfGE **88**, 203 (252); Beckmann „Embryonenschutz und Grundgesetz" in ZRP 1987, S. 80 (83).

[640] BVerfGE **88**, 203 (251).

[641] BVerfGE **88**, 203 (251f).

Individuum in einem kontinuierlichen Prozess weiterzuentwickeln, wobei eine eindeutige Abgrenzung der einzelnen Entwicklungsstadien nicht festzumachen ist.[642] Der sich später entwickelnde Mensch, der seine menschliche Individualität glücklicherweise nicht nur einem genetischen Determinismus zu verdanken hat, kann sich damit retrospektive immer wieder auf seine frühesten Anlagen, die durch die zufällige Korrelation der Chromsomensätze entstanden sind, besinnen. Diese mit der Befruchtung geschaffene genetische Grundlage stellt sich damit in der Embryonalphase als eine hinreichende Individualität dar, um einen bestimmbaren Adressaten als Subjekt des Grundrechtsschutzes ermitteln zu können. Auch die theoretische Möglichkeit zur Mehrlingsbildung beeinträchtigt diese genetische Individualität in Wahrheit nicht, vielmehr muss die Ausbildung zu einem eigenständigen Individuum unabhängig von der Möglichkeit zur Zwillingsbildung gesehen werden.[643] Dies widerspricht auch nicht der Rspr. des BVerfG, wenn dieses mit *„individuellem"* von *„nicht mehr teilbare[m] Leben"*[644] spricht. Teilbarkeit kann in diesem Kontext nur dahingehend verstanden werden, dass die Teilung den Beginn der Entwicklung neuer Lebensformen einhergehend mit dem Untergang eines bis dahin allein aufgrund seiner Einmaligkeit individuierten Lebens darstellt. Diese Konstellation liegt jedoch bei der Zwillingsbildung durch Teilung der Embryonalstruktur nicht vor. Die spontane Aufspaltung in der frühen Embryonalphase hat nicht die Entstehung neuer individueller Lebensformen bei Zerstörung des Ausgangssubjekts zur Folge, sondern bewahrt dieses und schafft allein einen weiteren, genetisch identischen, Ableger. Der *„Prozess des Wachsens und Sich – Entfaltens"*[645] des ursprünglichen mit der Befruchtung individuierten Embryos vollzieht sich dabei ungehindert weiter. Eine zufällige Aufspaltung des embryonalen Zellverbandes in zwei oder mehr genetisch identische und entwicklungsfähige Embryonalstrukturen begründet damit neben dem Ursprungssubjekt allein das Entstehen neuer individueller Grundrechtssubjekte und betrifft somit nicht die Individualität sondern allein die Singularität des Embryos.[646] Die Möglichkeit der Duplizierung des genetischen Codes eines Subjektes mit der Folge der Entstehung eines weiteren Subjekts widerspricht somit in keiner Weise der Individualität des ersten Subjektes. Dies macht insbesondere auch der Vergleich mit dem Zellkerntransfer als Klonierungstechnik deutlich. Durch die Technik des Zellkerntransfers ist es theoretisch möglich, aus jeder einzelnen somatischen Zelle einen künstlichen Zwilling zu erschaffen. Wohl kaum

---

[642] BVerfGE **39**, 1 (37); Kollhosser „Rechtsprobleme bei medizinischen Zeugungshilfen" in JA 1985, S. 553 (561); Höfling „Verfassungsrechtliche Aspekte des so genannten therapeutischen Klonens" in: Zeitschrift für medizinische Ethik (2001) 47: 277 (281); Lorenz in: Isensee/Kirchof, HdbStR VI, § 128, Rn. 10.

[643] Höfling „Zygote – Mensch – Person" in: FAZ vom 10. Juli 2001, Nr. 157/S. 8; ders. „Verfassungsrechtliche Aspekt des so genannten therapeutischen Klonens" in: Zeitschrift für medizinische Ethik (2001) 47: 277 (281); Röger, S. 105f; in diesem Sinne auch Ekaterini, S. 136 mwN; Herzog „Der Verfassungsauftrag zum Schutz des ungeborenen Lebens" in: JR 1969, 441 (442).

[644] BVerfGE **88**, 203 (252).

[645] BVerfGE **88**, 203 (252).

[646] Höfling „Zygote – Mensch – Person" in: FAZ vom 10. Juli 2001, Nr. 157/S. 8.

würde man in diesen Fällen jedoch dem Zellspender, aufgrund seiner Fähigkeit sich genetisch duplizieren zu können, es absprechen wollen, ein menschliches Wesen zu sein. „*„Jeder" im Sinne des Art. 2 II 1 GG ist* [somit] *„jeder Lebende", anders ausgedrückt: jedes Leben besitzende menschliche Individuum*"[647] und damit auch der praeimplantive Embryo.

Erst Recht kann dabei eine Argumentation, die auf die hohe Anzahl von Abgängen während der praenidativen Phase abstellt, nicht überzeugen. Zum einen vermögen naturbedingte Verlustquoten von Embryonen kaum einen sachlichen Grund dafür darzustellen, den Schutz der menschlichen Lebens zu begrenzen, zum anderen können natürliche Einflüsse ein menschliches Verhalten niemals rechtfertigen.[648] Auch die Bezugnahme auf die strafrechtlichen Regelungen, nach denen eine Schwangerschaft erst nach dem 14. Tag p.c. vorliegt, stellen kein wirksamen Argumentation dar. Die Regelungen des einfachen Rechts verfügen über keinerlei Interpretationskraft hinsichtlich der Verfassungsbestimmungen.

Alle der Befruchtung nachfolgenden Entwicklungsstufen stellen daher nur Phasenänderungen, aber keine Bestandsänderungen dar. Die Definierung des Beginns des menschlichen Lebens zu einem späteren Zeitpunkt entbehrt einer stichhaltigen Begründung und muss sich tatsächlich den Vorwurf der Willkürlichkeit gefallen lassen. Der verfassungsrechtliche Lebensschutz muss deshalb an dem frühesten Zeitpunkt der Entstehung menschlichen Lebens ansetzen, um somit größtmöglichen Schutz entfalten zu können. Ist dieser Zeitpunkt weder nach biologisch-physiologischen Kriterien, noch nach anderen empirischen Grundsätzen eindeutig zu definieren, so gebietet es das Verfassungsrecht, diesen zweifelhaften Abschnitt ebenfalls unter den Schutz der Verfassung zu stellen.[649] Mit der Befruchtung liegt daher menschliches Leben vor, das dem Schutz von Art. 2 II 1 GG unterliegt.[650] Die objektiv – rechtliche Schutzwirkung der biologisch-natürlichen Grundrechte ist somit zwingend bereits auf den Zeitpunkt der Zeugung vorzuziehen.[651] In der Konsequenz dieses Gedankens genießt der Embryo daher bereits vor der Nidation und unabhängig von dem Ort seiner Befindlichkeit, den Schutz des Art. 2 II GG.[652] Dies gilt in gleicher Weise für den Embryo in vitro, da er physiologisch über die gleichen Anlagen wie der Embryo in vivo verfügt und sich daher die anhand der

---

[647] BVerfGE **39**, 1 (37).

[648] Pap, „Die Würde des werdenden Lebens in vitro" in: MedR 1986, S. 229 (233); Sternberg-Lieben „Gentherapie und Strafrecht" in: JuS 1986, S. 673 (678).

[649] BVerfGE **39**, 1 (37f).

[650] Herzog „Der Verfassungsauftrag zum Schutz des ungeborenen Lebens", in: JR 1969, S. 441 (442); Murswiek in: Sachs, Art. 2 Rn. 143 u. 145; Kunig in: v. Münch, Art. 2, Rn. 49; Schulze-Fielitz in: Dreier, Art. 2 II, Rn. 29; Starck in: v. Mangoldt/Klein, Art. 2 Abs. 2, Rn. 192, 203; Dürig in: Maunz/Dürig/Herzog, Art. 2 II, Rn. 4, 21ff; differenziert Di Fbio in: Maunz/Dürig/Herzog, Art II, Rn. 24 ff

[651] Dürig in: Maunz/Dürig/Herzog, Art. 2 II, Rn. 4, 21ff.

[652] Schulze-Fielitz in: Dreier, Art. 2 II, Rn. 40; Höfling „Verfassungsrechtliche Aspekte des so genannten therapeutischen Klonens" in: Zeitschrift für medizinische Ethik 2001; 47; 277 (280); Schreiber „Zur rechtlichen Problematik der Stammzellverwendung", S. 11.

verfassungsgerichtlichen Rechtsprechung entwickelten Grundsätze in entsprechender Weise auch auf ihn übertragen lassen müssen.[653] Zu den hier gemachten Ausführungen muss jedoch hinzugefügt werden, dass der medizinisch assistierte Transfer in den Uterus und die anschließende Nidation für den Embryo in vitro eine Zäsur darstellt, die sich zwar nicht auf sein grundsätzliches Lebensrecht auswirkt, aber zumindest Überlegungen zum Schutzumfang seines Lebensrechtes zulässt.

ddd) Der Umfang des Lebensschutz des Embryos

Auch wenn das menschliche Leben innerhalb der „verfassungsrechtlichen Ordnung einen Höchstwert"[654] darstellt, trifft die prinzipielle Anerkennung der Erstreckung des Schutzbereiches des Art. 2 II 1 GG auch auf den praeimplantiven Embryo jedoch noch keine Aussage über den Umfang des dem Embryo zukommenden Lebensschutzes. Dabei kann schon vorweg festgestellt werden, dass das Grundgesetz einen absoluten Lebensschutz ohnehin nicht kennt[655] (ansonsten wäre die ausdrückliche Feststellung über die Abschaffung der Todesstrafe in Art. 102 GG überflüssig, sowie gesetzliche Rechtfertigungen bei der Tötung eines anderen Menschen niemals möglich). Dies macht bereits der Gesetzesvorbehalt in Art. 2 II 3 GG hinreichend deutlich. Eingriffe in das Leben des Einzelnen sind damit grundsätzlich der Abwägung mit anderen hochrangigen Rechtsgütern zugänglich. Dies gilt auch für den denkbar schwersten Fall, namentlich der Tötung des Rechtsinhabers. Dabei ist das Grundrecht auf Leben in seiner Abwägungsfähigkeit nicht nur auf die Konkordanz mit dem Leben eines Anderen beschränkt.[656] Medizinische Forschungsinteressen, die sich auf die schrankenlos gewährleistete Forschungsfreiheit nach Art. 5 III GG berufen können, dürfen daher nicht von vornherein von der Inanspruchnahme menschlichen Lebens am Lebensbeginn ausgeschlossen werden.[657] Die Wirkung konkurrierender Grundrechte könnte sich zudem dadurch verstärken, wenn das Lebensrecht des Embryos nicht dem eines gestaltgewordenen Menschen entspricht. Auch wenn das BVerfG während der gesamten Schwangerschaft keine Abstufungen des Lebensrechtes des Ungeborenen zulassen will[658], bleibt es dieser Linie selbst nicht treu, indem es bestimmte Fristen akzeptiert. Ein den Entwicklungsphasen angepasster Lebensschutz ist sachgerecht, da nur so den doch gravierenden Unterschieden – wie sie z.B. zwischen der Zygote im Zweizellstadium und dem extrauterin lebensfähigem Kind bestehen, gerecht

[653] vgl. hierzu auch Böckenförde „Das Tor zur Selektion ist geöffnet" Interview mit der Süddeutschen Zeitung vom 16. Mai 2001, Nr. 112/S. 11; Schulze-Fielitz in: Dreier, Art. 2 II, Rn. 29; Starck in: v. Mangoldt/Klein, Art. 2 Abs. 2, Rn. 192; a.A. Jarass in: Jarass/Pieroth, Art. 2, Rn. 82.
[654] BVerfGE **49**, 24 (53).
[655] Darauf weist auch das BVerfG im zweiten Abtreibungsurteil noch einmal ausdrücklich hin, vgl. BVerfGE **88**, 203 (253): „Der Schutz des Lebens ist nicht absolut geboten, dass dieses gegenüber jedem anderen Rechtsgut ausnahmslos Vorrang genösse".
[656] Lorenz in: Isensee/Kirchof, HdbStR VI, § 128, Rn. 38.
[657] Losch „Lebensschutz und Lebensbeginn" in: NJW 1992, 2926 (2930).
[658] BVerfGE **88**, 203 (254).

extrauterin lebensfähigem Kind bestehen, gerecht getan werden kann.[659] Ein solcher Lösungsansatz harmoniert als einziger in besonderer Weise mit den Regelungen zum Schwangerschaftsabbruch. Der Lebensschutz des Embryos muss daher mit seiner fortschreitenden Entwicklung bis zum geborenen Menschen wachsen.[660] Eine weitere Abstufung muss sich konsequenter Weise auch im Verhältnis zum Embryo im Reagenzglas ergeben. Dies gebieten seine außerordentliche Befindlichkeit und die weiteren objektiven und subjektiven Voraussetzung für eine spätere Implantation. Damit können Eingriffe in das Lebensrecht des Embryos, und erst recht des in vitro befindlichen, auch dann gerechtfertigt sein, wenn dies beim geborenen Menschen nicht der Fall wäre. Die Intensität des Lebensschutzes des Embryos kann aber allein im Einzelfall unter Würdigung der Gesamtumstände ermittelt werden. Eine Grenze des Umfangs des verfassungsrechtlichen Lebensschutzes wird aber auch beim Embryo durch den Würdeschutz als absolute Eingriffsgrenze konkretisiert. Stellt ein Eingriff in Art. 2 II 1 GG daher zugleich eine Verletzung von Art. 1 I GG erübrigt sich damit jede weiter Abwägung mit möglicherweise entgegenstehenden Rechten. Allein in den Fällen, in denen eine Maßnahme keine Verletzung der Menschenwürde darstellt, ist der Schutzumfang des Art. 2 II 1 GG weiter zu bestimmen.

α) Das Menschenwürdeprinzip als Konkretisierung der Grenzen des Lebensschutzes

Wie bereits erläutert wurde, stellt sich Art. 1 I GG als werttragendes Interpretationsprinzip der ihm nachfolgenden Grundrechte dar und kann somit deren Schutzumfang konkretisieren. Der Menschenwürdegrundsatz muss dafür aber zunächst auch auf das ungeborene Leben, specialiter den praenidativen Embryo, angewandt werden können. Das wäre nicht der Fall, wenn der verfassungsrechtliche Würdeschutz bestimmte Subjektsqualitäten bei seinen Adressaten voraussetzen würde, über die der menschliche Embryo gerade noch nicht verfügt.

β) Ablehnung der Anwendbarkeit des Menschenwürdeschutzes in der Literatur

Die Ablehnung der Anwendbarkeit des Menschenwürdeschutzes auf den Nasciturus dürfte gewiss der gängigen höchstrichterlichen Rechtsprechungspraxis widersprechen und stößt auch in der Literatur vielfach auf Ablehnung. Jedoch umfasst diese von einer empirischen Ethik geprägte Sichtweise in ihren Begründungsansätze durchaus berücksichtigenswerte Herleitungen. Im Vordergrund dieser Bewer-

---

[659] in diesem Sinne auch Losch „Lebensschutz am Lebensbeginn" in: NJW 1992, S. 2926 (2930).

[660] BVerfGE **39**, 68 (80) – abw. Meinung Rüpp-v. Brünneck; BVerfGE **88**, 338 (342 ff) – abw. Meinung M. Mahrenholz/Sommer; Schulze-Fielitz in: Dreier, Art. 2 II, Rn. 61, 70; Jarass in: Jarass/Pieroth, Art. 2 Rn. 85; Hufen „Nicht nur Embryonen haben Grundrechte" in: FAZ vom 21.5.2001, Nr. 117/S. 10; Schwarz „Therapeutisches Klonen" in: KV 2001, S. 182 (198).

tung dürfte der Ansatz liegen, dass Art. 1 GG nicht einer vorschnellen Verwendung zugeführt und auf diese Weise in seiner Bedeutung untergraben werden darf.[661] Lebensschutz dürfe bereits aus diesem Grund nicht ohne Not mit Menschenwürdeschutz gleichgestellt werden.[662] Zur Begründung des Menschenwürdeanspruches müssen individualspezifische Kriterien erfüllt sein, die sich nicht aus einer möglichen Gattungszugehörigkeit allein ergeben. So kann sich der verfassungsrechtliche Schutz der Menschenwürde z.B. mit der Möglichkeit zur Identitätsbildung und Selbstreflexion eines Subjektes definieren lassen.[663] Nach *Schütze* ist eine Verletzung des Schutzbereiches erst dann möglich, wenn der Mensch auch in der Lage ist, Autonomie wahrzunehmen.[664] In der Vorphase soll jedoch seine zukünftige Eigenschaft als Inhaber der Menschenwürde im Sinne eines *„Anwartschaftsrechtes auf Menschenwürde"* Beachtung finden, sodass der Embryo bereits aus diesem Grunde Schutz verdienen soll.[665] Dabei ist dieses Anwartschaftsrecht von den tatsächlichen Möglichkeiten zur weiteren Entwicklung und der Realisierung eines Verletzungserfolges zu einem Zeitpunkt, an dem der Betroffene bereits Träger der Menschenwürde ist, abhängig.[666] Dass der Embryo allein über die potentiellen Fähigkeiten zur Begründung eben dieser Subjektqualitäten verfüge, indiziere, dass er gerade nicht mit dem Ergebnis einer Entwicklung, nämlich dem gestaltgewordenen Menschen, gleichzustellen sei.[667] Dieses Ergebnis verlange aber insbesondere im Hinblick auf ein Fundamentalrecht wie die Menschenwürde eine differenzierte Behandlung der Betroffenen. Der lebende Mensch mit seinen einzigartigen subjektiven Qualitäten (Ich-Bewusstsein, Vernunft, Fähigkeit zur Selbstbestimmung etc.), über die der menschliche Embryo noch nicht verfügt, könne in der Konsequenz allein Träger des Grundrechtes der Menschenwürde nach Art. 1 I GG sein.[668] Mit

---

[661] Lerche, Verfassungsrechtliche Aspekte der Gentechnologie", S. 111.

[662] Lerche, Verfassungsrechtliche Aspekte der Gentechnologie", S. 109.

[663] Hoerster „Nur wer die Sehnsucht kennt" in: FAZ vom 24. Februar 2001, Nr. 47/S. 46; ders. „Forum: Ein Lebensrecht für die Leibesfrucht" in: JuS 1989, S. 172 (175f).

[664] Schütze „Die Bedeutung von Statusargumenten", S. 305 (322).

[665] Schütze „Die Bedeutung von Statusargumenten", S. 305 (322).

[666] Schütze „Die Bedeutung von Statusargumenten", S. 305 (323). Hier weist der Lösungsansatz von Schütze große Ähnlichkeiten mit der ethischen Bewertung von *Birnbacher* auf, der ebenfalls darauf abstellt, inwieweit sich eine Handlung auf den geborenen Menschen auswirken könnte, vgl. 2. Kapitel B I 1 a) dd) ccc).

[667] Zippelius in: Bonner Kommentar, Art. 1, Rn. 51; in diesem Sinne auch Nüsslein-Vollhard „Wann ist ein Tier ein Tier, ein Mensch kein Mensch?" in: FAZ vom 2. Oktober 2001, S. 55.

[668] Dreier in: ders. 1996, Art. 1 I, Rn. 50. Diese genaue Formulierung findet sich – bedauerlicherweise - in der Neubearbeitung, 2. Aufl. 2004, nicht wieder. *Dreier* betont dennoch weiterhin, dass mögliche Auseinanderfallen von von Art. 1 I GG zu Art. 2 II 1 GG , vgl. ebd. Art. 1 I, Rdn. 67 und 70.Vielfach müssen sich Ansichten, die das Vorliegen von Menschenwürde von empirischen Kriterien abhängig machen wollen, den Vorwurf gefallen lassen, sie ließen Nichtbewusstseinsfähige schutzlos stehen. Diese Einwände dürften in den meisten Fällen wohl kaum berechtigt sein, da Art. 1 I GG beim gestaltgewordenen Menschen, unabhängig von seiner physischen und psychischen Konstitution, regelmäßig Anwendung finden soll, vgl. z.B. *Schütze* „Die Bedeutung von Statusargumenten", S. 305 (322, Fn. 101). Ebenso indiziert auch nach *Habermas* die moralische

der Interpretation *„Wo menschliches Leben existiert, kommt ihm Menschenwürde zu"* unterläge das Bundesverfassungsgericht daher nach *Dreier* einem *„naturalistisch – biologistischem Fehlschluss"*.[669] Die Existenz des ungeborenen Lebens hänge allein vom Dasein eines anderen ab. Dieses Abhängigkeitsverhältnis des einseitigen Nehmens versperre dem Nasciturus der Teilnahme an unverhandelbaren Schutzrechten.[670] Zur Bekräftigung dieser These werden weiterhin auch die Regelungen des geltenden Abtreibungsrechtes angeführt. Beim Embryo bestehe die verfassungsrechtlich gebilligte Möglichkeit des Entzugs des Lebens durch die Abtreibung. Wird das ungeborene menschliche Leben dem Leben eines Menschen gleichgestellt, so wäre eine Rechtfertigung dafür nur dann denkbar, soweit es sich um eine *medizinische Indikation* handele, also das Leben der Schwangeren durch die Austragung des Kindes gefährdet würde. Tatsächlich werden die weiteren in § 219 StGB aufgeführten Fälle, namentlich die Zulassung der *embryopathischen und sozialen Indikation als Bestandteil der medizinischen Indikation* sowie *kriminologischen Indikationen*, die sogar zur Rechtmäßigkeit des Schwangerschaftsabbruches führen können, verfassungsrechtlich anerkannt. Diese Regelungen befänden sich aber nur dann nicht mit geltendem Verfassungsrecht im Widerspruch, wenn der Menschenwürdeanspruch in seiner Unbedingtheit beim Ungeborenen keine Anwendung finden würde.[671] Allein mit einer Konfliktsituation bei der Schwangeren lasse sich eine solche Diskrepanz jedenfalls nicht begründen.[672] *Dreier* geht schließlich von einer Verlagerung des Schutzes des menschlichen Embryos von Art. 1 I GG in Richtung Art. 2 II GG aus, wobei aufgrund des Gesetzesvorbehaltes in Art. 2 II 3 GG an den jeweiligen Entwicklungsstand des Ungeborenen gebundene gestufte Lösungen möglich sind.[673] Relativierungen des Lebensschutzes beim menschlichen Embryo sind daher möglich. Hierin liegt auch gerade ein bestechender Ansatz zur statusmäßigen Einordnung des praenidativen menschlichen Embryos. Die Wirkungen grundrechtlichen Schutzes

---

Unverfügbarkeit eines Gutes nicht notwendigerweise auch, dass dieses Gut gleichzeitig „unantastbar" im Sinne verfassungsrechtlich gewährleisteter Menschenwürde ist (S. 59). Philosophisch bestehe daher keine Notwendigkeit das Menschenwürdeargument auf „menschliches Leben von Anfang an ausdehnen" (S. 114).

[669] Dreier in: ders., Art. 1 I, Rn. 66; zustimmend Hufen „Erosion der Menschenwürde", in: JZ 2004, 313 (315).

[670] Fumagalli „Rechtsprobleme vorgeburtlicher Diagnoseverfahren", S. 112.

[671] In diesem Sinne auch Merkel „Forschungsobjekt Embryo", 87 ff; ders. „Rechte für Embryonen?" in: DIE ZEIT, 05/2001, der jedoch dem Embryo im Gegensatz zu *Dreier* neben dem Würderecht im deutlichen Widerspruch zur Rechtsprechung des BVerfG auch ein Lebensrecht nach dem Grundgesetz abspricht.

[672] vgl. Merkel „Forschungsobjekt Embryo", S. 87 ff; ders. in: „Rechte für Embryonen?" in: DIE ZEIT, 05/2001, der an angegebenem Ort das Problem der Lösung Konfliktlage durch Abtötung des für die Herbeiführung der Konfliktlage „unzuständigen" Embryos ad absurdum zu führen.

[673] Dreier in: ders., Art. 1 I, Rn. 67; Höfling in: Sachs, Art. 1, Rn. 21; in diesem Sinne verfährt auch Schütze „Die Bedeutung von Statusargumenten", S. 305 (323), danach soll das *„Anwartschaftsrecht auf Menschenwürde"* proportional mit der weiteren Entwicklung des Ungeborenen zum Menschen zum Vollrecht heranwachsen; konsequent gegen solche Lösungsansätze z.B. Bundesjustizministerin Däubler-Gmelin im FAZ Interview vom 22. Mai 2001, Nr. 118/S. 52.

kommen dem Embryo zwar zugute, sind jedoch in ihrer Intensität nicht mit dem grundrechtlichen Schutz geborenen menschlichen Lebens gleichzustellen. Ein Ergebnis, das insbesondere im Hinblick auf Art. 3 I GG innere Konsistenz bewahrt und daher in sich schlüssig und zumindest durchaus vertretbar erscheint.

γ) Anwendbarkeit des Würdeschutzes auf das ungeborene Leben

Die Rechtsprechung des BVerfG[674] sowie ein großer Teil in der Literatur[675] sprechen hingegen auch dem ungeborenen menschlichen Leben das Recht auf Menschenwürde nach Art. 1 I GG zu. Das BVerfG kommt damit in seiner Verfassungsauslegung zu dem Ergebnis, dass das Grundgesetz von einem Menschenbild ausgeht, das von der Gleichheit und der Gleichwertigkeit von geborenem und ungeborenem Leben geprägt ist.[676] Dieses Ergebnis ist zustimmungswürdig und steht auch nicht mit den Regelungen zum Schwangerschaftsabbruch im Widerspruch. Die verfassungsmäßige Legitimation erhält der Schwangerschaftsabbruch schließlich nur durch das Vorliegen einer einzigartigen Konfliktsituation zwischen Mutter und Kind, wobei dem Würdeschutz in Form des Selbstbestimmungsrechtes der Mutter allein in einer obsiegenden Abwägung mit dem Lebensrecht des Embryos hinreichend Rechnung getragen werden kann.[677] Der grundsätzlich nicht einschränkbare Menschenwürdeschutz lässt nämlich immer dann eine immanente Beschränkung zu, wenn die Menschenwürde des einen nur durch einen Eingriff in die Menschenwürde eines anderen geschützt werden kann.[678] Gerade diese Konfliktsituation Fall stellt sich im Falle des Schwangerschaftsabbruch. Das Obsiegen grundrechtlicher Interessen der Mutter, besonders auch im Hinblick auf § 219 II und III StGB, lässt aber noch nicht den Schluss zu, dass der Embryo gar nicht über Menschenwürde verfüge. Vielmehr ist seine Dignität aufgrund der besonderen Konstellation der *„Zweiheit in Einheit“* in diesem Ausnahmefall der Abwägung mit

---

[674] BVerfGE **39**, 1 (41); **88**, 203 (252).

[675] u.a. Dressler, die jedoch erst von der Anwendbarkeit ab dem Abschluss der Individuation und somit vom 14. Tag ausgeht, S. 85 ff.; Ulmer, S. 25; Mersson, S. 72 ff; Pap, Extrakorporale Befruchtung, S. 237 ff; ders. „Die Würde des werdenden Lebens in vitro“ in: MedR 1986, S. 229 (234); Benda „Verständigungsversuche über die Würde des Menschen“ in: NJW 2001, S. 2147 (2148); Stern, StR III/1, S. 1060ff; Starck in v. Mangoldt/Klein/Starck, Art. 1 Abs. I, Rn. 18 u. 94; Vitzthum „Die Menschenwürde als Verfassungsbegriff“ in: JZ 1985, S. 201 (208); ders. „Gentechnik und Grundgesetz“, S. 185 ff; ders. „Gentechnologie und Menschenwürde“ in: MedR, S. 249 ff; Däubler – Gmelin „Die Würde des Embryos ist unbezweifelbar“, Interview in: FAZ vom 22. Mai 2001, Nr. 118/S. 52f; Riedel „Wer die Ethik nicht fühlen will, muss das Recht hören“ in: FAZ vom 7. Mai 2001, Nr. 105/S. 50; Schreiber „Zur rechtlichen Problematik der Stammzellverwendung“, S. 11.

[676] BVerfGE **39**, 1 (40).

[677] Benda in: ders./Maihofer/Vogel, § 6, Rn. 9.

[678] Starck in: v. Mangoldt/Klein/Starck, Art. 1 Abs. 1, Rn. 35.

den Interessen der Mutter in einem beschränktem Umfang zugänglich; dem Zugriff Dritter kann sie dadurch jedoch trotzdem entzogen bleiben.[679]

Eine klare Absage erklärt das BVerfG ferner allen Begründungsvorschlägen, die für das Vorliegen der Menschenwürde auf bestimmte subjektive Qualitäten beim Adressaten des Würdeschutzes abstellen wollen, da *„[e]s [...] nicht entscheidend [ist], ob der Träger sich der Menschenwürde bewusst ist und sie selbst zu wahren weiß."*[680] Allein das objektive Vorhandensein menschlichen Lebens im gesamten Spektrum seiner Erscheinungsformen ist das einzige notwendige Kriterium zur Begründung des Menschenwürdeanspruches. Über den Rahmen des vom BVerfG positiv festgestellten grundrechtlichen Würdeschutz des Nasciturus ab dem 14. Tag p.c. muss sich ein solcher aber weitergehend sogar vom Zeitpunkt der Befruchtung an auch auf den praenidativen und auch in vitro befindlichen Embryo erstrecken.[681] Im Augenblick der Zeugung und der Bildung der neuen genetischen Information „entsteht der neue Wesens- und Persönlichkeitskern, der sich hinfort nicht mehr ändert"[682] und als Voraussetzung des verfassungsrechtlichen Menschenwürdeschutzes angesehen werden muss.[683] Diese dem Embryo in seiner frühesten Entwicklungsphase inhärenten und unveränderlichen Anlagen sind auch nach der Verfassungsrechtsprechung für die Begründung des Würdeschutzes ausschlaggebend, wenn es heißt: *„Die von Anfang an im menschlichen Sein angelegten potentiellen Fähigkeiten genügen, um die Menschenwürde zu begründen."*[684] Wird des Weiteren die Erstreckung des Grundrechtsschutzes des Art. 2 II 1 GG auf den praenidativen Embryo bereits bejaht und damit das Vorliegen menschlichen Lebens angenommen, so muss ihm zwingend auch Menschenwürde zukommen.[685] Dies ergibt sich schließlich auch daraus, dass die Menschenwürde im Sinne der Verfassungsrechtsprechung sich nicht nur als *„die*

---

[679] Däubler-Gmelin „Die Würde des Embryos ist unbezweifelbar" in: FAZ vom 22. Mai 2001, Nr. 118/S. 52f; Riedel „Wer die Ethik nicht fühlen will, muss das Recht hören" in: FAZ vom 7. Mai 2001, Nr. 105/S. 50. Zur Bewertung einer Würdeverletzung des Embryos im Verhältnis zu Dritten im Folgenden.

[680] BVerfGE **39**, 1 (41); in diesem Sinn auch BVerfGE 88, 203 (252); Starck in: v. Mangoldt/Klein/Starck, Art. 1, Rn. 47; so auch Ekaterini, S. 121; Stern, StR III/1, S. 1061.

[681] In diesem Sinne Benda „Verständigungsversuche über die Würde des Menschen" in: NJW 2001, 2147 (2148); Böckenförde „Menschenwürde als normatives Prinzip" in: JZ 2003, 809 (811ff) Höfling in: Sachs, Art. 1, Rn. 51; Kunig in: v. Münch, Art. 1, Rn. 14; Laufs „Die künstliche Befruchtung beim Menschen" in: JZ 1986, 769 (774); Starck in: v. Mangoldt/Klein/Starck, Art. 1 Abs. 1, Rn. 19 f, Dreier, Art. 2, Rn. 652, jew.m.w. Nachw.; A.a. Dressler, S. 85ff; Hofmann „Biotechnik, Gentherapie, Genmanipulation – Wissenschaft im rechtsfreien Raum?" in: JZ 1986, S. 253 (259f).

[682] Dürig in: Maunz/Dürig/Herzog, Art. 1, Rn. 24; Grds. Bestätigung durch Herdegen in der Neubearbeitung: Maunz/Dürig/Herzog, Art. 1 Rn. 61. Herdegen betont jedoch auch die notwendige Symbiose zwischen Embryo und Uterus zur Entwicklungsfähigkeit; Böckenförde „Menschenwürde als normatives Prinzip" in: JZ 2003, 809 (812).

[683] so auch Böckenförde-Wunderlich „Präimplationsdiagnostik als Rechtsproblem", S. 167.

[684] BVerfGE **39**, 1 (41).

[685] *„Wo menschliches Leben existiert, kommt ihm Menschenwürde zu"* BVerfGE **39**, 1 (41); bestätigt durch E **88**, 203 (252).

individuelle Würde der jeweiligen Person, sondern [als] die Würde des Menschen als Gattungswesen" darstellt. *„Jeder besitzt [diese] ohne Rücksicht auf seine Eigenschaften, seine Leistungen und seinen sozialen Status. Sie ist auch dem eigen, der aufgrund seines körperlichen und geistigen Zustandes nicht sinnhaft handeln kann."*[686] Der menschliche Embryo fällt damit zumindest als menschliches Gattungswesen vom Anbeginn seiner Existenz an unter den Würdeschutz und muss damit ebenfalls als *„Mensch"* iSd Art. 1 I GG angesehen werden.[687] Verfehlt ist hingegen der Ansatz, den verfassungsrechtlichen Menschenwürdebegriff auf die gesamte Gattung Mensch beziehen zu wollen und diese an der *objektiv – rechtlichen* Wirkung des Art. 1 I GG teilhaft werden zu lassen.[688] Die Wirkung der Grundrechte ist allein subjektsbezogen und bezweckt damit allein den Schutz des Individuums. Art. 1 I GG schützt somit nicht die Würde der „Gattung Mensch" bzw. des „Menschenbildes"[689] und damit nicht die Menschheit in toto.[690]

Dass der Embryo bereits von der Konzeption an unter den verfassungsrechtlichen Würdeschutz fallen muss, macht noch ein weiteres Moment deutlich. Der Anwendungsbereich eines Grundrechtes ist stets so auszulegen, dass es seinen größtmöglichen Schutz entfalten kann.[691] Sind letzte Zweifel über die Einbeziehbarkeit eines Subjektes in den Schutzbereich nicht auszuräumen, muss insbesondere beim Menschenwürdeschutz der Grundsatz *in dubio pro dignitate (embryone*[692]*)* gelten. Solange also keine eindeutigen Belege dafür angeführt werden können, dass nicht bereits die befruchtete Eizelle an der objektiven Wertentscheidung durch die Menschenwürde nicht teilhaben kann, muss sie daher in den Schutzbereich mit einbezogen werden.

δ) Die Feststellung einer Würdeverletzung

Der dem Grundgesetz zugrundegelegte Menschenwürdebegriff spiegelt den sozialen Wert- und Achtungsanspruch wider, der jedem Menschen allein aufgrund seines Menschseins zukommen muss.[693] Entsprechend dem kantischen Instrumentalisierungsverbot liegt eine Verletzung der Menschenwürde immer dann vor, wenn der

---

686 BVerfGE **87**, 209 (228).

687 vgl. Ekaterini, S. 124, mwN; Schreiber „Zur rechtlichen Problematik der Stammzellverwendung", S. 11; Böckenförde-Wunderlich „Präimplationsdiagnostik als Rechtsproblem", S. 167.

688 In diesem Punkt besteht ein gravierender Unterschied zum moralphilosophischen Menschenwürdebegriff, der nach teilweiser Ansicht (vgl. nur *Braun, Birnbacher* u. *Habermas*, 2. Kapitel) eine Ausdehnung auf die gesamte Menschheit iSe einer *Gattungsethik* oder *Gattungssolidarität* (*Merkel*) zulässt.

689 Schütze „Die Bedeutung von Statusargumenten", S 305 (316).

690 Frankenberg „Die Würde des Klons und die Krise des Rechts", S. 325 (331); in diesem Sinne auch Hofmann „Biotechnik, Gentherapie, Genmanipulation – Wissenschaft im rechtsfreien Raum" in: JZ 1986, S. 253 (259) mwN.

691 BVerfGE **6**, 55 (72); 32, 54 (71); **39**, 1 (38); Mersson, S. 74.

692 Herzog „Der Verfassungsauftrag zum Schutz des ungeborenen Lebens" in: JR 1969, 441 (443); Pap, Extrakorporale Befruchtung, S. 241.

693 BVerfGE **87**, 209 (228).

Mensch zum bloßen Instrument gemacht wird.[694] Dieses Instrumentalisierungsverbot hat *Dürig* mit der sog. *Objekt – Formel* konkretisiert, wonach eine Verletzung der Menschenwürde regelmäßig dann vorliegt, *„wenn der konkrete Mensch zum Objekt, zu einem bloßen Mittel, zur vertretbaren Größe herabgewürdigt wird.“*[695] Kein Mensch darf damit als bloßes Mittel zum Zweck gebraucht werden, sondern muss jederzeit Zweck an sich selbst bleiben.[696] Das BVerfG entnimmt dementsprechend Art. 1 GG das Gebot, *„dass der Mensch nicht zum bloßen Objekt degradiert werden oder einer Handlung unterzogen werden darf, die seine Subjektqualität prinzipiell in Frage stellt“.*[697] Die Behandlung muss damit im einzelnen Fall auf eine willkürliche Missachtung der Menschenwürde schließen lassen können[698] und die Verachtung des Wertes, der dem Menschen kraft seines Personenseins zukommt, zum Ausdruck bringen. Damit hat das BVerfG allein den Verletzungstatbestand definiert. Einer positiven Definition des Menschenwürdebegriffes ist es bisher wohlweislich nicht nachgekommen.[699] Eine solche wäre wohl auch kaum erstrebenswert, da diese zur Festgelegtheit des Gerichts in der Beurteilung zukünftiger Fallbewertungen führen würde. Um sich Flexibilität zu bewahren und dem Einzellfall auch zukünftig gerecht zu werden, darf der Rechtsbegriff der Menschenwürde nicht statisch konzipiert sein.[700] Nach der Rechtsprechung des BVerfG kann das Urteil darüber, was der Menschenwürde entspricht, nur auf dem jeweiligen Stand der gesellschaftlichen Wertvorstellungen erfolgen und erhebt somit keinen Anspruch auf zeitlose Gültigkeit.[701] Allgemeine Formeln, wie die Objekt-Formel, *„können lediglich die Richtung andeuten, in der Fälle der Verletzung der Menschenwürde gefunden werden können“*[702]. Die Verletzung der Menschenwürde muss daher immer in Ansehung des konkreten Falles beurteilt werden.[703] *Herdegen* führt in der umfassenden Neukommentierung des Art. 1 GG des Grundgesetzkommentars von *Maunz/Dürig* das „gestufte Würdekonzept“ an. Danach ist trotz des kategorialen Würdeanspruchs aller Menschen Art und Maß des Würdeschutzes für Differenzierungen durchaus offen. Der Würdeanspruch ist danach Abstufungen zugänglich, soweit diese durch besondere Umstände zu rechtfer-

---

[694] BVerfGE **45**, 187 (228).

[695] Dürig „Der Grundrechtssatz der Menschenwürde“ in AöR 81 (1956), 117 (127); ders. in: Maunz/Dürig/Herzog, Art. 1, Rn. 28; Vitzthum „Die Menschenwürde als Verfassungsbegriff“ in: JZ 1985 201 (202).

[696] BVerfGE **45**, 187 (228); Zippelius in: Bonner Kommentar, Art. 1, Rn. 14 u. 63.

[697] BVerfGE **50**, 166 (175); **87**, 209 (228); Pap, Extrakorporale Befruchtung und Embryotransfer, S. 247.

[698] BVerfGE **30**, 1 (25f); **87**, 209 (228); Vitzthum „Die Menschenwürde als Verfassungsbegriff“ in: JZ 1985, S. 201 (202).

[699] Einen Überblick zum Versuch der positiven Festlegung des Menschenwürdebegriffes in der Literatur liefert Dreier in: ders., Art. 1 I, Rn. 58 ff; so auch bei Dressler, S. 78; Pap, Extrakorporale Befruchtung, S. 193 ff; Ekaterini, S. 118 ff; Frankenberg „Die Würde des Klons und die Krise des Rechts“ in: KJ 2000, 325 (328).

[700] Taupitz, „Der rechtliche Rahmen des Klonens zu therapeutischen Zwecken“, S. 8.

[701] BVerfGE **45**, 187 (229); BVerfGE **96**, 375 (400).

[702] BVerfGE **30**, 1 (25).

[703] BVerfGE **30**, 1 (25).

tigen sind.[704] Derartige Besonderheiten haben nach *Herdegen* insbesondere bei der Statusbewertung des pränatalen Lebens im Bereich der Biotechnologie und Biomedizin Berücksichtigung zu finden.[705] Der Vorstoß *Herdegens* führte - notwendigerweise - zunächst zu erheblichen Diskussionen.

ε) Die Bestimmung einer Würdeverletzung beim praeimplantiven Embryo

Mit der Konzeption liegt bereits regelmäßig ein zur Entwicklung fähiges menschliches Lebewesen vor, dem „als Entwicklungsform eines menschlichen Subjekts bereits ein schutzwürdiger Status zukommt und das demzufolge nicht zum willkürlichen Objekt von Manipulationen gemacht werden“[706] darf. Die Feststellung, dass auch der frühe Embryo bereits Träger der Menschenwürde ist, bedeutet jedoch nicht gleichzeitig, dass jede Verwendung eines solchen zu anderen Zwecken als der Herbeiführung einer Schwangerschaft zwangsläufig dem verfassungsrechtlichen Würdeschutz widersprechen muss. Es wird sich im Folgenden zeigen, dass der dem praeimplantiven Embryo zugestandene Anspruch auf Menschenwürde eine andere Dimension hat, als dies beim gestaltgewordenen Menschen der Fall ist und gegenüber der Anwendung des Würdegebotes auf den bereits geborenen Menschen bestimmte Einschränkungen gemacht werden müssen. Der Würdeschutzanspruch des sich entwickelnden Lebens an den Staat wächst in vergleichbarer Weise heran, wie das Leben selbst. Entwicklungsbiologisch erhebliche Entstehungsphasen bedingen verfassungsrechtliche Würdigungen. Dabei kann bereits im Vorfeld festgestellt werden, dass diese These durchaus der Rechtsprechung des BVerfG unterliegt. So hat das BVerfG dem menschlichen Leben zwar von Anbeginn an Menschenwürde nach Art. 1 I GG zugesprochen, sich aber gerade nicht dazu geäußert, in welchem Umfang dies der Fall ist bzw. an welchen Kriterien sich eine Würdeverletzung messen lassen muss.

Ebenso wie *Dreier* nimmt auch *Herdegen* in zustimmungswürdiger Weise in der Neuinterpretation der Kommentierung zu Art. 1 I GG von *Maunz/Dürig* eine scharfe Trennung zwischen grundrechtlichem Lebensschutz und pränatalem Würdeschutz vor.[707] Diese Trennung hat u.a. dahingehende Auswirkungen, dass eine nichtvorhandene Entwicklungspotentialität auch auf den Würdeschutzanspruch ausstrahlt. Den Umfang des Lebensschutzes entnahm auch das BVerfG bei seiner bisherigen Rechtsprechung zum Schwangerschaftsabbruch allein Art. 2 II 1 GG. Diese Trennbarkeit ist grundsätzlich auch wesentliche Voraussetzung einer Statusbewertung des Embryos. Unter der Maßgabe, dass dem Embryo vom Zeitpunkt der Konzeption an auch der Würdeanspruch zusteht, wächst dieser in seiner Intensität mit den Entwicklungsphasen und dem Entwicklungspotential des Embryos.

---

[704] Herdegen in: Maunz/Dürig/Herzog, Art. 1 I, Rn. 50.
[705] Herdegen in: Maunz/Dürig/Herzog, Art. 1 I, Rn. 55.
[706] Benda-Bericht, S. 4, Ziff. 1.3; in diesem Sinne die ehemalige Bundesjustizministerin Däubler-Gmelin im Interview mit der FAZ vom 22. Mai 2001, Nr. 118/ S. 52.
[707] Herdegen in: Maunz/Dürig/Herzog, Art. 1 I, Rn. 57.

Gegen diese Trennung von Lebensschutz und Würdeschutz bzw. einem ansteigenden Würdeschutz positioniert sich u.a. *Böckenförde.* Er wendet ein, dass Art. 1 I GG die Achtung der Würde des Menschen und damit jedes Menschen, nicht nur bestimmter Menschen oder nur von Menschen mit bestimmten Eigenschaften und Fähigkeiten, garantiere. Dabei sei der Menschenwürdeschutz absolut und keinen Anpassungen und Relativierungen zugänglich, womit sich Abstufungen verböten. Wenn Art. 2 II GG auch den Lebensschutz des (praeimplantiven) Embryos umfasse, dann müsse der Schutzbereich des Art. 1 I GG in einem absoluten Sinne eröffnet sein, denn „jeder" iSv Art. 2 II GG könne nur ein Mensch sein.[708] *Bökenfördes* Einwand verfängt jedoch nicht, soweit berücksichtigt wird, dass der Menschenwürdeschutz ebenso wie der Lebensschutz in einem Zeitalter des medizinischen und auch gesellschaftlichen Fortschrittes ausgelegt werden muss.[709] Stufen- und Wachstumstheorien der Menschenwürde finden ihre Berechtigung sowohl in den entwicklungsmedizinischen Grundlagen als auch dem verfassungsrechtlich gewährten Schutzanspruch des ungeborenen Lebens.[710] Bereits die Rechtsprechung des Bundesverfassungsgerichtes zeigt verschiedene Komponenten des pränatalen Würdeschutzes auf. Am deutlichsten wird dies durch bereits durch die vom BVerfG gewählte Formulierung, dass dem menschlichen Embryo *„jedenfalls ab der Nidation Menschenwürde zukommen soll"*[711]. Der menschliche Embryo ist als „menschliches Leben", aber eben noch nicht als „personalisierter Mensch", in jeder seiner Entwicklungsphasen Träger der Menschenwürde bzw. Schutzberechtigter, die Intensität wächst jedoch an und hängt von den objektiven Umständen ab.[712] Das nichtpersonifizierte menschliche Leben entspricht offensichtlich nicht dem fühlenden, denkenden ja gar vernunftgeleiteten Wesen. Anforderungen und Bedürfnisse ändern sich, mit der Folge, dass auch die Verzwecklichung an verschiedenen Maßstäben zu messen ist.[713] Der verfassungsrechtliche Rechtsgüterschutz darf mit einem Verbot zur Embryonenforschung nicht faktisch zu einem deutlich stärkeren Rechtsschutz der Embryonen in vitro gegenüber dem Embryo in vivo führen. In beiden Fällen handelt es sich um embryonales menschliches Lebens.[714]

---

[708] Böckenförde, „Bleibt die Menschenwürde unantastbar?" in: Blätter für deutsche und internationale Politik 10/2004. Überarbeitete Fassung des Vortrags auf der Veranstaltung „Rütteln am Fundament? Die Debatte um eine Neuinterpretation der Menschenwürde-Garantie des Grundgesetzes" der Heinrich-Böll-Stiftung und des Instituts Mensch, Ethik, Wissenschaft (IMEW) am 11.6.2004 in Berlin. In diesem Sinne u.a. auch Starck in: v. Mangoldt/Klein/Starck, Art. 1 Abs. 1, Rn. 20 f, 33; Nationaler Ethikrat „Stellungnahme - Klonen zu Fortpflanzungszwecken und Klonen zu biomedizinischen Forschungszwecken" S. 55f.

[709] Hufen „Erosion der Menschenwürde", in: JZ 2004, 313 (315).

[710] Hufen „Erosion der Menschenwürde", in: JZ 2004, 313 (315).

[711] BVerfGE 88, 203 (252f).

[712] Herdegen in: Maunz/Dürig/Herzog, Art. 1 I, Rn. 65; in diesem Sinne bereits Zippelius in: Bonner Kommentar, Art. 1 Rn. 51.

[713] Hufen „Erosion der Menschenwürde", in: JZ 2004, 313 (317).

[714] Nationaler Ethikrat „Stellungnahme zum Import humaner embryonaler Stammzellen", S. 8.

Alle weiteren Überlegungen haben daher die Bestimmung des Umfangs des Würdeschutzes beim Embryo zur Grundlage. Hierbei müssen die elementaren Grundsätze, die für die Verletzung der Menschenwürde bei der Tötung menschlichen Lebens gelten auch beim Embryo in entsprechender Weise Anwendung finden. So ist es vornehmlich notwendig, sich bewusst zu machen, dass auch die Tötung eines geborenen Menschen nicht zwangsläufig mit einer Menschenwürdeverletzung einhergeht. Selbst die bewusste Vernichtung gestaltgewordenen menschlichen Lebens ist immer erst dann an der Menschenwürdegarantie zu messen, wenn besondere Begleitumstände hinzutreten.[715] Diese konkretisieren sich darin, dass die Behandlung zugleich eine „verächtlichende" Degradierung des Subjektes zu einem bloßen Objekt darstellen muss. Bei entsprechender Anwendung auf den menschlichen Embryo in der Retorte bedeutet dies, dass, soweit die Möglichkeit der Produktion „überzähliger Embryonen" bei der in-vitro-Fertilisation und ihr späteres Absterbenlassen für mit dem grundgesetzlichen Würdeanspruch vereinbar gehalten wird, es bei jeder Behandlung, die ein Absterben bzw. eine Unimplantierbarkeit des Embryos zur Folge hat, für die Annahme einer Menschenwürdeverletzung ebenfalls weiterer besonderer Unwertelemente bedarf.[716] Der vorverlagerte Würdeschutz zwingt damit also nicht a priori dazu, Forschung am sich entwickelnden Leben auszuschließen.[717] Die Frage nach einer Menschenwürdeverletzung beim Embryo konkretisiert sich vielmehr u.a. darin, ob der Zweck einer Maßnahme die Subjektqualität des Keimlings derart negiert, dass sie sich in keinerlei Weise mehr rechtfertigen lässt. Dabei muss die Annahme einer Menschenwürdeverletzung auf einer Gesamtabwägung mit den Zwecken zu denen eine Verwendung vollzogen werden soll, beruhen, sodass erst aufgrund einer verfassungsrechtlichen Gesamtbewertung die Aussage getroffen werden kann, ob eine bestimmte Handlung auch tatsächlich eine Verletzung der Menschenwürde beim Embryo darstellt.[718] Diese zusätzlichen Wertungsmöglichkeiten finden ihre Berechtigung darin, dass der praeimplantive Embryo in seinem Anspruch auf Würdeschutz nicht mit dem weiterentwickeltem und erst recht nicht mit dem geborenem menschlichen Leben gleichgestellt werden darf.[719] Die Unterschiede zwischen dem frühen Embryo und dem gestaltgewordenen Menschen sind evident, sodass sie an dieser Stelle wohl keiner weiteren Aus-

---

[715] Höfling in: Sachs, Art. 1, Rn. 60; Taupitz „Der rechtliche Rahmen des Klonens zu therapeutischen Zwecken", S. 11.

[716] Herdegen in: Maunz/Dürig/Herzog Art. 1 Abs. 1, Rn. 107; ders. „Die Menschenwürde im Fluss des bioethischen Diskurses", in: JZ 2001, 773 (775);

[717] Stern, StR III/1, S. 1062.

[718] Taupitz „Der rechtliche Rahmen des Klonens zu therapeutischen Zwecken", S. 10; Höfling in: Sachs, Art. 1, Rn. 12ff, 16; Fechner „Menschenwürde und generative Forschung und Technik" in: JZ 1986, S. 653 (657).

[719] vgl. dazu auch Habermas, S. 67: Nach *Habermas* liegt eine Differenzierung zwischen der Würde menschlichen Lebens in seinen verschiedenen Erscheinungsformen und der verfassungsrechtlich garantierten Menschenwürde einer Person nahe, wobei auch dem vorgeburtlichen menschlichen Leben eine zumindest eine moralische und rechtliche Verpflichtung um seiner selbst willen zugute kommen muss.

führung bedürfen. Mensch und Embryo bilden daher zwei derart unterschiedliche Adressatengruppen des Menschenwürdeschutzes, dass deren pauschale Gleichbehandlung vielmehr einen Verstoß gegen das verfassungsrechtliche Gleichheitsgebot darstellen würde.[720] Gesellschaftspolitisch anerkannte Praktiken, wie der Einsatz von chemischen und physikalischen Nidationshemmern, sowie die Regelungen des positiven Recht unterstreichen dies.[721] Dementsprechend kann und darf die mit Blick auf den geborenen Menschen entwickelte *Objekt – Formel* nicht uneingeschränkt und sinnwidrig auch auf den Embryo übertragen werden, denn diese setzt schließlich für ihre unbedingte Anwendbarkeit gerade ein gestaltgewordenes Subjekt voraus, das mit dem noch in seiner Entwicklung zum Menschen hin befindlichen Embryo tatsächlich noch nicht vorliegt.[722] Der Menschenwürdeschutz und damit einhergehend auch die *Objekt – Formel* müssen also mit Blick auf den Embryo modifiziert werden.[723]

Nach teilweise vertretener Ansicht stellt die Aufopferung des Embryos zumindest dann schon keine Verächtlichmachung des Embryos und daher auch keine Menschenwürdeverletzung dar, soweit diese Verwendung im Hinblick auf hochrangige Ziele ausgerichtet ist.[724] Eine reine Objektbehandlung lässt sich nach dieser Auffassung regelmäßig nur dann feststellen, wenn der menschliche Embryo sinnlos vergeudet würde, was jedoch im Falle der verbrauchenden Embryonenforschung zu hochrangigen therapeutischen Zwecken gerade nicht der Fall sei.[725] Dieser Lösungsansatz geht aber wohl zu weit, indem er im Ergebnis auf eine grundsätzliche Abwägungsfähigkeit menschlichen Lebens in seiner frühesten Entwicklungsphase mit anderen hochrangigen Rechtsgütern hinausläuft und somit eine absolut utilitaristische Dimension annimmt. Um eine grundsätzliche Freistellung menschlichen Lebens zu fremdnützigen Zwecken zu rechtfertigen, können rein von Nützlichkeitserwägungen geprägte Ansätze aber wohl kaum mit dem Würdeschutz vereinbar sein. Der richtige Ansatz liegt vielmehr darin, die Menschenwürde des Keimlings ebenfalls von vornherein jeglicher Relativierung zu entziehen, mit der Folge, dass jeder Eingriff zugleich auch eine nicht zu rechtfertigende Verletzungshandlung darstellt. Jedoch ist die Annahme einer Verletzung der besonderen Wertung zugänglich, die zwar in hohem Maße, aber nicht allein, die Finalität der Handlung mit einbezieht. Daneben müssen noch weitere Umstände, wie der Ort der Befindlichkeit, die Entwicklungsphase, die Chancen des Keimling die ihm innewohnende Po-

---

[720] Fechner „Menschenwürde und generative Forschung und Technik" in: JZ 1986, S. 653 (658); in diesem Sinne auch Herdegen „Die Menschenwürde im Fluss des bioethischen Diskurses" in: JZ 2001, S. 773 (774), ders. In Maunz/Dürig/Herzog, Art. 1 Abs. 1, Rn 58 ff

[721] Fechner „Menschenwürde und generative Forschung und Technik" in: JZ 1986, S. 653 (658); Nationaler Ethikrat „Stellungnahme zum Import humaner embryonaler Stammzellen", S. 8.

[722] Losch „Lebensschutz und Lebensbeginn" in: NJW 1992, S. 2926 (2930).

[723] Losch „Lebensschutz und Lebensbeginn" in: NJW 1992, S. 2926 (2930); Herdegen in: Maunz/Dürig/Herzog, Art. 1 Abs. 1, Rn. 55 ff.

[724] Zippelius in: Bonner-Kommentar, Art. 1, Rn. 77; Losch „Lebensschutz und Lebensbeginn" in: NJW 1992, S. 2926 (2930).

[725] Losch „Lebensschutz und Lebensbeginn" in: NJW 1992, S. 2926 (2930).

tentialität zu realisieren sowie die Art seiner Erzeugung in Relation zu den Zielen seiner Verwendung und den tatsächlichen Aussichten diese auch zu erreichen, hinreichend in die Bewertung mit einfließen. Wann eine willkürliche Objektivierung vorliegt, kann sich daher anhand dieser Kriterien allein bei der Prüfung im Einzellfall ergeben. Stellt eine Maßnahme schließlich jedoch keine Würdeverletzung dar, bestimmt sich der verfassungsrechtliche Lebensschutz allein nach Art. 2 II 1 GG.

αα) Der Embryo in vivo

Der im Mutterleib befindliche Embryo bedarf eines besonderen Schutzes. Dieses gebietet schon das Entwicklungspotential des Embryos in vivo. Bei optimalen Verlauf kann dieser sich in die Gebärmutterschleimhaut einnisten und sich dort zu einem extrauterin lebensfähigen Menschen entwickeln. Auch wenn der Embryo in dieser Phase noch nicht vollständig mit dem mütterlichen Stoffwechsel verbunden ist, ist allein aufgrund der örtlichen Befindlichkeit des Embryos im Mutterleib ein Unterschied zu dem in vitro befindlichen Embryo evident. Zwar führt erst der Abschluss der Nidation zu einer fortwachsenden Symbiose des Embryos und seiner Mutter, jedoch muss auch schon dieser selbstgesteuerte Weg des Embryos im Mutterleib als eine Symbiose im weiteren Sinne angesehen werden. Dies wird erst recht dadurch deutlich, als dass sich der Embryo ab ca. dem 5 Tag p.c. beginnt, sich in die Gebärmutter zu implantieren. Der Embryo in vivo besitzt die ihm innewohnende Kraft der Selbstverwirklichung und ist unabhängig von einer Steuerung von außen. Eine Gewinnung solcher Embryonen z.B. durch eine uterine lavage und Verwendung dieser zur Gewinnung von ES – Zelllinien würde eine Instrumentalisierung in Reinform darstellen, die dem Embryo jede Subjektqualität abspricht.[726] Der Umfang des staatlichen Lebensschutzes nach Art. 2 II 1 GG gegenüber dem Embryos konkretisiert sich in diesen Fällen anhand von Art. 1 I GG, sodass eine Abwägbarkeit zu den benannten Zwecken ausgeschlossen werden muss.[727]

---

[726] Der Schutz des praenidativen Embryos in vivo vor dem Einsatz chemischer und physikalischer Nidationshemmer ist nicht Gegenstand dieser Arbeit. Eine Menschenwürdeverletzung wird jedoch im Ergebnis wohl kaum anzunehmen sein, da wohl entsprechend dem Schwangerschaftsabbruch bei Einsatz der Mittel hier zumindest eine antizipierte Konfliktsituation vorliegt, auch wenn Kenntnis der Empfängnis bei der Betroffenen wohl kaum vorliegen wird. Gleiches muss für das damit für die staatliche Schutzverpflichtung bezüglich des Lebens des Embryos gelten. Strafrechtliche Regelung wird in diesen Fällen mit Blick auf das 2. Urteil zum Schwangerschaftsabbruch des BVerfG erst recht nicht angezeigt sein, soweit der Gesetzgeber in der Frühphase der Schwangerschaft auf eine Indikationsbedingte Strafdrohung verzichten kann (vgl. BVerfGE **88**, 203 Leitsatz 11).

[727] Dieses Ergebnis kann aber nicht pauschal auch den Einsatz chemischer und physikalischer Nidationshemmer bzw. andere Methoden zur Verhinderung einer Schwangerschaft angewendet werden. Zum einen scheint die Möglichkeit eine spätere Konfliktlage bereits in diesem Stadium zu antizipieren, überlegenswert, zum anderen darf auch die gesellschaftliche Akzeptanz dieser Praktiken nicht unterschätzt werden. Ferner machen die kaum überwindbaren Beweisschwierig-

ββ) Der Embryo in vitro und die Herstellung von Embryonen zu Forschungszwecken

Nachvollziehbare Gründe, warum der Embryo in vitro nicht ebenfalls vom Würdeschutz erfasst werden sollte, gibt es nicht. Der Aufenthaltsort des Rechtsgutinhabers ist nicht entscheidend für die Begründung eines rechtlichen Schutzanspruches.[728] Jedoch wird bei der Bestimmung einer Würdeverletzung die Einbeziehung der besonderen Ausgangslage des Embryos in vitro notwendig. Aufgrund seiner Befindlichkeit außerhalb des Mutterleibes ist seine Entwicklungsfähigkeit in vielfacher Weise anhand objektiver und subjektiver Kriterien bedingt, die nicht allein bei ihm selbst liegen.[729] So setzt seine Implantation in den weiblichen Uterus noch weitere menschliche Handlung von außen voraus. Diese zusätzliche und notwendige Handlung hängt des Weiteren von dem unveränderten Willen der Mutter, eine Schwangerschaft herbeiführen zu wollen, der physischen Möglichkeit zur Implantation sowie der Bereitschaft des assistierenden Arztes ab. Evident wird die nur eingeschränkte Rechtstellung des in vitro befindlichen Embryos in dem Zusammenhang, als dass diesem wohl kaum ein „Recht auf Transfer" in den Uterus einer Frau zugesprochen werden kann. Stände dem Embryo im Reagenzglas ein solches tatsächlich zu, so könnte dieses im Gegenzug aber nur als Pflicht der Mutter zur Tolerierung seiner Einpflanzung verstanden werden.[730] Diese Lösung wäre aber wohl kaum mit dem Selbstbestimmungsrecht der Frau vereinbar.[731] Die Rechtsstellung des Embryos hinsichtlich seines Lebensrechtes ist bereits damit faktisch abgestuft.

Eine Menschenwürdeverletzung iSd Art. 1 I GG liegt unabhängig davon jedoch regelmäßig vor, wenn menschliches Leben eigens zu dem Zweck erzeugt wird, als Forschungsobjekt zu dienen.[732] Die Erzeugung menschlicher Embryonen

---

keiten eine strafrechtliche Verfolgung der Abtötung eines *praenidativen* Keimlings *in vivo* wohl hinfällig.

[728] Riedel „wer die Ethik nicht fühlen will, muss das Recht hören" in: FAZ vom 7. Mai 2001, Nr. 105/S. 50; Ulmer, S. 26.

[729] a.A. z.B. Riedel „Wer die Ethik nicht fühlen will, muss das Recht hören" in: FAZ vom 7. Mai 2001, Nr. 105/S. 50. Eine unterschiedliche Bewertung zwischen dem Embryo in vivo und in vitro verbietet sich nach der Auffassung von *Riedel*. Denn von Seiten des Embryos liegen jeweils alle Voraussetzungen für einen selbstgesteuerten Lebensprozess vor.

[730] Ekaterini, S. 144.

[731] Brohm „Forum – Humanbiotechnik, Eigentum und Menschenwürde" in: JuS 1998, S. 197 (203); Ekaterini, S. 144; Günther in: Keller/Günther, S. 137 ff (161); Keller/Günther/Kaiser, § 2, Rn. 34.

[732] Böckenförde „Menschenwürde als normatives Prinzip" in: JZ 2003, 809 (813); Eine andere Auffassung vertritt z.B. Fechner in „Menschenwürde und generative Forschung und Technik" in: JZ 1986, S. 653 (659f). Danach hängt die Rechtfertigung zur Erzeugung menschlicher Embryonen allein zu Forschungszwecken von der Dringlichkeit des Forschungszieles ab und muss innerhalb einer Güterabwägung ermittelt werden. In diesem Sinne auch *Hofmann* in „Biotechnik, Gentherapie, Genmanipulation – Wissenschaft im rechtsfreien Raum?" in: JZ 1986, S. 253 (259). *Hofmann* vertritt die These, dass eine Verpflichtung zum kategorischen Verbot der Forschung am frühen Embryo nicht automatisch und ohne Abwägung des möglichen therapeutischen Gewinns

ausschließlich zu Forschungszwecken in Verbindung mit der Billigung der späteren Tötung stellt geradezu den klassischen Fall der Instrumentalisierung menschlichen Lebens dar, die in hochgradiger Weise diesem Leben jeden eigenen Wert abspricht und damit jeder Achtungserfüllung entbehrt.[733] Die verbrauchende Embryonenforschung an eigens dafür erzeugten Embryonen ist damit nicht mit den obersten Verfassungsprinzipien vereinbar.[734] Somit liegt in den Fälle der Produktion menschlicher Embryonen zu Forschungszwecken und somit auch zur Gewinnung von ES - Zelllinien eine unüberwindbare Beschränkung durch die objektive Werteordnung verfassungsrechtlicher Grundsätze vor, die jeder weitere Abwägung mit anderen auch noch so hochrangigen Rechtsgütern verschlossen bleibt.[735] Ein Eingriff ließe sich daher auch nicht mit der grundsätzlich schrankenlos gewährleisteten Forschungsfreiheit aufgrund dieser verfassungsimmanenten Beschränkung rechtfertigen. Eingedenk des fundamentalen Beeinträchtigungscharakters der Herstellung

---

mit den zu besorgenden Risiken schon ex definitione aus der Verfassung folgt; Zippelius in: Bonner-Kommentar, Art. 1, Rn. 51; Losch „Lebensschutz und Lebensbeginn" in: NJW 1992, S. 2926 (2930); noch weitergehend Dreier in: ders. Art. 1 I, Rn. 217; Merkel „Rechte für Embryonen?" in DIE ZEIT 05/2001. Nach der Auffassung von *Dreier* und *Merkel* ist der *in vitro* befindliche Embryo ebensowenig Träger der Menschenwürde wie der *in vivo* befindliche Embryo.

[733] nach *Ross* liegt „das Monströse" gerade darin Träger des Grundrechtes aus Art. 2 II 1 GG zu erzeugen, um diese sogleich als Forschungsmaterial „zu verbrauchen", vgl. Ross „Das Monströse" in DIE ZEIT 35/2000; in diesem Sinne auch Günther „Strafrechtliche Verbote der Embryonenforschung" in: MedR 1990, S. 161 (162); Graf Vitzthum „Gentechnik und Grundgesetz", S. 185 (190); Eser „Forschung mit Embryonen" S. 288f; Ulmer, S. 136; in diesem Sinne auch Ekaterini, S. 133; dem ebenfalls kritisch gegenüberstehend Schreiber „Zur rechtlichen Problematik der Stammzellverwendung", S. 12; Ulmer, S. 137; Höfling „Zygote – Mensch – Person" in: FAZ vom 10. Juli 2001, Nr. 157/S. 8; Laufs, „Fortpflanzungsmedizin und Menschenwürde in: NJW 2000, S. 2716 (2717); Graf Vitzthum „Gentechnologie und Menschenwürde" in: MedR 1985, S. 249 (256); in diesem Sinne auch die Stellungnahme der „Zentralen Ethikkommission bei der Bundesärztekammer", Ziff. 10, in Dt. Ärztebl. 2001; 98: C 2553; DFG – Empfehlung vom 2001, Ziff. 2.6.2, S. 42f, wobei die Empfehlung eine differenzierte Darstellung enthält.

[734] Benda „Humangenetik und Recht – eine Zwischenbilanz" in: NJW 1985, S. 1730 (1733); Benda – Bericht Ziff. 2.4.2.1.1. u. Ziff. 2.4.1.2. Einzelne Mitglieder der Arbeitsgruppe haben es nicht ausschließen wollen, menschliche Embryonen mit dem Ziel zu erzeugen, an ihnen während der ersten Zellteilungen Forschungen vorzunehmen, sofern die entsprechenden Untersuchungen besonders hochrangigen Forschungszielen dient. Besondere Beachtung muss in diesem Zusammenhang finden auch die Entschließung des Bundesrates zur extrakorporalen Befruchtung vom 15.06.1986 (BR-DS 210/86) finden: „(1) Mit der Vereinigung von Ei- und Samenzelle entsteht menschliches Leben. Menschliches Leben steht von seinem Anbeginn unter dem Schutz der verfassungsrechtlichen Wertentscheidungen zugunsten der Menschenwürde (Artikel 1 I GG) und des Lebens (Art. 2 II GG). (...) (2) (...) Zu experimentellen Zwecken darf menschliches Leben nicht geschaffen werden. Verbrauchende wissenschaftliche Experimente an menschlichen Embryonen sind abzulehnen. Um Befruchtungen und Experimenten entgegenzuwirken, die diesen Grundsätzen widersprechen, sind Strafvorschriften in Betracht zu ziehen."

[735] a.A. z.B. Kummer „Soll man das therapeutische Klonen verbieten" in Stimmen der Zeit 2001; 219: 198 (199f). Kummer differenziert nach dem Ziel der Erzeugung, wobei erst bei dem Zweck, tatsächlich eine Implantation hervorrufen zu wollen die Potentialität des Zellkonglomerats als ein maßgebliche Kriterium zur Begründung besonderer Rechte angenommen wird.

menschlichen Lebens allein zu Forschungszwecken entspringt es der staatlichen Schutzverpflichtung, ein solches Verhalten zu verbieten.[736]

γγ) Der „überzählige" Embryo in vitro

Nach der gegenwärtigen Rechtslage in Deutschland besteht keine Verpflichtung, Embryonen, die im Wege der in-vitro-Fertilisation zur Herbeiführung einer Schwangerschaft erzeugt wurden und anschließend der Eizellspenderin nicht implantiert werden konnten, künstlich aufzubewahren. Mithin entspricht es auch der gegenwärtig gängigen Praxis, diese Embryonen absterben zu lassen. Fraglich ist daher, ob und gegebenenfalls inwieweit eine Vernutzung dieser Embryonen zu Forschungszwecken bzw. zur Gewinnung von humanen ES – Zellen unter verfassungsrechtlichen Gesichtspunkten zulässig ist oder ebenfalls verfassungsimmanenter Beschränkungen unterliegen, die den Rückgriff auf die nach Art. 5 III GG verfassungsrechtlich gewährleistete Forschungsfreiheit verwährt.

In der Erzeugung dieser Embryonen kann keine Menschenwürdeverletzung iSd Art. 1 I GG gesehen werden. Ziel der Reagenzglasbefruchtung war die spätere Implantation in den Uterus einer Frau und somit die Herbeiführung einer Schwangerschaft.[737] Die Verhinderung des späteren Transfers kann an dieser Tatsache auch nichts ändern. Einzige Möglichkeit der Herbeiführung dieses Zweckes kann in diesen Fällen nur die Implantation in den Uterus einer anderen Frau sein. Es sei daher nur kurz an dieser Stelle erwähnt, dass eine solche Praktik auch nicht unter eine Verbotsnorm des ESchG fallen würde.[738] Der Gesetzgeber hat es bei der Erarbeitung des ESchG gerade absichtlich unterlassen, diesen Fall unter ein strafrechtliches Verbot zu stellen, um so größtmöglichen Lebensschutz von IVF – Embryonen gewährleisten zu können. Eine Embryonenadoption kommt daher unter strafgesetzlichen Gesichtspunkten grundsätzlich in Betracht, soweit dies die einzige Möglichkeit darstellt, das Leben des Embryos zu retten. Dieser Bereich ist gegenwärtig allein verfahrensrechtlich in keiner Weise geregelt.[739]

---

[736] Der Herstellung von IVF – Embryonen sind in diesem Zusammenhang kryokonservierte Embryonen im Vorkernstadium gleichzustellen. Um diese für spätere Forschungszwecke nutzbar zu machen, müssen sie zunächst auch das frühe Embryonalstadium durchlaufen. Somit würden zunächst Embryonen erzeugt, um sie sogleich wieder für fremdnüztige Zwecke zu verwenden. Vgl. hierzu auch den zweiten Teilbericht der Enquete- Kommission „Recht und Ethik in der modernen Medizin", Ziff. 3.1.1, S. 69, BT-DS **14**/7546

[737] statt vieler: Herdegen in: Maunz/Dürig/Herzog, Art. 1 Abs. 1, Rn. 95; Böckenförde „Menschenwürde als normatives Prinzip" in: JZ 2003, 809 (813).

[738] Keller/Günther/Kaiser, § 1, Rn. 9f; sowie amtl. Begründung des Gesetzesentwurfs BT-DS 11/5460, S. 8; BT-DS 11/6925, S. 2; Starck „Hört auf, unser Grundgesetz zerreden zu wollen" in: FAZ vom 30. Mai 2001, Nr. 124/S. 55; zu den mit der Embryonenadoption verbunden Problemen vgl. den Zweiten Teilbericht der Enquete-Kommission für „Recht und Ethik in der modernen Medizin", Ziff. 3.1.1.2.3, S. 76ff, BT-DS **14**/7546.

[739] Vielfach werden daher die Stimmen nach einer solchen gesetzlichen Regelung laut, um auf diese Weise jedem in vitro Embryo eine grundsätzliche Chance auf Implantation einzuräumen, in

Auch das ärztliche Standesrecht nimmt diesen Sachverhalt nicht auf. Ungehindert dieser Feststellung gehört es nun mal auch zur gängigen Praxis in der deutschen Reproduktionsmedizin, dass „überzählige Embryonen" anfallen[740], und ihr weiteres Schicksal ungeklärt ist. Kommt also eine spätere Implantation nach Kryokonservierung bei der Eizellspenderin in Betracht, sind sie gegenwärtig de facto dem Tode geweiht. Potentialität eines solchen IVF-Embryos zur weiteren Entwicklung ist bei diesen „Zukunftsaussichten" damit tatsächlich nicht mehr gegeben. Durch „verbrauchende Embryonenforschung" kann diesen Embryonen daher auch keine weitere Entwicklungschance genommen werden, da sie diese ohnehin nicht gehabt hätten. Aus diesem Grund ist der pauschale Rückgriff auf den Einwand, menschliches Leben werde zu einem nicht seiner selbst dienenden Zweck gebraucht, nicht mehr statthaft. Diesem Leben kann in keiner Weise mehr eine Verwendung zukommen, die allein seinem Zweck dient, es sei denn, es fände sich ein Uterus zur Implantation. Folge der eingeschränkten Entwicklungsfähigkeit bleibt, dass der Embryo nach dem vierzehnten Tag in vitro und dem untauglichen Versuch, sich an der Wand der Petrischale zu implantieren, absterben wird. Die rein hypothetische Potentialität vermag schließlich nicht den gleichen Schutzanspruch zu begründen wie die tatsächliche. Dieser Umstand führt jedoch noch keineswegs dazu, dass man diesem Embryo als bereits individualisiertem menschlichen Leben und somit auch Mitglied der Gattung Mensch, jeglichen Anspruch auf eine würdige Behandlung absprechen könnte. Dieser Würdeanspruch relativiert sich jedoch in stärkerem Maße an den Voraussetzungen, die an die Verletzungshandlung zu stellen sind. Der Mangel an Entwicklungspotential führt dazu, dass eine zukünftige Personalität nicht mehr antizipiert werden kann und die Bewertung des Status daher ohne Berücksichtigung der Möglichkeit zur Entwicklung zum menschlichen Individuum erfolgen muss.[741] Eine Verletzung seiner Würde ist daher regelmäßig nur dann anzunehmen, wenn eine Behandlung seine Qualität als artspezifisches menschliches Leben in Frage stellt und ihn nur noch als organischen Rohstoff zur Befriedigung minderwertiger Zwecke instrumentalisiert; dieser also einem Verfahren unterzogen wird, das das menschliche Leben in seiner Gesamtheit verunglimpft und damit seine Geringschätzung gegenüber dem gattungsspezifischen Leben zum Ausdruck bringt. Dies ist offensichtlich der Fall, wenn die Verwendung zur Herstellung von Kosmetika oder zu rein kommerziellen Zwecken verfolgt wird; ferner aber auch immer dann, wenn entsprechende Ergebnisse mit anderen Mitteln (z.B. tierischen

---

diesem Sinne z.B.: Höfling „Zygote – Mensch – Person" in: FAZ vom 10. Juli 2001, Nr. 157/S. 8, Starck in: v. Mangoldt/Klein/Starck, Art. 1 Abs. 1, Rn. 104

[740] Auch wenn ihre Anzahl äußerst gering ist, gegenwärtig wird von ungefähr 15 „verwaisten Embryonen" gesprochen.

[741] Noch weitergehend *Starck*, der die „überzähligen Embryonen" aufgrund ihrer mangelnden weiteren Entwicklungsfähigkeit mit „abgegangenen, nicht überlebensfähigen Föten oder menschlichen Leichnamen" vergleicht, vgl. Starck „Hört auf, unser Grundgesetz zerreden zu wollen" in: FAZ vom 30. Mai 2001, Nr. 124/S. 55; ders. Starck in: v. Mangoldt/Klein/Starck, Art. 1 Abs. 1, Rn. 104.

Zellen) erreicht werden können, selbst dann, wenn diese Methode aufwendiger und teurer sein sollte.[742] Eine Abwägung des Lebens des „überzähligen Embryos“ und damit todgeweihten mit anderen hochrangigen Rechtsgütern bleibt dagegen ausgeklammert. Steht allein mit einer Forschung unter Verwendung menschlicher Embryonen die Möglichkeit zu erwarten, für gegenwärtig noch nicht oder nur schlecht behandelbare schwerste Krankheiten neue Therapiekonzepte zu entwickeln, muss in diesen Fällen die Forschungsfreiheit nach Art. 5 III GG in einer Gegenüberstellung obsiegen. Dies nicht zuletzt dadurch, als dass das Unterlassen des Versuchs der Entwicklung neuer Therapeutika zur Bekämpfung zukünftigen Leids wohl zumindest auch als eine nicht zu rechtfertigende Beeinträchtigung der Betroffenen gewertet werden könnte, die auf eine Therapie sehnlichst warten. Die Verwendung von „überzähligen Embryonen“ zur Verfolgung hochrangiger Ziele, mithin zur Herstellung von ES – Zelllinien, ist damit im Ergebnis nicht nur vertretbar[743], sondern wohl auch geboten.

Wenn *Günther* noch 1990 schreibt, das sich zu diesem Zeitpunkt noch kein hochrangiges Forschungsziel herauskristallisiert hat, zu dessen Realisierung gegen-

---

[742] in diesem Sinne auch die Stellungnahme der „Zentralen Ethikkommission bei der Bundesärztekammer“, Ziff. 8, in Dt. Ärztebl. 2001; 98: C 2553.

[743] Eindrucksvoll Fechner, aaO, S. 653 (659): „Dass hoffnungslos verlorenes Leben noch einem humanem Zweck zu dienen vermag, stellt sich vielmehr als ein letzter Erweis der Würde dar, wenn es noch ein Verständnis dafür gibt, dass Opfer und Dienst etwas mit Würde zu tun haben.“; Herdegen in: Maunz/Dürig/Herzog, Art. 1 Abs. 1, Rn. 107, Starck „Hört auf, unser Grundgesetz zerreden zu wollen“ in: FAZ vom 31. Mai 2001, Nr. 124/Seite 55; Benda-Bericht, S. 28, Ziff. 2.4.1.2.: Bereits die Benda – Kommission hielt die Erzeugung menschlicher Embryonen zu Forschungszwecken für nicht vertretbar. Die Nutzung nicht transferierbarer menschlicher Embryonen wollte sie im Gegensatz dazu aber gerade nicht ausschließen, wenn „sie dem Erkennen, Verhindern oder Beheben einer Krankheit bei dem betroffenen oder der Erzielung definierter hochrangiger medizinischer Erkenntnissen dienen“; Kollhosser „Rechtsprobleme bei medizinischen Zeugungshilfen“ in JA 1985, S. 553 (562); Ulmer, S. 132ff; in diesem Sinne bereits schon Eser „Forschung mit Embryonen“ S. 264 (288); a.A. Auch der überzählige IVF-Embryo darf nicht zu wissenschaftlichen oder kommerziellen Zwecken verwendet werden, da immer noch die Zerstörung von Leben im Vordergrund steht, vgl. z.B. Laufs „Fortpflanzungsmedizin und Menschenwürde“ in: NJW 2000, S. 2716 (2717); Höfling „ Zygote – Mensch – Person“ in: FAZ vom 10. Juli, Nr. 157/S. 8; Graf Vitzthum „Gentechnologie und Menschenwürde“ in: MedR 1985, 249 (256); Benda „Zur Erprobung der Menschenwürde am Beispiel der Humangenetik“ in APuZ B3/85, S. 18 (28); ders. „Humangenetik und Recht – eine Zwischenbilanz“ in: NJW 1985, 1730 (1733); ders. „Verständigungsversuche über die Würde des Menschen“ in: NJW 2001, S. 2147 (2148), Böckenförde „Das Tor zur Selektion ist geöffnet“ in: SZ vom 16. Mai 2001, Nr. 112/S. 11; Renesse/Fischer „Niemand hat das Recht über den Lebenswert eines Menschen zu entscheiden“ in: FAZ vom 3. März 2001, Nr. 53/S. 11; Rau, Berliner Rede vom 18. Mai; bereits die Bund-Länder-Arbeitsgruppe „Fortpflanzungsmedizin" sprach sich 1988 für ein Verbot der Forschung an überzähligen Embryos aus, vgl. Ziff. 3 des Berichtes; ablehnend auch die Enquete-Kommission „Recht und Ethik in der modernen Medizin“, Zweiter Teilbericht, Ziff. 3.1.1.2.2.2, S. 73 ff, BT-DS 14/7546; Nationaler Ethikrat „Stellungnahme zum Import humaner embryonaler Stammzellen“, S. 12.

wärtig verbrauchende Embryonenforschung betrieben werden müsste[744], so hat sich dieser Sachverhalt zum Jahre 2006 geändert. Die Forschung an „überzähligen IVF – Embryonen" hatte bereits in den achtziger Jahren auch die Zustimmung der Ärzteschaft gewonnen. Danach sollte diese Praktik zwar reglementiert, nicht aber verboten werden. Hinsichtlich der Herstellung von ES – Zelllinien hat sich diese Ansicht aber anscheinend grundlegend gewandelt.[745]

Die „verbrauchende Embryonenforschung" zu hochrangigen Zwecken und damit auch die Gewinnung von ES – Zelllinien steht schließlich nicht im Widerspruch zur Menschenwürde nach Art. 1 I GG. Damit unterliegt der Lebensschutz des in vitro befindlichen Embryos allein Art. 2 II 1 GG.[746] Das Gleichheitsgebot legt es nahe, dass bei der Beurteilung der Rechtfertigungsmöglichkeiten für derartige Eingriffe ein anderer Maßstab angelegt werden muss, als dies beim geborenen Menschen der Fall ist. Kommt beim gestaltgewordenen Menschen eine Rechtfertigung für Tötungshandlungen allein in den Fällen in Betracht, in denen der zerstörende Eingriff eine notwendige und gebotene Maßnahme zur Abwehr eines Angriffes (§ 32 StGB) darstellt, oder eine absichtliche Tötung mittels gezielten Todesschuss die einzige Möglichkeit zur Verhinderung einer lebensgefährdenden Behandlung durch einen Geiselnehmer darstellt[747], so können diese Sachverhalte in keiner Weise mit der hier vorliegenden Fallkonstellation gleichgesetzt werden. Vom Embryo selbst geht ja gerade überhaupt keine Gefahr aus, weshalb der Rückgriff auf strafrechtliche Rechtfertigungsgründe versperrt bleibt. Der Ansatzpunkt muss hier auch gerade ein anderer sein. Hinsichtlich der Einschränkbarkeit des Lebensrechtes des Embryos und des geborenen Menschen müssen differente Abwägungsfaktoren, die den jeweiligen Entwicklungsstatus berücksichtigen, gewählt werden. Steht auch das Leben eines alten und versterbenden Menschen in keinerlei Weise zur Disposition, darf daraus nicht der Schluss gezogen werden, dies müsse für den todgeweihten „überzähligen IVF – Embryo" in entsprechender Weise gelten. Das

---

[744] Günther „Strafrechtliche Verbote der Embryonenforschung" in: MedR 1990, S. 161 (163).

[745] Dt. Ärztebl. 1985, S. 1692 (4.3.); diese Ansicht hat sich in der Diskussion um die Stammzellenforschung jedoch anscheinend nicht wieder durchsetzen können; Der Deutsche Ärztetag stellt in seinem Beschlussprotokoll zum 104. Deutschen Ärztetag vom 22. - 25.05.2001 fest, dass das Embryonenschutzgesetz gegenwärtig nicht hinsichtlich der Gewinnung humaner ES – Zelllinien geöffnet werden soll. Hierfür sei zunächst eine fundierte und sachliche von Seiten und durch Aufklärung der Wissenschaft geleitete öffentliche Diskussion notwendig. Des Weiteren sind zunächst die Beratungen der Enquete-Kommission „Recht und Ethik in der modernen Medizin" sowie des Nationalen Ethikrates abzuwarten, vgl. Beschlussprotokoll des 104. Deutschen Ärztetages (22. – 25.05.2001) in Ludwigshafen, Ziff. 7 zu Punkt 1 der Tagesordnung, S. 12 des Protokolls; Statement des Präsidenten der Bundesärztekammer Hoppe.

[746] Böckenförde „Menschenwürde als normatives Prinzip" in: JZ 2003, 809 (813). Böckenförde geht jedoch weiter von einer Unzulässigkeit der „verbrauchenden Embryonenforschung" aus, da derzeit noch keine hineichende Gewissheit über den tatsächlichen dieser Forschung bestünde bzw. in vergleichbarer Weise mit anderen Mitteln wie Nabelschnurblut etc. geforscht werden könnte. Eine rechtfertigende Notwendigkeit besteht daher nach Böckenförde nicht.

[747] Jarass in: Jarass/Pieroth, Art. 2, Rn. 98; Schwarz „Therapeutisches Klonen" in: KV 2001, S. 182 (204).

aus dem Lebensrecht resultierende staatliche Schutzgebot muss für sich genommen eine dem jeweiligen Entwicklungsstand angemessene Gewährleistung darstellen.[748] Dabei ist beim „überzähligen IVF – Embryo" seine besondere Situation, nämlich seine nicht vorhandene Aussicht darauf, ein vollständiges menschliches Individuum zu werden, berücksichtigt werden. Hinzu kommt das äußerst frühe Stadium seiner Entwicklung, das keinerlei Empfindungen des Keimlings zulässt. Widerstreitend stehen dazu berechtigte Interessen den Embryo zu Forschungszwecken und zur Gewinnung von ES – Zelllinien nutzen. In Anlehnung an *Schulze-Fielitz*[749] scheint es daher notwendig, den Lebensschutz des ungeborenen Lebens und insbesondere den des Embryos in vitro anhand seiner Entwicklungsphase der Abwägung mit entgegenstehenden hohen Rechtsgütern zu öffnen.[750] In den verfassungsrechtlich gewährleisteten Lebensschutz nach Art. 2 II 1 GG ist damit zumindest beim „überzähligen Embryo" ein Eingriff, der sich auf das Grundrecht der Forschungsfreiheit nach Art. 5 III GG berufen kann, möglich.[751] Ein absolutes Verbot ist aufgrund der praktischen Konkordanz der widerstreitenden Grundrechte nicht zulässig.

2. Die Herstellung von Embryonen und entwicklungsfähigen Eizellen anhand von Klonierungstechniken

Des Weiteren steht die Herstellung und Verwendung anhand von Klonierungstechniken erzeugter entwicklungsfähiger Eizellen zur Diskussion. Fraglich ist dabei vor allem, ob ihnen unter verfassungsrechtlichen Gesichtspunkten der gleiche Schutzanspruch zukommen muss, wie das beim der Kernverschmelzung erzeugten Embryo der Fall und sie damit ebenfalls als Rechtsgüter im kriminalpolitischen Sinne fungieren.

a) Die Erzeugung von Embryonen mittels embryo-splitting zur Forschung und Herstellung von ES - Zelllinien

Die Isolierung totipotenter embryonaler Zellen bzw. die Abspaltung von totipotentem embryonalem Zellgewebe von einem Embryo zu dem Zwecke die so gewonnenen Embryonen zu Forschungszwecken zu verbrauchen und zur Erstellung von ES – Zelllinien zu vernutzen, stellt eine Instrumentalisierung menschlichen Lebens dar und widerspricht daher in gleicher Weise, wie auch die Herstellung von IVF –

[748] Losch „Lebensschutz und Lebensbeginn" in: NJW 1992, S. 2926 (2930).
[749] Schulze-Fielitz in: Dreier, Art. 2 II, Rn. 40.
[750] vgl. auch Herzog „Ich warne vor absoluten Verboten" in Die Welt vom 28.05.2001.
[751] In diesem Sinne auch Schwarz „Therapeutisches Klonen" in: KV 2001, S. 182 (204); Empfehlung der DFG vom Mai 2001, Ziff. 2.6.1, S. 42; so auch Stellungnahme der „Zentralen Ethikkommission bei der Bundesärztekammer", Ziff. 5 u. 7, in Dt. Ärztebl. 2001; 98: C 2553, wobei hier ausdrücklich darauf hingewiesen wird, dass die „Zentrale Ethikkommission" zwar bei der BÄK eingerichtet ist, ihre Arbeit aber von BÄK unabhängig ist und die Stellungnahme daher nicht auch die Position des Vorstandes der BÄK wiedergibt.

Embryonen zu diesen Zwecken, der Menschenwürde. Denn auch bei dieser Konstellation wird unzweifelhaft menschliches Leben erzeugt, um dieses anschließend in allein fremdnütziger Weise zu vernutzen. Jeglicher Selbstzweck wird dem erzeugten Klon damit abgesprochen. Zwar handelt es sich beim embryo-splitting um einen Fall der künstlichen Mehrlingsbildung, doch ist diese zumindest mittelbar auf den natürlichen Befruchtungsvorgang mit der zufälligen Bildung eines genetischen Codes zurückzuführen. Eine solche unzulässige Instrumentalisierung muss ferner auch für den Fall gelten, dass „überzählige IVF – Embryonen" als Ausgangsembryonen verwandt werden, da sich an dem Sachverhalt der kalkulierten Instrumentalisierung der Abkömmlinge nichts ändert.

b) Die Herstellung totipotenter Zellen für die Forschung in der regenerativen Medizin – das „therapeutische Klonen"

Beim sog. „therapeutischen Klonen" wird eine somatische Zelle bzw. ihr Zellkern in eine zuvor entkernte Eizelle implantiert und auf diesem Wege eine im Kerngenom genetisch identische entwicklungsfähige Eizelle geschaffen. Teilweise wird bereits in der Klonierung selbst – unabhängig von ihrem Zweck – ein Verstoß gegen die Menschenwürde gesehen. Diese Sichtweise ist jedoch wenig überzeugend. Weder die Eizelle noch die somatische Zelle unterliegt dem Menschenbegriff des Art. 1 I GG und eine Vorverlagerung des grundrechtlichen Schutzes in diesen Fällen nicht angebracht.[752] Die Klonierung selbst wird daher nicht an individuellem menschlichen Leben vorgenommen und somit nur schwerlich als eine Verletzung der Menschenwürde angesehen werden können.[753] Ein Adressat verfassungsrechtlicher Schutzbestimmungen könnte sich aber herausbilden, sobald die Zelle bzw. der Zellkern in die entkernte Eizelle implantiert wird und damit der Zustand der Totipotenz hervorgerufen wird. Handelt es sich bei der durch Zellkerntransfer erstellten totipotenten Zelle um menschliches Leben, dann müsste nach den oben entwickelten Grundsätzen der verfassungsrechtliche Lebens- und Würdeschutz auch auf diese Zelleinheit anwendbar sein. Bei den bisherigen Ausführungen wurde auf die Fertilisation als maßgebliches Kriterium der Entstehung verfassungsrechtlich geschützten menschlichen Lebens abgestellt. Damit ist es hier fraglich, ob diese auch unabdingbare Voraussetzung für die Wirkung des Grundrechtsschutzes ist. Dies wurde im Hinblick auf § 8 I ESchG verneint und in dem dortigen Zusammenhang herausgestellt, dass sich auch die mittels Zellkerntransfer hergestellte als Embryo iSd Embryonenschutzgesetzes darstellt. Von diesem Ergebnis darf aber nicht vorschnell auf eine entsprechende Lösung mit Blick auf die Verfassung geschlossen werden. Die Einbeziehung des „Zellkerntransfer – Embryos" unter die Schutznormen des Embryonenschutzgesetzes konnte allein mittels Auslegung vorrangig nach dem gesetzgeberischen Willen bei Begründung des Gesetzes ermittelt werden.

[752] ausführlich Schütze „Die Bedeutung von Statusargumenten", S. 305 (310).
[753] Schütze „Die Bedeutung von Statusargumenten", S. 305 (310).

Eine verfassungsrechtliche Verpflichtung muss jedoch vielmehr anhand des tatsächlichen Schutzumfanges der Grundrechte ermittelt werden. Mit der Implantation der genetischen Information des Zellkernspenders entsteht eine entwicklungsfähige Zelle, die über ein ihr eigenes (wenn auch nicht einzigartiges) Genom verfügt und sich aufgrund dessen zu einem individuellen Menschen entwickeln kann. Die Entwicklungsfähigkeit zum Menschen ist damit grundsätzlich, wie auch beim Embryo, vorhanden (auch wenn die Chancen zur Entwicklung beim gegenwärtigen naturwissenschaftlichen Erkenntnisstand tatsächlich wesentlich geringer sind, als dies beim durch Fertilisation erzeugten Embryo der Fall ist). Müsste aber aufgrund dieses Entwicklungspotentials nicht auch Art. 2 II 1 GG seinen Schutz auf dieses mittels Zellkerntransfertechnik erschaffene Produkt erstrecken?[754] Eine andere Bewertung ist wohl kaum zulässig, denn, wenn aus lebender Materie ein Mensch erwachsen kann, dann kann hierin wohl kaum etwas Anderes als menschliches Leben gesehen werden, das auch unter den Schutz von Art. 2 II 1 GG fallen muss.[755] Daraus folgt aber unweigerlich auch, dass sich der Menschenwürdeschutz ebenfalls auf den „Zellkerntransfer – Embryo" erstrecken muss.[756] Fraglich erscheint jedoch, ob dieser in der gleichen Weise, wie auch beim natürlich Embryo wirkt.[757] Allein die Potentialität vermag eine Gleichstellung noch nicht zu rechtfertigen.[758] Das Gleichheitsgebot indiziert vielmehr die gravierenden Unterschiede zwischen dem natürlich und dem mittels Kerntransfer erzeugten Embryo im Hinblick auf die Voraussetzungen, die an eine Würdeverletzung zu stellen sind, zu differenzieren. Zumindest dem Grade nach bestimmt sich der Schutz der Menschenwürde auch nach

---

[754] In diesem Sinne Höfling „Verfassungsrechtliche Aspekte des so genannten therapeutischen Klonens" in: Zeitschrift für medizinische Ethik (2001) 47: 277 (282) ; z.B. auch: Starck in: v. Mangoldt/Klein/Starck, Art. 1 Abs. 1, Rn. 100; Hofman in: Schmidt/Bleibtreu/Klein, Art. 1, Rn. 30, 36.

[755] Von diesem Umstand geht auch Schwarz aus, „Therapeutisches Klonen" in: KV 2001, 182 (204ff); wohl auch Herdegen „Die Menschenwürden im Fluss des bioethischen Diskurses" in: JZ 2001 773 (776).

[756] „Wo menschliches Leben existiert, kommt ihm Menschenwürde zu"!, BverfGE 39, 1 (37); a.A. Herdegen in Maunz/Dürig/Herzog, Art. Abs. Rn. 63, nach Herdegen tritt der klonierte Embryo nach Nidation unter den Schutz des Art. 1 Abs. 1 GG. Herdegens Argumentation ist jedoch in sich nicht stichhaltig, wenn grds, der Embryo in vitro über Menschenwürde verfügen soll, Rn. 62.

[757] In diesem Sinne u.a. die Enquete-Kommission „Recht und Ethik in der modernen Medizin", die sich in ihren Empfehlungen für ein Verbot des „therapeutischen Klonens" ausspricht, vgl. Zweiter Teilbericht, Ziff. 3.2.2, S. 96ff, BT-DS **14**/7546; z.B. auch: Starck in: v. Mangoldt/Klein/Starck, Art. 1 Abs. 1, Rn. 100.

[758] Verfehlt erscheinen hier Ansichten, die darauf abstellen, dass im Zeitalter des Zellkerntransfers zukünftig jede somatische Zelle theoretisch in der Lage ist, sich zu einem Individuum zu entwickeln, wenn sie denn in eine entkernte Eizelle implantiert wird. Die Bedeutung des relativen Begriffs der Potentialität wird dabei in unzulässiger Weise überdehnt. Potentialität kann erst dann ausschlaggebend sein, wenn bereits Totipotenz (sei es durch Fertilisation oder Zellkerntransfer) vorliegt. Davor ist das weitere Entwicklungspotential von zu vielen verschiedenen allein von außen steuerbaren Faktoren abhängig, vgl. auch Höfling „Verfassungsrechtliche Aspekte des so genannten therapeutischen Klonens" in: Zeitschrift für medizinische Ethik (2001) 47: 277 (282).

dem Leitbild natürlicher Entwicklungsprozesse und der Divergenz von der natürlichen Entwicklung.[759] Das fundamentale Abweichen vom natürlichen Befruchtungsprozess bei gleichzeitigem Verzicht auf jede menschliche Entwicklungsperspektive lassen die Annahme einer Menschenwürdeverletzung nur mit allergrößter Zurückhaltung zu.[760] Die Produktion von „Zellkerntransfer – Embryonen" widerspräche daher wohl immer nur dann der Menschenwürde, wenn sie allein zu Zwecken erfolgt, die keinen tieferen Sinn für das Wohl der Allgemeinheit schaffen können. Hingegen stellt die Herstellung totipotenter Zellen und Nutzung solcher zu hochrangigen Forschungszwecken, mithin auch der Gewinnung von embryonalen Stammzellen, keine unzulässige Instrumentalisierung und Würdeverletzung iSd Art. 1 I GG dar.[761] Der staatliche Lebensschutz derart erzeugter Embryonen misst sich daher vorrangig an Art. 2 II 1 GG. Die Erfüllung der staatlichen Schutzpflicht ist damit für eine Abwägung mit den widerstreitenden Interessen offen.[762] Dies muss in gleicher Weise wie auch für den „überzähligen IVF – Embryo" gelten. Die Herstellung und Vernutzung von „Zellkerntransfer – Embryonen" zu hochrangigen Forschungszwecken sowie der Gewinnung von *ES – Zelllinien* widerspricht damit grundsätzlich nicht einer *objektiv – rechtlichen* Wertung der Grundrechtsnormen.

Schließlich kann auch das sog. Dammbruchargument, das „therapeutische Klonen" ebne den Weg für das reproduktive Klonen[763], verfassungsrechtlich nicht von Bedeutung sein. Es sei an dieser Stelle zwar vorweggenommen, dass das reproduktive Klonen durchaus einen Verstoß gegen die Menschenwürde darstellt. Dies lässt jedoch keine weiteren Schlüsse auf das „therapeutische Klonen" zu! Soweit dieses beim „Zellkerntransfer – Embryo" keine Würdeverletzung darstellt, könnte sich ein solches Dammbruchargument allein auf den Schutz der Würde der Menschheit berufen. Dann müsste es sich aber bei der Gattung Mensch selbst um einen subjektiven Grundrechtsträger handeln oder ihr zumindest der *objektiv – recht-*

---

[759] Herdegen „Die Menschenwürde im Fluss bioethischen Diskurses" in: JZ 2001, S. 773 (775).

[760] In diesem Sinne bereits Herdegen „Die Menschenwürde im Fluss des bioethischen Diskurses" in: JZ 2001, S. 773 (776).

[761] Herdegen in: Maunz/Dürig/Herzog, Art. 1 Abs. 1, Rn. 99 ff; Dreier in: Dreier, Art 1, Rn. 114; Jarass in: Jarass/Pieroth, Art. 1, Rn. 15.a.; im Ergebnis so auch Schwarz („Therapeutisches Klonen" in: KV 2001, S. 182 (208)), wobei dieser auf einen *Akt der Selbsthilfe* abstellt, da gerade die Erzeugung der Embryonen nicht zu fremdnützigen Zwecken, sondern zu Zwecken des Zellspenders erfolge. Inwieweit diese Argumentation in diesem frühen Stadium der Forschung für die regenerative Medizin haltbar ist, wo somit zunächst allein die Forschung und noch nicht die Therapie im Vordergrund der Bewertung stehen muss, ist fraglich. Zudem stellt sich für das Subjekt des geklonten Embryos der Zellspender tatsächlich doch als fremdes Leben dar; a.A. z.B. Höfling „Verfassungsrechtliche Aspekte des so genannten therapeutischen Klonens" in: Zeitschrift für medizinische Ethik (2001) 47: 277 (282f); Röger, S. 214.

[762] Der Gesetzgeber selbst hat mit § 6 II ESchG (Implantationsverbot) eindrücklich unter Beweis gestellt, dass es eine Abstufung zwischen dem Klon und dem durch Befruchtung erzeugten Embryo geben muss, in anderer Weise wäre die Norm verfassungsrechtlich nicht haltbar.

[763] so unter vielen auch die DFG – Empfehlung 2001, Ziff. 2.6.3, S. 45.

liche Schutz der Verfassungsnorm zuteil werden. Dies ist aber gerade nicht der Fall.[764]

c) Klonen in der Fortpflanzungs- und Reproduktionsmedizin

Den weiteren Überlegungen muss zunächst eine Feststellung vorweggenommen werden: sollte es tatsächlich dazu kommen, dass ein Mensch geklont wird, so ist der Klon mit dem Zeitpunkt der Implantation in den Uterus dem natürlich gezeugten Embryo gleichzustellen.[765] Erst recht muss dies für den geborenen Klon gelten. Dem Klon als gestaltgewordenem Menschen kommt moralisch wie auch verfassungsrechtlich die gleiche Menschenwürde zu, wie jedem anderen Menschen auch. Zur Diskussion steht vielmehr inwieweit der Klon durch die Klonierung zu reproduktiven Zwecken selbst in seiner Menschenwürde verletzt wird. Dabei steht anders als beim „therapeutischen Klonen" nicht nur der *objektiv – rechtliche* Würdeschutz des geklonten Embryos zur Diskussion, sondern natürlich auch ein antizipierter Würdeschutzanspruch des geborenen Klons. Vielfach wird so im Hinblick auf den Klon als später gestaltgewordenen Menschen die Klonierung als ein eindeutiger Verstoß gegen die Menschenwürde bewertet und damit als absolut unzulässig angesehen. Solche Urteile sind aber zumeist mehr von spontanen und emotionalen Abneigungen gegen derartige Praktiken geprägt, als dass sie auf einer fundierten juristischen Argumentation beruhen könnten. Dabei sollen keinesfalls die mit solchen Aussagen verbundenen und verständlichen Ängste herunter gespielt werden. Allein auf Horrorvisionen lässt sich jedoch keine rechtliche Analyse stützen. Sicherlich liegen von vornherein mit der Menschenwürde nicht vereinbare Formen des reproduktiven Klonens vor, soweit die Klonierung zu Zwecken erfolgt, die den Klon in keiner Weise einem Zweck an sich selbst zukommen lassen. Damit stellt das Klonen unter selektiven und eugenischen Gesichtspunkten, um Menschen mit besonderen genetischen Material zu vervielfältigen, sicherlich immer eine Menschenwürdeverletzung dar.[766] Dies gilt in besonderem Maße, wenn die Technik zur Herstellung von Mannschaften und Armeen erfolgen soll. Ebenso die Züchtung zur Schaffung biologischer Organersatzteillager bedarf wohl kaum einer weiteren Prüfung, um die Unvereinbarkeit mit Art. 1 I GG herauszustellen.[767] Allein in den Fällen, in denen die Klonierungstechnik in der Fortpflanzungsmedizin eingesetzt werden soll, erscheint eine Verletzung der Menschenwürde nicht immer so offensichtlich. Unter den in diesem Bereich gegen das reproduktive Klonen ge-

---

[764] Zur Relevanz einer möglichen Verletzung des Menschenbildes nach moralphilosophischen Gesichtspunkten vgl. Braun „Kapitulation des Rechts vor der Innovationsdynamik" in: KJ 2000, S. 332 (334), 2. Kapitel B III 1.

[765] So auch Herdegen „Die Menschenwürde im Fluss des bioethischen Diskurses" in: JZ 2001, S.773 (775).

[766] vgl. auch Braun „Kapitulation des Rechts vor der Innovationsdynamik" in: KJ 2000, S. 332 (335).

[767] Zu den genannten Beispielen, vgl. 2. Kapitel B III 2.

äußerten Argumenten, sind rechtlich nur wenige verwertbar. Unzweifelhaft liegt eine unzulässige Instrumentalisierung wohl immer in den Fällen vor, wenn bezweckt wird, dass der Klon ein bereits vorgelebtes Leben des Zellspenders nachleben soll, wie dies z.B. der Fall sein könnte, wenn der Klon die Funktion einer großen Persönlichkeit wiederholen soll. Gleiches gilt wohl auch für den Fall, dass er als Ersatz für eine verstorbene Person fungieren soll und aus eben diesem Grunde aus einer Zelle dieser toten Person erzeugt wird. Auch wenn die Erzeugung einer menschlichen Kopie glücklicherweise nicht möglich ist, so würde der Klon in eine Rolle gedrängt die seinem eigenen „Ich" nicht entspräche. Die Klonierung dient in diesen Fällen kaum der Selbstdienlichkeit des Klons, wobei auch eine Missachtung der Subjektqualität des Klons in besonderer Weise vorliegen würde. Die Forderung nach einem Verbot einer solchen Praktik würde sich dabei wiederum aus der Verletzung von Art. 1 I GG ergeben. Wie verhält es sich aber in den Fällen, in denen allein das Element der Fortpflanzung und der Wunsch nach genetischen Abkömmlingen im Vordergrund steht? In diesen Fällen unterliegt der Zweck seiner Erzeugung kaum einer anderen Prämisse, als es bei anderen Arten der artifiziellen extrakorporalen Zeugung menschlichen Lebens grundsätzlich auch der Fall ist. Das so erzeugte Leben soll ja gerade zu dem Zweck auf eine Frau übertragen werden, um als später geborener Mensch ein eigenes Leben führen zu können. Der Klon wäre gerade nicht dem Druck ausgesetzt, ein vorgelebtes Leben wiederholen zu müssen oder die Kopie eines anderen Menschen darzustellen.[768] Welche tatsächlichen Schäden können aber dann beim Klon angenommen werden, die das Vorliegen einer Verletzung der Menschenwürde rechtfertigen könnten? Sicherlich sind in diesen Fällen Argumentationsansätze, welche die Würde des Klons allein dadurch beeinträchtigt sehen, dass dieser eine Kopie des Zellspenders darstelle und dadurch in seiner Individualität gefährdet sei, schon im Vorfeld als verfehlt anzusehen. Vielfach wird aber auch eingewandt -und dieses Argument wiegt wesentlich schwereres verstöße gegen die Würde des Klons, dass dieser sich möglicherweise subjektiv einem „genetischen Determinismus" unterlegen und daher einem psycho-sozialen Druckfaktor unterworfen fühlen könnte, der ihn in seiner Selbstfindung behindert. Der Mensch habe vielmehr ein Recht auf *Nichtwissen* und *Nichtfestgelegtheit*, das Recht auf einen naturwüchsigen Ursprung.[769] Aber werden diese Rechte dem Klon tatsächlich streitig gemacht, soweit ihm die Möglichkeit eröffnet bleibt, sich als ein ihm eigenes Individuum sein Leben zu entwickeln? Zweifel bleiben. Die lauten Aufschreie der Besorgnis laufen wohl auch eher in eine andere Richtung. Bei allein derzeit noch nicht einschätzbaren Folgen, die das reproduktive Klonen mit sich bringen könnte, steht nur selten der Klon selbst wirklich im Vordergrund der Befürchtungen. Diese richten sich vielmehr auf die Gattung Mensch als potentielles

---

[768] in diesem Sinne aber Benda „Humangenetik und Recht" in: NJW 1985, S. 1730 (1733); Laufs „Fortpflanzungsmedizin und Menschenwürde" in: NJW 2000, 2716 (2717); Mersson, S. 96, der auf eine maßlose Selbstüberschätzung der Kloneltern abzielt; wohl auch Häberle in: Isensee/Kirchhoff, HdbStR II, § 22, Rn. 92.

[769] vgl. *Habermas* und *Jonas*, 2. Kapitel B III 2 d.

Opfer; denn wesentliche Werte unserer menschlichen und christlich-traditionell geprägten Kultur scheinen angegriffen zu werden. Diese so befürchtete Würdeverletzung der menschlichen Spezies kann grundrechtlich jedoch keine Beachtung finden.[770] Abschließend kann daher nur festgestellt werden, dass weder die gesellschaftlichen noch die den Klon selbst betreffende spezifischen Folgen vom gegenwärtigen Zeitpunkt aus absehbar sind. Sicherlich kann hierin ein Moment gesehen werden, dass Klonen menschlicher Individuen aufgrund seiner nicht absehbaren Sozialschädlichkeit zu verbieten, aber eine Verletzung der Menschenwürde lässt sich damit nur schwerlich begründen. Wann jedoch die ersten Stimmen laut werden, um ihr Recht auf „Fortpflanzungsfreiheit"[771] geltend zu machen, bleibt nur abzuwarten. Das Klonen zu reproduktiven Zwecken erweist sich allerdings aus einem anderen Grunde gegenwärtig als ein unzulässiger Angriff auf die Menschenwürde. Bis zur Perfektionierung der Technik müssten eine Vielzahl von Humanexperimenten, die sowohl den Klon in seiner gesamten Entwicklung als auch die austragende Mutter betreffen würden, durchgeführt werden.[772] Die Risiken dieser Experimente sind nach dem heutigen Erkenntnisstand kaum einschätzbar[773], die billigende Inkaufnahme der Zerstörung menschlichen Lebens ist eine Entäußerung der Missachtung eines solchen. Insbesondere fallen hier auch nichtvorhersehbare Spätfolgen für den Klon ins Gewicht. Beim klinischen Versuch der Erzeugung eines klonierten Menschen steht des Weiteren auch nicht der Klon selbst, sondern vielmehr wissenschaftlicher Ehrgeiz und die ungebremste Sucht nach Forschungsruhm im Vordergrund. Das reproduktive Klonen stellt sich damit derzeit als nicht akzeptable und nicht zu rechtfertigende Instrumentalisierung menschlichen Lebens dar und widerspricht somit der Menschenwürde iSd Art. 1 I GG.[774] Ein Verbot solcher Praktiken ist damit staatliche Schutzverpflichtung.

---

[770] Frankenberg „Die Würde des Klons und die Krise des Rechts" in: KJ 2000, S. 325 (331); hierzu auch Gröner „Klonen, Hybrid- und Chimärenbildung", S. 293 (310f); Schütze „Die Bedeutung von Statusargumenten", S. 305 (314ff).

[771] Gutmann „Auf der Suche nach einem Rechtsgut", S. 353 (361).

[772] vgl. auch Braun „Kapitulation des Rechts vor der Innovationsdynamik" in: KJ 2000, S. 332 (334).

[773] 1. Kapitel A V 2 b) bb) u. 1. Kapitel B I.

[774] Im Ergebnis Kunig in: v. Münch, Art. 1, Rn. 36; Podlech in: Denninger, Art. 1 Abs. 1, Rn. 53a; Starck in: v. Mangoldt/Klein/Starck, Art. 1 Abs. 1, Rn. 105; Hofmann in: Schmidt-Bleibtreu/Klein, Art. 1, Rn. 36; Häberle in: Isensee/Kirchhof, HdbStR II, § 22, Rn. 92; Höfling in: Sachs, Art. 1, Rn. 22; Herdegen in: Maunz/Dürig/Herzog, Art. 1 Abs. 1, Rn. 98; wohl auch Dreier in: Dreier, Art. 1 I, Rn. 110; Jarass in: Jarass/Pieroth, Art. 1 Rn. 15a; Nationaler Ethikrat „Stellungnahme - Klonen zu Fortpflanzungszwecken und Klonen zu biomedizinischen Forschungszwecken" S. 39 f., der Nationale Ethikrat hat ein ausführliches Votum mit verschiedenen Argumenten gegen das Fortpflanzungsklonen in seiner Stellungnahme dargelegt.

II. Strafwürdigkeit des Verhaltens

Ferner bestimmt sich das strafwürdige Verhalten des Täters neben dem Erfolgsunrecht auch nach dem Handlungsunrecht. Es ist für die Strafwürdigkeit also nicht allein bedeutend, dass ein rechtlich missbilligter Zustand herbeigeführt wird, sondern es muss auch die Täterhandlung mit ihrer Zielrichtung und allen beim Täter liegenden subjektiven Merkmalen in die Bewertung eingehen.[775] Bei der Bewertung des Handlungsunwertes ist schließlich aber auch noch der Zweck der Handlung einzubeziehen.[776] Alle dargelegten Praktiken verletzen hochrangige Verfassungsgüter, wobei sie jeweils ein vorsätzliches Handeln des Täters voraussetzen. Denn in allen Fällen ist zunächst Embryonenforschung unabdingbare Voraussetzung, wobei es dem Täter bewusst ist, dass seine Handlung unweigerlich auch die Zerstörung bzw. Unimplantierbarkeit des Embryos zur Folge haben werden, bzw. eine Implantation unabsehbare Gefahren mit sich bringen würde. Der Handlungsunwert ist damit erhöht. Die Herstellung von Embryonen zu Forschungszwecken, durch in-vitro-Fertilisation wie auch das embryo-splitting mag von seiner Zielsetzung, der Hilfe für Schwerstkranke, noch als durchaus löblich erachtet werden, jedoch dürfen auch kommerzielle und rein forschungsgeleitete Motivationen in diesem Zusammenhang nicht übersehen werden. Eine klare Trennlinie ist indes nicht zu ziehen, sodass von einer erheblichen Minderung des Handlungsunwertes nicht ausgegangen werden kann. Ebenso können die mit dem reproduktiven Klonen verfolgten Zwecke, unfruchtbaren Paaren einen langersehnten Kinderwunsch zu erfüllen, eine solche Handlung in ihrem Unwertgehalt nicht spürbar beeinflussen. Finanzielle Interessen, das Schaffen einer neuen Fortpflanzungsindustrie und die Erlangung von Forscherruhm sowie die Neugier, ob es „tatsächlich auch klappt“, stehen unzweifelhaft bei diesem Vorhaben im Vordergrund. Allein bei der Verwendung „überzähliger IVF – Embryonen“ sowie der Praktik des „therapeutischen Klonens“ kann die Entwicklung neuer Therapiekonzepte eine akzeptable Motivation der Handlung darstellen.

III. Strafbedürfnis

Die Kriminalisierung eines Verhaltens kommt aber immer nur dann in Betracht, wenn es der Strafe bedarf. Ein derartiges *Strafbedürfnis* setzt voraus, dass die Kriminalstrafe das einzige geeignete Mittel darstellt, um das als sozialschädlich erkannte Verhalten, also die Rechtsgutverletzung, zu unterbinden und hierfür nicht andere weniger einschneidende, aber gleich oder besser wirkende Maßnahmen zur Verfügung stehen.[777] Die Anwendung des Strafrechtes muss also ein geeignetes und er-

---

[775] Roxin, Allg. Teil I, § 10 G, Rn. 88.

[776] Sternberg-Lieben „Gentherapie und Strafrecht“ in: JuS 1986, S. 673 (678); Gröner „Klonen, Hybrid und Chimärenbildung“, S. 293 (315).

[777] Günther „Die Genese eines Straftatbestandes“ in: JuS 1978, S. 8 (11).

forderliches Mittel zum Schutz des Rechtgutes sein.[778] Grundsätzlich kann daher von der Subsidiarität des Strafrechtes gesprochen werden.[779] Dabei ist zu beachten, dass es sich beim Strafrecht um die schärfste vom Gesetzgeber einsetzbare Waffe handelt; das Verhältnismäßigkeitsprinzip lässt schließlich den Rückgriff auf dieses Mittel erst dann zu, wenn es die letzte und alleinig wirkungsvolle Maßnahme gesetzgeberischen Handelns darstellt.[780] Das Strafrecht stellt somit die *ultima ratio* im Instrumentarium des Gesetzgebers dar.[781] Ein Verstoß gegen das Übermaßverbot liegt daher vor, wenn der Staat einen Sachverhalt einer strafrechtlichen Sanktion unterwirft, das zu schützende Rechtsgut aber auch durch andere mildere sozialpolitische Maßnahmen erreicht werden kann. Der Gesetzgeber ist somit immer angehalten, nach Alternativmodellen zur Kriminalisierung zu suchen, um auf andere Art das missbilligte sozialschädliche Verhalten zu unterbinden.[782] Dabei muss bedacht werden, dass der Rechtsgüterschutz nicht allein durch das Strafrecht, sondern durch das gesamte Instrumentarium der Rechtsordnung erfüllt wird.[783] Als Alternativmodelle könnten in dem hier zur Diskussion stehenden Falle eine Selbstkontrolle der Forschung, möglicherweise unter Beobachtung einer Ethikkommission, sowie standesrechtliche Regelungen durch die Ärztekammern in Betracht kommen.[784] Ferner hat der Gesetzgeber regelmäßig die Möglichkeit, Richtlinien zur staatlichen Subventionierung bestimmter Vorhaben zu erlassen, bzw. bürgerlich-rechtliche oder öffentlich-rechtliche Regelungen zu schaffen. Abgesehen davon, dass das ärztliche Standesrecht allein in der Lage ist, den Arzt als Forscher zu binden und dadurch nur unzureichenden Schutz bieten kann, erübrigen solche Überlegungen sich jedoch schon dann, wenn den Gesetzgeber eine Verpflichtung zur strafrechtlichen Regelung eines Sachverhaltes trifft. Eine solche Verpflichtung kommt immer dann in Betracht, wenn es sich um den Schutz fundamentaler Rechtsgüter handelt und „der von der Verfassung gebotene Schutz auf keine andere Weise zu erreichen ist"[785]. Die Achtung der grundsätzlichen Unverletzlichkeit des menschlichen Lebens gehört nach Auffassung des BVerfG zu den Grundlagen eines geordneten Gemeinschaftslebens, die allein mit den Mitteln des Strafrechtes zu schützen sind.[786] Dies gilt für das geborene wie auch ungeborene menschliche Leben. Der

---

[778] Günther „Strafrechtlicher Schutz des menschlichen Embryos", S. 137 (144).

[779] Roxin, Allg. Teil I, § 2 K, Rn. 97 ff; Sternberg-Lieben „Gentherapie und Strafrecht" in: JuS 1986, S. 673 (678); Günther „Die Genese eines Straftatbestandes" in: JuS 1978, S. 8 (11); Gröner „Klonen, Hybrid- und Chimärenbildung", S. 293 (316)

[780] BVerfGE **6**, 389 (433f.); **39**, 1 (47); **57**, 250 (270); **73**, 206 (253); **88**, 203 (258).

[781] Roxin, Allg. Teil I, § 2 K, Rn. 97 ff; Sternberg-Lieben „Gentherapie und Strafrecht" in: JuS 1986, S. 673 (678); Günther „Die Genese eines Straftatbestandes" in: JuS 1978, S. 8 (11); Gröner „Klonen, Hybrid- und Chimärenbildung", S. 293 (316).

[782] Günther „Die Genese eines Straftatbestandes" in: JuS 1978, S. 8 (12).

[783] Roxin, Strafrecht Allg. Teil I, § 2 K, Rn. 97.

[784] Gröner „Klonen, Hybrid und Chimärenbildung", S. 294 (316); Günther „Strafrechtlicher Schutz des menschlichen Embryos", S. 137 (144).

[785] BVerfGE, **39**, 1 (45).

[786] BVerfGE, **88**, 203 (257).

Eingriff in das Lebensrecht des Embryos würde danach nach einer strafrechtlichen Regelung verlangen. Strafrechtliche Regelungen müssen aber ferner in sich widerspruchsfrei sein.[787] Gegen eine solche Widerspruchsfreiheit könnte jedoch sprechen, dass das BVerfG selbst deutlich macht, dass sich das Mittel des Strafrechts zum Lebensschutz in der Frühphase des Schwangerschaftsabbruches als unwirksam erwiesen hat und dabei betont, dass die Strafandrohung auch durch ein der Erhaltung des Lebens dienendes Beratungskonzept ersetzt werden kann.[788] Es verbietet sich aber der Schluss, dass nunmehr dem Gesetzgeber grundsätzlich die Möglichkeit eingeräumt wird, das werdende Leben in seiner frühesten Entwicklungsphase durch andere als durch strafrechtliche Regelungen zu schützen.[789] Die Ausführungen des BVerfG zum Schwangerschaftsabbruch lassen sich nicht auf andere Sachverhalte als den Schwangerschaftsabbruch selbst übertragen. Das BVerfG stellt vielmehr heraus, dass sich strafrechtliche Konzeptionen beim frühen Schwangerschaftsabbruch als unwirksam erwiesen haben.[790] Eine grundlegend andere Sachlage, als dies beim Embryonenschutz des in vitro befindlichen Embryos der Fall ist. Die Notwendigkeit eines anderen „präventiven Schutzkonzeptes" wie dies bei der Schwangerschaft entwickelt wurde, stellt sich beim in vitro befindlichen Embryo nicht. Seine Existenz ist nicht nur einer Person bekannt, wie dies beim Schwangerschaftsabbruch häufig nur mit der werdenden Mutter der Fall ist[791], sondern grundsätzlich einer Vielzahl von Menschen. Er ist damit kaum kontrollierbaren Zugriffsmöglichkeiten durch Dritte ausgesetzt.[792] Der Embryo in vitro steht damit hilflos seiner Außenwelt gegenüber, wodurch eine Situation besonderer Schutzbedürftigkeit vorliegt. Bei einer solchen Konstellation entspricht es den kriminalpolitischen Grundprinzipien, den Rückgriff auf das Strafrecht danach zu gewähren, je hilfsbedürftiger das Rechtsgut ist.[793] Ein weiteres notwendiges Unterscheidungsmoment zwischen dem Embryo in vivo und in vitro ergibt sich aus der besonderen Situation der Schwangeren, die sich in einer Konfliktlage befindet. Diese Sachlage findet sich im Labor aber nicht wieder. Ziel des BVerfG war es mit der Regelung „rechtswidrig aber straffrei", ein Konzept zu entwickeln, dass den Schutz des Ungeborenen vergrößern sollte.[794] Die Aufhebung strafrechtlicher Reglementierung zum Schutze des Embryos in vitro würde aber Gegenteiliges bewirken. Die Grundsätze, die für das Verhältnis von Schwangerer und Nasciturus entwickelt worden sind, können daher nicht pauschal im Verhältnis zu Dritten in der gleichen Weise Geltung besitzen. In der Konsequenz ist daher in diesem Bereich an einer

---

[787] Günther „Strafrechtlicher Schutz des menschlichen Embryos", S. 137 (146f).
[788] BVerfGE 88, 203 (263ff); Murswiek in: Sachs, Art. 2, Rn. 220.
[789] in diesem Sinne aber wohl Roxin, Allg. Teil I, § 2 J, Rn. 96, Rn. 24 f. bezogen auf eine Würdeverletzung beim Embryo durch Keimbahnintervention.
[790] BVerfGE 88, 203 (263 u. 265).
[791] BVerfGE 88, 203 (266).
[792] Günther „Strafrechtlicher Schutz des menschlichen Embryos", S. 137 (146).
[793] Mersson, S. 185f; Günther „Strafrechtlicher Schutz des menschlichen Embryos", S. 137 (146).
[794] BVerfGE 88, 203 (266).

Strafandrohung unbedingt festzuhalten.[795] Das menschliche Leben in vitro ist daher von Anbeginn an grundsätzlich unter strafrechtlichen Schutz zu stellen. Dies gilt um so mehr in den Fällen, wo Art. 2 II 1 GG und Art. 1 I GG nebeneinander durch eine Maßnahme verletzt werden (Herstellung von IVF – Embryonen zu Forschungszwecken). Das Hohe Maß an Sozialschädlichkeit spiegelt sich insbesondere bei der Praktik des reproduktiven Klonens wider, sodass auch hier ein Strafbedürfnis besteht. Strafrechtliche Verbote, wie sie auch gegenwärtig im Embryonenschutzgesetz enthalten sind (§ § 6 I, II; 2 I; 1 I Nr. 2 ESchG), werden hiermit bestätigt. Als fraglich könnte sich die Erforderlichkeit strafrechtlicher Regelung im Bereich der grundsätzlich einer Abwägung zugänglichen Interessen des Embryos (Verwendung „überzähliger IVF – Embryonen" sowie die Technik des „therapeutischen Klonens") erweisen. Sowohl der Erfolgs- als auch der Handlungsunwert sind in diesen Fällen gemindert. Jedoch indiziert der auch hier hohe Eingriffsgehalt in das Schutzgut des menschlichen Lebens, das nunmal einen verfassungsrechtlichen Höchstwert darstellt, die Notwendigkeit strafrechtlicher Regelung in Form von grundsätzlichen Verbotsnormen. Aufgrund des potentiellen Nutzens bestimmter Forschungen für die Allgemeinheit und der verringerten Sozialschädlichkeit reduziert sich aber im Gegenzug die Strafrechtswidrigkeit.[796] Um der verfassungsrechtlichen Abwägungsfähigkeit der Rechtsgüter genüge zu tun und entgegenstehende Rechte ebenfalls zu berücksichtigen, sollten diese Regelungen einem Erlaubnisvorbehalt – vergleichbar mit dem englischen Modell – unterstellt werden.[797] *Rössner* bietet in diesem Zusammenhang eine „Indikationenlösung an, die allein die Strafrechtswidrigkeit bzw. den Strafrechtsunrechtsausschluss im Hinblick auf das Experimentierverbot regelt".[798] Das genaue Verfahren für die Zulassung bestimmter Praktiken könnte dann in standesrechtlichen Richtlinien geregelt und einer staatlichen Überwachungsbehörde unterstellt werden. Bereits der Diskussionsentwurf zum Embryonenschutzgesetz kannte in § 2 II DE – ESchG einen entsprechenden landesbehördlicher Erlaubnisvorbehalt bei strafbewehrtem Verbot der Embryonenforschung.[799] Für den Import von ES – Zelllinien erscheint eine entsprechende

[795] BVerfGE **88**, 203 (293 u. 298).

[796] vgl. Rössner „Der Rückzug des Strafrechts auf das Formale", S. 247 (261).

[797] Damit allein ergibt sich aber noch nicht zwingend die Gestattung der Verwendung überzähliger Embryonen zu Forschungszwecken und Nutzung zur Herstellung von ES – Zelllinien. Gleiches gilt auch für das „therapeutische Klonen". Das noch sehr ungewisse Potential der Praktiken sowie die sich derzeitig noch anbietenden Alternativen rechtfertigen wohl momentan ein gesetzliches Moratorium. Gegen einen Genehmigungsvorbehalt Eberbach „Forschung an menschlichen Embryonen" in ZRP 1990, S. 217 (220). *Eberbach* stellt dabei das *slippery – slope* Argument in den Vordergrund, wobei insbesondere die Verfolgung hochrangiger Ziele nicht definierbar sei und der Genehmigungsvorbehalt alsbald einen „*Sesam-öffne-Dich* beliebiger Embryonen Forschung" darstellen könnte, vgl. Eberbach aaO, S. 221.

[798] Rössner „Der Rückzug des Strafrechts auf das Formale", S. 247 (261).

[799] § 2 II DE ESchG: „Ebenso wird bestraft, wer ohne Genehmigung der zuständigen obersten Landesbehörde einen extrakorporal erzeugten menschlichen Embryo für Experimente oder für einen anderen Zweck als den seiner Übertragung verwendet". abgedruckt in Anhang I, S. 349 bei

Regelung ebenfalls erforderlich, denn nur so kann sich eine Regelung *de lege ferenda* vor dem Vorwurf der Widersprüchlichkeit bewahren.

IV. Straftauglichkeit

Eine strafgesetzliche Regelung der Materie muss zudem faktisch wirksam sein, d.h. sie muss Wirkung im generalpräventiven Bereich zeigen, um so die Zahl der Verstöße gegen die Norm möglichst gering zu halten.[800] Das Unwerturteil des Gesetzes muss mit der allgemeinen Wertüberzeugung des Bürgers übereinstimmen, denn allein so erlangt die Norm gesellschaftspolitische Anerkennung und Identifikation des Einzelnen mit dem Unwert der Tat.[801] Die Erfahrungen mit den Regelungen des Embryonenschutzgesetzes zur fremdnützigen Verwendung von Embryonen und zur Anwendung von Klonierungstechniken auf den Menschen haben gezeigt, dass die Regelungen in vielfacher Weise mit der Grundstimmung in der Bevölkerung übereinstimmen. Die Beibehaltung des Großteils dieser Regelungen entspricht auch dem generalpräventivem Charakter, der bei den – vielfach durch die Medien verursachten – Horrorsvorstellungen auch von der Bevölkerung gefordert wird.

B. Ergebnis

Eine strafrechtliche Regelung des Embryonenschutzes ist hinsichtlich der verbrauchenden Embryonenforschung (wozu auch die Gewinnung von ES – Zelllinien gehört) und der Anwendung von Klonierungstechniken auf den Menschen notwendig und Bestandteil gesetzgeberischer Pflichterfüllung. Möglichkeiten zur näheren Ausgestaltung einer solchen Regelung werden im nächsten Kapitel aufgezeigt.

Keller/Günther, Fortpflanzungsmedizin und Humangenetik. In diesem Sinne auch bereits Benda – Bericht Ziff. 2.4.2.2.1.

[800] Gröner „Klonen, Hybrid- und Chimärenbildung“, S. 292 (318).

[801] Gröner „Klonen, Hybrid- und Chimärenbildung“, S. 292 (318).

5. Kapitel: Schlussbetrachtung und Erneuerungsvorschläge

Im Verlauf dieser Arbeit ist im Ergebnis die Notwendigkeit strafrechtlicher Regelung im Bereich des Embryonenschutzes herausgestellt worden. Die strafrechtliche Analyse der Praktiken um das „therapeutische Klonen“ hat Unzulänglichkeiten des Embryonenschutzgesetzes aufgezeigt, deren Schließung im Hinblick auf die stetige Fortentwicklung in der Bio- und Gentechnologie bei einer Regelung de lege ferenda zu berücksichtigen ist. Das StZG mit seinen restriktiven Regelungen zum Import von ES-Zelllinien ist unverhätnismäßig[802] und kann auch nicht Basis der in dieser Arbeit aufgeworfenen Probleme und Überlegungen sein. Es bedarf daher vielmehr der grundlegenden und zeitgemäßen Überarbeitung der gesetzlichen Grundlagen zum Embryonenschutz. Die Grundlagen einer solchen Neukonzeption unterliegen dabei allein dem deutschen Verfassungsrecht. Ausländische und internationale Regelungen vermögen aber für die Entwicklung eines neuen und erweiterten Modells zum Embryonenschutz in Deutschland weitere Perspektiven zu eröffnen und Standards festzulegen.

A. Ergebnisse und Thesen

I. Der rechtliche und moralische Status des menschlichen Embryos wird im In- und Ausland verschiedenartig beurteilt.

II. Einen internationalen Rechtseinklang bezüglich der Anwendung der verschiedenen Praktiken auf den menschlichen Embryo gibt es nur hinsichtlich des reproduktiven Klonens. Allein diese Technik wird auch international als ethisch und rechtlich nicht tolerabel angesehen. Das Zusatzprotokoll zum MÜB stellt gegenwärtig die einzige, aber auf ihre Mitgliedstaaten beschränkte, internationale verbindliche Regelung dar.

III. Die Analyse der schweizerischen und englischen Regelungen hat gezeigt, dass auch neuere Regelungssysteme lückenhaft sein können. Dort aufgezeigte Unzulänglichkeiten müssen bei den Überlegungen zu einer Neukonzeption des Embryonenschutzgesetzes Beachtung finden. Liberale Ansätze der schweizerischen und englischen Regelungssysteme zur „verbrauchenden Embryonenforschung“ können jedoch Leitlinien für eine Gesetzgebung in Deutschland sein.

IV. Das MÜB und das Zusatzprotokoll stellen eine akzeptable Gemeinschaftsregelung im Bereich des Embryonenschutzes dar. Die enthaltenen Vorschriften widersprechen in keiner Weise deutschem Verfassungsrecht. Um den darin geschaffenen

---

802 Hufen „Erosion der Menschenwürde“, in: JZ 2004, 313 (318).

Regelungen Rechnung zu tragen und die internationale Wirkungskraft der Konvention zu stärken, sollte auch die Bundesrepublik das MÜB sowie das Zusatzprotokoll im Hinblick auf den Embryonenschutz unterzeichnen und ratifizieren.

V. Der menschliche Embryo fällt nach deutschem Verfassungsrecht vom Zeitpunkt der Kernverschmelzung an unter den Schutz des Art. 2 II 1 GG und Art. 1 I GG.

VI. Der Gesetzgeber ist verpflichtet, den Schutz des menschlichen Embryos mit den Mitteln des Strafrechtes zu gewährleisten.

VII. Eingriffe in das Lebensrecht des Embryos sind grundsätzlich mit hochrangigen Interessen der Abwägung zugänglich. Eine absolute Eingriffssperre bildet die Menschenwürde als verfassungsrechtliche Konkretisierung menschlichen Lebensrechtes.

VIII. Der verfassungsrechtliche Lebens- und Würdeschutz ist nicht statisch konzipiert. Der Lebensschutz des ungeborenen menschlichen Lebens hängt von seiner Entwicklungsphase und vom Ort der Befindlichkeit des Embryos ab. In der Entwicklungsperiode zwischen Konzeption und Nidation ist der Lebensschutz gering. Dies gilt in besonderem Maße für den Embryo in vitro. Vergleichbares gilt auch für die Voraussetzungen, die an eine Würdeverletzung zu stellen sind. Ein Eingriff in die Menschenwürde beurteilt sich vorrangig nach dem Zweck einer potenziellen Verwendung, aber auch nach den faktischen Entwicklungsmöglichkeiten des Embryos.

1. Die Erzeugung menschlicher Embryonen zu Forschungszwecken (und damit auch zur Herstellung von ES – Zelllinien) verstößt gegen Art. 1 I GG. Diese Feststellung auf der Basis nationalen Verfassungsrechtes entspricht ferner auch dem Art. 18 II des MÜB. Weitere international-rechtliche Vereinbarungen decken diesen Bereich nicht hinreichend und verbindlich ab. Das Europäische Parlament hat sich bisher ebenfalls gegen derartige Praktiken ausgesprochen. Das reproduktive und therapeutische Klonen sowie die Erzeugung von Embryonen zu Forschungszwecken werden weiterhin vom Europa-Parlament verurteilt. Erlaubt werden soll lediglich die Gewinnung von Stammzelllinien aus sog. „überzähligen Embryonen". Allerdings gehen die Empfehlungen verschiedener internationaler Gremien teilweise auch dahin, die Erzeugung menschlicher Embryonen zu Forschungszwecken unter bestimmten Kautelen zuzulassen.

2. Die Verwendung „überzähliger IVF – Embryonen" zu hochrangigen Forschungszwecken ist nach deutschem Verfassungsrecht grds. der Abwägung mit den durch Art. 5 III GG gewährleisteten Forschungsinteressen zugänglich. Als ein solcher hochrangiger Forschungszweck versteht sich auch die Gewinnung von ES –

Zelllinien. Die Verwendung solcher Embryonen zu Forschungszwecken entspricht ferner dem MÜB und der europäischen Grundrechtecharta. Auch nach der Helsinki – und der UNESCO – Deklaration ist die Verwendung dieser Embryonen zu Forschungszwecken zulässig.

IX. Bei dem mittels Zellkerntransfer erzeugten Embryo handelt es sich ebenfalls um menschliches Leben, das am Lebensschutz durch Art. 2 II 1 GG teilnimmt. Diesem Leben kommt auch Menschenwürde nach Art. 1 I GG zu. Hinsichtlich der Annahme einer Menschenwürdeverletzung ist aufgrund der außerordentlichen Unterschiede zum natürlich gezeugten Embryo höchste Zurückhaltung geboten. Die Erzeugung solcher Embryonen zur Herstellung von ES – Zelllinien und zur Verfolgung hochrangiger Forschungszwecke stellt jedenfalls keinen Würdeverstoß dar. Dieses Ergebnis widerspricht nicht dem Klonierungsverbot des Zusatzprotokolls zum MÜB[803] und korrespondiert mit den Ergebnissen des IBC und wird den zukünftigen internationalen Entwicklungen gerecht. Die Grundrechtecharta erfasst diesen Bereich nicht und überlässt etwaige Regelungen dem nationalen Gesetzgeber.

X. Das reproduktive Klonen widerspricht dem Würdegebot des Art. 1 I GG und ist daher unter strafrechtlicher Sanktion zu verbieten.

XI. Das Embryonenschutzgesetz von 1990 ist in vielen Bereichen lückenhaft und vermag in seiner bisherigen Form dem naturwissenschaftlichen Forschungsstand nicht mehr gerecht zu werden. Für den Bereich der Forschung mit menschlichen Embryonen, der Verwendung solcher zur Gewinnung von ES – Zelllinien und der Anwendung von Klonierungstechniken auf den Menschen bedeutet dies:

1. § 6 und § 8 ESchG bedürfen aufgrund ihrer Unbestimmtheit der Modifikation.

2. Es ist notwendig, einen Tatbestand einzuführen, der ausdrücklich den Zellkerntransfer unter ein strafrechtliches Verbot stellt, um auf diese Weise Tatbestandsumgehungen, wie sie gegenwärtig möglich sind, auszuschließen.

3. Sollte das „therapeutische Klonen" nicht mehr einem absoluten strafrechtlichen Verbot unterstellt werden, müsste im Gegenzug das Verbot der Eizellspende zu fremdnützigen Zwecken (§ 1 I Nr. 2 ESchG) aufgehoben werden.

XII. Der Import von humanen ES – Zelllinien bedarf einer expliziten gesetzlichen Regelung. Dabei sollte erwogen werden, den Import auf ES – Zellen zu beschränken, deren Herstellung dokumentiert ist und ihre Quelle allein in „überzähligen

---

[803] Voraussetzung ist freilich, dass der Begriff „human being" dann nicht mehr mit menschlichem Leben sondern mit Mensch übersetzt wird, vgl. 3. Kapitel C I 2 b).

IVF – Embryonen" bzw. in Zellkerntransfer Embryonen liegt. Das StZG ist in seinen Importmöglichkeiten jedoch zu restriktiv, so dass es auch hier der Neuregelung bedarf.

XIII. Der Oozyten – Transfer als Technik für die Fortpflanzungs- und Reproduktionsmedizin ist aufgrund der Unabschätzbarkeit der weiteren Auswirkungen für die Folgegenerationen ebenfalls unter ein strafrechtliches Verbot zu stellen.

B. Vorschläge einer strafrechtlichen Neubewertung unter besonderer Berücksichtigung ausländischer und internationaler Regelungen

I. Neudefinition des Begriffs „Embryo" (zu § 8 ESchG)

Embryo ist die durch die Verschmelzung der Ei- mit der Samenzelle entstandene Frucht bereits vom Zeitpunkt der Kernverschmelzung an. Ferner jede einem Embryo entnommene totipotente Zelle bzw. jede einem Embryo abgespaltene Zellmehrheit, die in ihrer Gesamtheit totipotent ist.

Kein Embryo ist die entwicklungsfähige Eizelle nach Transfer eines diploiden Chromosomensatzes in eine zuvor entkernte Eizelle.

Anhand dieser Regelung soll der besondere Schutz, der allein dem natürlich erzeugten Embryo zukommt, verdeutlicht werden. Dazu müssen auch die mittels embryosplitting erzielten Embryonen gehören. Ihnen muss ein entsprechender Schutz zukommen, da ihre Erzeugung zumindest mittelbar auf dem natürlichen Befruchtungsvorgang aufbaut. Ihren absoluten Schutz vor fremdnütziger Verwendung genießen sie daher ebenso wie die aufgrund von in-vitro-Fertlisation erzeugten Embryonen nach § 2 ESchG.

Eine solche Regelung würde auch dem Menschenrechtsübereinkommen zur Biomedizin entsprechen. Eine Differenzierung zwischen dem Embryo in Art. 18 MÜB und einer Zellkerntransferblastozyste wird der jeweiligen nationalrechtlichen Bewertung laut der Erläuterung zum Zusatzprotokoll gerade anheimgestellt.[804]

II. Neudefinition des Begriffs „Klonen" in § 6 ESchG

(1) Das Klonen von Menschen, zu dem Zwecke, diese in einen Uterus zu implantieren, ist verboten. Klonen im Sinne dieser Regelung ist jede künstliche Erzeugung entwicklungsfähiger Zellen bzw. Zellgesamtheiten, die das gleiche Erbgut wie ein Embryo, Foetus, lebender oder verstorbenen Mensch besitzen und bei Vorliegen der notwendigen Voraussetzungen über das Potential zur Entwicklung zu einem Menschen verfügen,.

---

[804] vgl. 3. Kapitel C I 2 b).

(2) Gleiches Erbgut iSd Regelung liegt bereits dann vor, wenn genetische Identität hinsichtlich des Kerngenoms vorliegt.

Eine derartige Regelung erfasst eindeutig den Zellkerntransfer als Klonierungsmethode. Die derzeitige Regelung in § 6 I ESchG ist dagegen bedenklich, vielfach wird sogar ein Verstoß gegen Art. 103 II GG angenommen.[805] Die gegenwärtigen Entwicklungen im Ausland stellen in besonderem Maße unter Beweis, wie notwendig eine eindeutige gesetzliche Regelung ist.

Ferner scheint es aufgrund der Verfassungslage erforderlich, die Norm als Tendenzdelikt auszugestalten. Auf diese Weise kann das „therapeutische Klonen" vom Tatbestand ausgegrenzt werden.

Ein grundsätzliches strafrechtliches Verbot der asexuellen Vermehrung beim Menschen[806], ist hingegen zu unbestimmt. Die Auswirkungen einer solchen Regelung auf gegenwärtig anerkannte Methoden der klinisch assistierten Fortpflanzung sind nicht zu unterschätzen.

III. Ausdrückliches Verbot von Zellkerntransfertechniken

(1) Die Implantation eines diploiden Chromosomensatzes in eine entkernte Eizelle ist verboten.

(2) Die Implantation des Zytoplasmas einer Eizelle in eine somatische Zelle ist verboten.

(3) Der Austausch des Zellkerns einer unbefruchteten Eizelle ist verboten, wenn dies zu dem Zwecke geschieht, die Eizelle später zu befruchten.

(4) Eine Ausnahme kann in den Fällen des Abs. I, II und III durch die Genehmigungsbehörde bewilligt werden, wenn

- die Erzeugung dieser entwicklungsfähigen Eizellen der Gewinnung von ES – Stammzelllinien gilt

- die Forschung zum Zwecke der Gewinnung neuer Erkenntnisse zur Reprogrammierung von somatischen Zellen dient und sichergestellt ist, dass die erzeugten Zellen einer Frau nicht eingesetzt werden.

Eine solche Norm soll einen Auffangtatbestand zum speziellen Klonverbot darstellen. Die Vorschrift verbietet damit grundsätzlich ebenfalls das Klonieren mittels Zellkerntransfertechnik, aber auch die Implantation genetisch veränderten Erbgu-

---

[805] Auch die Enquete-Kommission „Recht und Ethik in der modernen Medizin" spricht sich daher für eine Neugestaltung des Klonierungsverbotes aus, vgl. den zweiten Teilbericht, Ziff. 3.2.2, S. 97, BT-DS 14/7546.

[806] Simon „Rechtliche Regulierung des Klonens von Menschen", S. 25 (46).

tes in eine Eizelle. Eine solche umfassende Regelung ist notwendig, da dieser Sachverhalt gegenwärtig nicht unter das Embryonenschutzgesetz fällt.[807] Auch der Transfer von Zytoplasma einer Eizelle in eine somatische Zelle, zu dem Zwecke diese zu reprogrammieren, muss von dem Verbot erfasst werden. Es kann gegenwärtig nicht ausgeschlossen werden, dass auch auf diesem Wege das Stadium der Totipotenz ebenfalls hervorgerufen werden kann. Diese Praktik ist daher den Zellkerntransfertechniken gleichzustellen. In Ausnahmefällen können Genehmigungen zu den oben genannten Zwecken erlassen werden. Die Überwachung durch die Genehmigungsbehörde muss in diesen Fällen sichergestellt werden und eine spätere Implantation ausgeschlossen sein.

Der Oozyten-Transfer sollte in all seinen denkbaren Konstellationen ebenfalls unter ein Verbot fallen. Die Befruchtung einer Eizelle mit ausgetauschtem Zellkern sollte ferner einem absoluten Verbot unterliegen, da der Unrechtsgehalt durch das Ziel der späteren Befruchtung erhöht ist.

Eine solche Regelung entspricht der EU – Grundrechtecharta, nach der allein das reproduktive Klonen gem. Art. 3 II 4. Mod. unzulässig ist. Ebenso ist sie mit dem Zusatzprotokoll zum MÜB vereinbar, da die Reichweite des Begriffs human being der Auslegung durch innerstaatliches Recht überlassen bleibt.

IV. Zusatz zu § 2 ESchG

(4) Embryonen, die im Wege der in-vitro-Fertilisation zum Zwecke der Herbeiführung einer Schwangerschaft erzeugt wurden, ihr Transfer in den Uterus einer Frau jedoch nicht möglich ist, dürfen grundsätzlich nicht zu fremdnützigen Zwecken verwendet werden. In Ausnahmefällen können jedoch Genehmigungen für bestimmte Verwendungszwecke durch die Genehmigungsbehörde erlassen werden.

Die Genehmigungsbehörde darf nach genauer Prüfung des Verwendungsantrages Genehmigungen erteilen, wenn

- der Verwendungszweck der Herstellung von ES – Zelllinien dient, die in der Forschung der regenerativen Medizin eingesetzt werden sollen

- der Verwendungszweck in der Erforschung schwerer und derzeit nur unzureichend therapierbarer Krankheiten liegt (die noch im Näheren in einer gesetzlichen Regelung zu bestimmen sind), und die berechtigte Hoffnung besteht, dass die Forschung an menschlichen Embryonen einen wesentlichen Beitrag zur Entwicklung neuer Therapiekonzepte darstellt.

Die Verwendung auch „überzähliger IVF – Embryonen" bleibt damit grundsätzlich verboten. In Anlehnung an die Regelungen des englischen HFEA 1990 enthält eine

[807] vgl. 3. Kapitel A IX.

derartige Vorschrift einen Genehmigungsvorbehalt. Die Möglichkeiten zur Bewilligung bleiben hinter den Regelungen des HFE Act 1990 und der HFE Regulations 2001 zurück. Ein Erlaubnisvorbehalt zur Kenntniserweiterung im Bereich der Fortpflanzung- und Reproduktionsmedizin, über angeborene genetische Erkrankungen, Fehlschwangerschaften sowie der Entwicklung neuer Kontrazeptiva sind gegenwärtig mit deutschem Verfassungsrecht nicht vereinbar. Der Bereich der Entwicklung neuer Methoden zu Praeimplantationsdiagnostik soll im Rahmen dieser Arbeit ausgeklammert bleiben. Die vorgeschlagene Regelung entspricht allein den HFE Regulations 2001 allein den dort unter b) und c) aufgeführten Fällen.

Die Norm würde des Weiteren Art. 18 des MÜB entsprechen, da das Verbot der Herstellung menschlicher Embryonen zu Forschungszwecken im ESchG erhalten und überzähligen Embryonen ein angemessener Schutz zu teil kommt.

Die strafrechtliche Regelung muss des Weiteren durch eine Richtlinie oder ähnliches ergänzt werden, worin das Verfahren weiter konkretisiert wird. Ansatzpunkte für die Ausgestaltung eines solchen Regelungswerkes können sich aus den Empfehlungen der DFG vom Mai 2001 ergeben.[808]

V. Erneuerungsvorbehalt

Um das Gesetz weiteren zukünftigen Entwicklungen regelmäßig anzupassen, ist es unter einen Erneuerungsvorbehalt zu stellen. Dieser könnte zunächst auf eine Dauer von ca. drei bis fünf Jahren begrenzt werden.[809]

---

[808] s. hierzu DFG – Empfehlung vom Mai 2001, Nr. 10.

[809] so auch die Empfehlung der DFG – vom 3. Mai 2001, Ziff. 13.

Anhang
Medizinisch – naturwissenschaftliches Glossar

Abort	Fehlgeburt, Austoßung der Frucht innerhalb der ersten 28 Wochen der Entwicklung
Allel	Version eines → Gens
allogen	genetisch verschieden
AS – Zelle	adulte Stammzelle; Stammzellen, die bereits über einen gewissen Differenzierungsgrad verfügen und sich im bereits entwickelten Organismus oder auch im Nabelschnurblut finden
autolog	individualspezifisch
Befruchtung	Mehrstufiger Prozess der Vereinigung von Ei- und Samenzelle zu einer befruchteten Eizelle (→ Zygote), beginnend mit dem ersten Kontakt des Spermiums mit der äußeren Hülle der Eizelle bis zur Vereinigung der → Vorkerne zu einem neuen genetisch einzigartigem → Genom in Form eines → diploiden Chromosomensatzes.
Blastomeren	Die ersten, noch undifferenzierten Zellen eines → Embryos nach Teilung der → Zygote bis hin zum → Morulastadium, ehe es zur Bildung einer → Blastozyste kommt.
Blastozyste	Der Embryo vom ca. 4 – 7. Tag nach der Befruchtung. Die Blastozyste besteht aus einer äußeren Zellgruppe, aus der sich die spätere → Plazenta entwickelt (→ Trophoblast) und der inneren Zellmasse, aus der sich der Fötus entwickeln wird (→ Embryoblast).
Chimäre	Uneinheitlich gebrauchter Begriff. Hier ein Individuum, dass aus genetisch verschiedenen → Geweben zusammengesetzt ist, Mischwesen.
Chromosom	Die im Zellkern enthaltenen Träger der genetischen Information. Beim Menschen enthält jede

	Körperzelle die Chromosomen in doppelter (diploider) Ausführung, darunter 22 → Autosomenpaare und 2 Geschlechtschromosomen (46, XX oder 46, XY). Die menschlichen Keimzellen enthält jedoch nur einen einzelnen (haploiden Chromosomensatz). Die Anzahl und Morphologie der Chromosomen ist für jede Spezies Charakteristisch.
Determination	Realisierung eines festgelegten genetischen Programmes.
Differenzierung	Prozess der Entwicklung einer einfachen Zelle während des Embryonalstadiums zur hochdifferenzierten, auf ihre Funktion speziell ausgerichtete Zelle im adulten Organismus. Eine ausdifferenzierte Zelle steht am Ende einer Reihe von Differenzierungsschritten.
DNA	(Desoxyribonucleic Acid) Desoxyribonukleinsäure, der chemische Grundbaustein der Erbsubstanz. Die DNA enthält für die Herstellung aller für die Körperfunktionen notwendigen Eiweiße.
Donator – Zelle	Spenderzelle
EG – Zellen	(Embryonic Germ Cells): → Pluripotente Stammzellen aus → primordialen Keimzellen, die aus toten → Föten gewonnen werde können.
Eizelle	auch Oozyte genannte weibliche Keimzelle.
Ektogenese	Entwicklung des → Embryos außerhalb des Mutterleibes bis zur selbständigen Lebensfähigkeit
Enukleirte Eizelle	Weibliche Eizelle, aus der der → Zellkern entfernt wurde.
Embryoblast	Innere Zellmasse der → Blastozyste, aus der sich der → Embryo entwickelt. Die enthaltenen Zellen sind → pluripotent.

Embryogenese	Zusammenfassung der Entwicklungsstufe des → Embryos
Embryoid bodies	sich → in vitro spontan bildende differenzierte Zellhaufen aus → ES – Zellen
Embryo – splitting	Klonierungstechnik. Künstliche Vervielfältigung von Erbgut durch Abspalten von totipotenten Zellen bzw. Zellgesamtheiten, sodass sich aus diesen theoretisch ein klonierter Mensch entwickeln kann.
ES – Zellen	(Embryonic Stem Cells) Pluripotente Stammzellen aus dem inneren der Blastozyste.
Fötus	(auch Foetus, Fetus, Fet) med.: Die menschliche Leibesfrucht nach dem Embryonalstadium (ca. 9. Woche) bis zur Geburt. jur.: Der Keimling vom Zeitpunkt der → Konzeption.
Gameten	weibliche und männliche Keimzellen.
Gen	DNA – Sequenz, die für ein Protein kodiert.
Genotyp	Summe der für einen Organismus kodierenden Geninformation; Grundlage des → Phänotyps.
Genom	uneinheitlich gebrauchter Begriff, hier: die Gesamtheit der DNA eines Individuums oder der genetischen Information einer Zelle.
Gewebe	Ein Verbund von differenzierten Zellen, die eine spezielle gemeinsame Funktion erfüllen.
Gliazellen	Gerüstzellen des Nervensystems
Histologie	Lehre von den Geweben
histologisch	gewebespezifischen
Histokompatibilität	Gewebeverträglichkeit

Imprägnation	Eindringen der männlichen Samenzelle in die weibliche Eizelle
Immunsuppressiva	Medikamente zur Herabsetzung der körperlichen Abwehrfunktionen, notwendig bei der Implantation fremder Organe oder Gewebeeinheiten, um Abwehrreaktionen zu unterdrücken
In vitro	Im (Reagenz-) Glas. Erzeugung und Kultivierung außerhalb des Organismus.
In-vitro-Fertilisation	Extrakorporale Befruchtung, Befruchtung der Eizelle mit einem Spermium außerhalb des Körpers.
Keimbahn	Gesamtheit der Zellen, deren Erbsubstanz und → Zytoplasma an nachfolgenden Generationen weitergegeben werden
Keimbahnzelle	→ Gameten sowie deren Vorläuferzellen
Keimzellen	→ Gameten
Klonierung, Klonen	Kopieren bzw. Vervielfältigen von genetischer Information. Der Klon ist eine genidentische Kopie.
Konzeption	Befruchtungsstadium, wobei sich die → Vorkerne verbinden und eine neue Erbinformation schaffen.
Konjugation	→ Konzeption
Mitochondrium	Energieversorgungseinheit (Kraftwerk) der Zelle. Das Mitochondrium enthält ein eigenes → Genom mit 13 → Genen.
monozygotische Zwillinge	eineiige Zwillinge, entstanden durch die zufällige Aufspaltung der befruchteten Eizelle in der Zeit bis zur vollständigen Nidation
Organogenese	Anlage der Organsysteme, ca. 4. – 8. Woche p.c.

Pluripotenz	Entwicklungs- und Differenzierungspotential einer Zelle zu einer Vielzahl von Zelltypen, nicht aber zu einem gesamten Organismus.
Parthenogenese	auch sog. Jungfernzeugung, Entwicklung eines Organismus aus einer unbefruchteten → Eizelle; nach gegenwärtig vorherrschender Ansicht ist jedoch die Entwicklung über das frühe Embryonalstadium hinaus nicht möglich.
Phänotyp	Äußere Erscheinungsform eines Organismus
Praenidativer, praeimplantiver	Der → Embryo vom Zeitpunkt der → Kernverschmelzung bis
Embryo	zur vollständigen Implantation in die Gebärmutterschleimhaut am ca. 14. Tag p.c.
Primitivstreifen	Erstes Anzeichen der zentralen Körperachse, Merkmal aller höheren Wirbeltiere, ca. 15. Tag p.c.; Voraussetzung für die Bildung des Nervensystems
Primordiale Keimzelle	Anlagen der → Keimzellen, die bereits im → Fetalstadium vorliegen und in einer Reihe von weiteren Entwicklungsschritten zu den Keimzellen (→ Gameten) werden. Sie verfügen wie alle anderen Körperzellen über einen → diploiden → Chromosomensatz. Sie unterscheiden sich von adulten und embryonalen Stammzellen durch Art und Ausmaß des → DNA Methylierungsmusters (Imprinting), das für die Regulation der Genaktivität von Bedeutung ist.
Reprogrammierung	Rückführung einer bereits differenzierten Zelle in das Stadium der → Pluri- oder → Totipotenz.
Stammzelle	Jede Zelle, die in der Lage ist sich selbst durch Zellteilung zu reproduzieren und sich zu Zellen unterschiedlicher → Differenzierung entwickeln zu können. Bsp.: Hämatopoetische Stammzellen: im Knochenmark befindliche Vorläufer aller Blutzellen

	sowie der entsprechenden Zellen des Immunsystems
somatische Zelle	ausdifferenzierte Zelle mit einer ihr eigenen Funktion
Tissue engineering	Züchtung von Gewebestrukturen und mglw. zukünftig ganzer Organe aus Körperzellen
Totipotenz (Omnipotenz)	Fähigkeit einer Zelle oder eines Zellverbandes sich in jede Körperzelle zu → differenzieren und einen vollständigen Organismus zu entwickeln.
uterine lavage	Ausspülung des Uterus; Möglichkeit zur Entnahme des noch nicht eingenisteten Embryos
Vorkern	Angeschwollene Kerne der Gameten nach dem Eindringen des Spermiums in die Eizelle; Zustand kurz vor der Vereinigung der haploiden Zellkerne zu einem diploiden neuen Zellkern
Zellkern	Zellinhalt, der die Chromosomen und damit nahezu die gesamte genetische Information der Zelle enthält.
Zellkerntransfer	(Somatic Cell Nuclear Transfer; Cell Nuclear Replacement Technique) Austausch des Zellkerns einer Zelle, durch vorherige Explantation des Kerns und spätere Implantation einer → somatischen Zelle oder eines Zellkerns.
Zytoplasma	Gallertartiger Inhalt der Zelle mit Ausnahme des Zellkerns. Die meisten essentiellen Zellfunktionen und Stoffwechselvorgänge finden im Zytoplasma statt. Dem Zytoplasma kommt möglicherweise auch eine große Bedeutung für die Reprogrammierung differenzierter Zellen zu.
Zytoplasmatransfer	Austausch des Zytoplasmas einer Zelle, durch Entnahme des Zytoplasmas und Einfügen eines fremden Zytoplasmas. Möglicherweise neuartige Technik zur Reprogrammierung → somatischer Zellen und daher potentielle Methode zur Ge-

winnung von → ES – Zellen ohne dabei → Embryonen verwenden zu müssen.

Zygote — befruchtete → Eizelle

Abkürzungsverzeichnis

a.A.	andere Ansicht
aaO	an angegebenem Ort
ABl.	Amtsblatt der Europäischen Gemeinschaft
Abs.	Absatz
abw. A.	abweichende Ansicht
aF	alte Fassung
allg.	allgemein
AMG	Arzneimittelgesetz
amtl.	amtlich
AöR	Archiv des öffentlichen Rechtes
APuZ	Aus Politik und Zeitgeschehen, Beilage zu der Zeitschrift „Das Parlament"
Art.	Artikel
Aufl.	Auflage
BÄK	Bundesärztekammer
BGB	Bürgerliches Gesetzbuch
BGBl	Bundesgesetzblatt
BGH	Bundesgerichtshof
BGHSt	Entscheidung des Bundesgerichtshofes in Strafsachen
BGM	Bundesgesundheitsministerium
BR-DS	Bundesrats-Drucksache
BT-DS	Bundestags-Drucksache
Bd.	Band
BV	Bundesverfassung der schweizerischen Eidgenossenschaft
BVerfG	Bundesverfassungsgericht
BVerfGE	Entscheidung des Bundesverfassungsgerichts
CDBI	Comité directeur de la bioéthique
CH	Schweiz
CNR	Cell Nuclear Replacement (Zellkerntransfer)
DE	Diskussionsentwurf
ders.	derselbe
Dev Biol	Developmental Biology
dies.	dieselbe/-n
DFG	Deutsche Forschungsgemeinschaft
DHHS	Department of Health and Human Services

Diss. iur.	juristische Dissertation
DMW	Deutsche Medizinische Wochenschrift
Dt. Ärztebl.	Deutsches Ärzteblatt
E	Entscheidung
ebd.	ebenda
EGE	European Group on Ethics in Science and New Technologies
ESchG	Embryonenschutzgesetz
Ethik Med	Zeitschrift für Ethik in der Medizin
EU	Europäische Union
f	(der) folgende
FamRZ	Zeitschrift für das gesamte Familienrecht
FAZ	Frankfurter Allgemeine Zeitung
ff	(die) folgenden
FMed	Fortpflanzungsmedizingesetz (CH)
Fn.	Fußnote
FS	Festschrift
GG	Grundgesetz der Bundesrepublik Deutschland
GenTG	Gentechnik – Gesetz
hM	herrschende Meinung
HdbStR	Handbuch des Staatsrechtes der Bundesrepublik Deutschland
HFEA	Human Fertilisation and Embryology Authority
HFE Act 1990	Human Fertilisation and Embryology Act 1990
HFE Regulations 2001	The Human Fertilisation and Embryology (Research Purposes) Regulations 2001
HGAC	Human Genetics Advisory Commission
HRC 2001	Human Reproductive Cloning Act 2001
Hrsg.	Herausgeber
hrsgg.	herausgegeben (von)
IBC	International Bioethics Committee
idF	in der Fassung
IRSG	Bundesgesetz vom 20. März 1981 über internationale Rechtshilfe in Strafsachen

iSd	im Sinne des/der
IVF	in-vitro-Fertilisation
JA	Juristische Arbeitsblätter
jew.	jeweils
JR	Juristische Rundschau
JuS	Juristische Schulung
JW	Juristische Wochenschrift
JZ	Juristenzeitung
krit.	kritisch
KJ	Kritische Justiz
KV	Kritische Vierteljahresschrift
lit.	Buchstabe
MedR	Medizinrecht
mglw.	möglicherweise
MPI	Max Planck Institut
MPG	Max Planck Gesellschaft
MÜB	Menschenrechtsübereinkommen zur Biomedizin (1997)
mwN	mit weiteren Nachweisen
N Eng J Med	New England Journal for Medicine
NBAC	National Bioethics Advisory Commission
NHS	National Health Services
NJW	Neue juristische Wochenschrift
Nr.	Nummer
o.	oben
p.c.	post conceptionem
PID	Präimplantationdiagnostik
PZ	Pharmazeutische Zeitung
RG	Reichsgericht
Rn.	Randnummer
Reg. Entw.	Gesetzesentwurf der Bundesregierung
Rspr.	Rechtsprechung
S.	Seite
s.	siehe

SAMW	Schweizerische Akademie der Medizinischen Wissenschaften
SNF	Schweizerischer Nationalfonds
st.	ständig
st. Rspr.	ständige Rechtsprechung
s.o.	siehe oben
s.u.	siehe unten
StGB	Strafgesetzbuch der Bundesrepublik Deutschland
StGB (CH)	Strafgesetzbuch der Schweizerischen Eidgenossenschaft
str.	strittig
SZ	Süddeutsche Zeitung
TTN	Institut für Technik - Theologie - Naturwissenschaften
TPG	Transplantationsgesetz der Bundesrepublik Deutschland
u.	und
u.a.	unter anderem
UNESCO	United Nations Education, Scientific and Cultural Organisation
VELKD	Vereinigte Evangelisch-Lutherische Kirche Deutschlands
VE TPG (CH)	Vorentwurf zu einem Transplantationsgesetz der schweizerischen Eidgenossenschaft
v.	vom/von
vs.	versus
VersR	Versicherungsrecht
vgl.	vergleiche
Vorbem.	Vorbemerkung
WHA	World Health Assembly
WHO	World Health Organization
zahlr.	zahlreiche
ZRP	Zeitschrift für Rechtspolitik
ZStW	Zeitschrift für die gesamte Strafrechtswissenschaft
ZfL	Zeitschrift für Lebensrecht

Ziff.	Ziffer
z.T.	zum Teil

Literaturverzeichnis

Aubert, Jean-Francois Eichenberger, Kurt Müller, Jörg Paul Rhinow, René A. Schindler, Dietrich	Kommentar zur Bundesverfassung der Schweizerischen Eidgenossenschaft vom 29. Mai 1874 Loseblattsammlung, Stand 6. Lieferung 1996, Basel, Bern 1996
Anderson, D. J. Gage, F. H. Weissmann, I. L.	"Can stem cells cross lineage boundaries" in: Nature Medicine 2001; 7: 393 – 395
Ashworth, Andrew	Principles of Criminial Law Second Edition Oxford, New York 1998
Bartram, Claus R.	„Warum auf den Ethikrat warten“ in: FAZ vom 29. Juni 2001, Nr. 148/S. 46
Beckmann, Rainer	„Embryonenschutz und Grundgesetz“ in: ZRP 1987, S. 80 – 86
Beier, Henning M.	„Zur Problematik von Totipotenz und Pluripotenz“ in: Humane Stammzellen, S. 55 – 70, hrsg. von Wolf – Michael Catenhusen, Stuttgart 2001
ders.	„Zum Sinn des Klonens: Die Erkenntnisse über natürliche und experimentelle Totipotenz ebnen den Weg für neue Perspektiven in der Transplantationsmedizin“ in: nova acta leopoldina 2000, Band 83, Nr. 318, S. 37 - 54
ders.	„Beginn des menschlichen Lebens aus medizinischer Sicht“ in: Christoph Fuchs (Hrsg.), Möglichkeiten und Grenzen der Forschung mit menschlichen Embryonen, S. 67 – 87 Stuttgart, New York 1990

Benda, Ernst	„Erprobung der Menschenwürde am Beispiel der Humangenetik“ in: APuZ, B3/1985, S. 18 – 36
ders.	„Humangenetik und Recht – eine Zwischenbilanz“ in: NJW 1985 S. 1730 - 1734
ders.	„Verständigungsversuche über die Würde des Menschen“ in: NJW 2001, 2147 - 2148
ders. (Hrsg.) Maihofer, Werner (Hrsg.) Vogel, Hans – Jochen (Hrsg.)	Handbuch des Verfassungsrechtes, Bd. 1 2. Auflage, Berlin, New York 1995
Bjornson, C. R. et al.	“Turning brain into blood: a hematopoetic fate adopted by adult neural stem cells in vivo” in: Science 1999; 283: 534 – 537
Birnbacher, Dieter	„Aussichten einen Klons“ in: Johann S. Ach/Gerd Brudermüller/Christa Runtenberg (Hrsg.), Hello Dolly, S. 46 –71 Frankfurt am Main 1998
ders.	„Ethische Probleme der Embryonenforschung“ in: Jan P. Beckmann (Hrsg.), Fragen und Probleme einer medizinischen Ethik, S. 228 – 253 Berlin, New York 1996
ders. Schneider, Ingrid Knoepffler, Nikolaus	Kontroverse: „Wo beginnt die Menschenwürde? Therapeutisches Klonen von Embryonen“ in: Universitas 56, April 2001, S. 398-406
Bongso, A. Fong, C. Y. NG, S. C.	“Isolation and culture of inner cell mass from human blastocysts“ in Human Reproduction 1994; 9: 2110 – 2117
Bonner – Kommentar	Kommentar zum Grundgesetz, Band 1: Einleitung – Art. 5, Loseblattsammlung, Stand: Mai 2001, hrsgg. von Rudolf Dolzer und Klaus Vogel Heidelberg Stand: 2006

Boue, J
Boue, A.
Lazar, P.
"Retrospective and Prospective Epidemiological Studies 1500 Karyotyped Spontaneous Human Abortions"
Teratology 1995; 12: 11-26

Böckenförde, Ernst Wolfgang
„Das Tor zur Selektion ist geöffnet"
in: SZ vom 16. Mai 2001, Nr. 112/S. 11

ders.
„Die Würde des Menschen war unantastbar"
in: FAZ 03. September 2003

ders.
„Angriff auf Artikel 1 GG - Bleibt die Menschenwürde unantastbar"
in: Blätter für deutsche und internationale Politik 10/2004

ders.
„Menschenwürde als normatives Prinzip. Die Grundrechte in der bioethischen Debatte."
in: JZ (2003) 809 – 815.

Böckenförde-Wunderlich, Barbara
Präimplantationsdiagnostik als Rechtsproblem
Tübingen, 2002

Braun, Kathrin
Menschenwürde und Biomedizin
Frankfurt am Main 2000

dies.
„Kapitulation des Rechts vor der Innovationsdynamik"
in: KJ 33 (2000), S. 332 – 341

Brazelton, T. R.
"From marrow to brain: expression of neuronal phenotypes in adult mice"
in: Science 2000; 290: 1775 – 1779

Brohm, Winfried
„Forum: Humanbiotechnik, Eigentum und Menschenwürde"
in: JuS 1998, S. 197 - 205

Brüstle, Oliver
„Embryonale Stammzellen – Perspektiven für die Transplantationsmedizin"
in: Wolf – Michael Catenhusen (Hrsg.), Humane Stammzellen,
S. 107 – 118, Stuttgart 2001

ders.	„Dem Leid zu Liebe“ in: Rheinischer Merkur 7/2001, S. 33
ders. et al.	“Embryonic stem cell – derived glial precursors: a source of myelinating transplants” in: Science 1999; 285: 754 – 756
Bülow, Detlev v.	„Dolly und das Embryonenschutzgesetz” in: Dt. Ärztebl. 94, Heft 12, S. A -718 – 725
Bundesministerium für Bildung und Forschung	In-vitro-Fertilisation, Genomanalyse und Gentherapie - Bericht der gemeinsamen Arbeitsgruppe des Bundesministers für Forschung u. Technologie u.d. Bundesministers für Justiz München 1985
Callies, Christian Ruffert, Matthias	Kommentar des Vertrages über die Europäische Gemeinschaft – EUV, EGV – Neuwied 1999
Campbell, K. H. et al.	“Sheep cloned by nuclear transfer from cultured cell line” in: Nature 1996; 380: 64 – 66
Christ, Bodo Wachtler, Franz	Medizinische Embryologie Wiesbaden 1998
Clarke, D. L. et al.	“Generalized potential of adult neural stem cells” in: Science 2000; 288: 1660 - 1663
Coester-Waltjen, Dagmar	„Befruchtungs- und Gentechnologie bei Menschen – rechtliche Probleme von morgen?“ in: FamRZ 1984, S. 230 – 236
Dahs, Hans Müssig, Bernd	Rechtliche Stellungnahme zum Stammzellgesetz Bonn 2003
Däubler-Gmelin, Herta	„Die Würde des Embryos ist unbezweifelbar“ Interview mit der Bundesjustizministerin Herta Däubler-Gmelin in: FAZ vom 22. Mai 2001, Nr. 118/S. 52 – 53

Denker, Hans – Werner | „Embryonale Stammzellen und ihre ethische Wertigkeit“
in: Ludger Honnefelder/Christian Streffer (Hrsg.), Jahrbuch für Wissenschaft und Ethik Band 5 (2000), S. 291 – 304
Berlin 2000

Denninger, Erhard (Hrsg.)
Wassermann, Rudolf (Hrsg.) | Kommentar zum Grundgesetz für die Bundesrepublik Deutschland – Reihe Alternativkommentare
Loseblattsammlung
3. Auflage, Neuwied 2001

Deutsch, Erwin | „Probleme von Recht und Ethik in der Medizin“
in: VersR 38 (1987), S. 949 – 951

ders. | „Embryonenschutz in Deutschland“
in: NJW 1991, S. 721 - 725

ders. | „Klinische Forschung International: Die Deklaration von Helsinki des Weltärztebundes in neuem Gewand“
in: NJW 2001, S. 857 – 860

ders.
Taupitz, Jochen | Forschungsfreiheit und Forschungskontrolle in der Medizin. Zur geplanten Revision der Deklaration von Helsinki.
Berlin, Heidelberg, New York 2000

DFG | Stellungnahme zum Problemkreis „Humane Embryonale Stammzellen“ 1999

dies. | Empfehlungen der Deutschen Forschungsgemeinschaft zur Forschung mit menschlichen Stammzellen
vom 3. Mai 2001

dies. | Empfehlungen der Deutschen Forschungsgemeinschaft zur Forschung mit menschlichen Stammzellen
vom 3. Mai 2001
Naturwissenschaftlicher, ethischer und juristischer Hintergrund

Donaldson, Liam	Stem Cell Research: Medical Progress with Responsibility - A Report from the Chief Medical Officer`s Expert Group Reviewing the Potential of Developments in Stem Cell Research and Cell Nuclear Replacement to Benefit Human Health London 2000
Dreier, Horst (Hrsg.)	Grundgesetz Kommentar Band I: Art. 1 – 19 Tübingen 1996 und 2. Auflage, Tübingen 2004
Dressler, Angelika	Verfassungsfragen des Embryonenschutzes hinsichtlich der Reproduktionsmedizin Diss. iur. Bielefeld 1992
Dürig, Günter	„Der Grundrechtssatz von der Menschenwürde" in: AöR 1956, Band 81, S. 117 - 157
ders.	siehe auch *Maunz, Theodor*
Eberbach, Wolfram	„Forschung an menschlichen Embryonen – Konsensfähiges und Begrenzungen" in: ZRP 1990, S. 217 - 223
Ekaterini, Iliadou	Forschungsfreiheit und Embryonenschutz: eine verfassungs- und europarechtliche Untersuchung der Forschung an Embryonen. Diss. iur., Regensburg 1998 Berlin 1999
Emmrich, Michael	„Abschied vom Nürnberger Kodex Bioethik-Konvention; Der Triumph des utilitaristischen Denkens" in: Michael Emmrich (Hrsg.), Im Zeitalter der Bio-Macht: 25 Jahre Gentechnik eine kritische Bilanz, S. 341 – 348 Frankfurt am Main 1999
Evans, M. J. Kaufman, M. H.	"Establishment in culture of pluripotent cells from mouse embryos" in: Nature 1981; 292: 154 – 156

Evans, M. J. et al.	"Mitochondrial DNA genotypes in nuclear transfer-derived sheep" in Nature Genetics 1999; 23: 90 – 93
Enquete-Kommission für Recht und Ethik in der modernen Medizin	Zweiter Zwischenbericht. Teilbericht Stammzellenforschung 2001 BT-DS 14/7456
Eser, Albin	Neuartige Bedrohungen ungeborenen Lebens. Embryoforschung und „Fetozid" in rechtsvergleichender Perspektive Heidelberg 1990
ders.	Forschung mit menschlichen Embryonen in rechtsvergleichender und rechtspolitischer Sicht in: Hans-Ludwig Günther/Rolf Keller (Hrsg.), Fortpflanzungsmedizin und Humangenetik – Strafrechtliche Schranken, S. 263 – 292, 1. Auflage, Tübingen 1987
ders., Koch, Hans-Georg	„Forschung mit embryonalen Stammzellen im In und Ausland" Rechtsgutachten zu den strafrechtlichen Grundlagen und Grenzen der Gewinnung, Verwendung und des Imports sowie der Beteiligung daran durch Veranlassung, Förderung und Beratung Freiburg im Breisgau, Mai 2003
The European Group on Ethics in Science and New Technologies to the European Commission	Opinion of the European Group on Ethics in Science and New Technologies to the European Commission: Ethical Aspects of Human Stem Cell Research and Use Paris, November 2000
	Adoption of an Opinion on Ethical Aspects of Human Stem Cell Research and Use Paris, November 2000
Fechner, Erich	„Menschenwürde und generative Forschung und Technik" in: JZ 1986, S. 653 – 664

Fenger, Hermann	siehe auch *Winter, Stefan F.*
Ferrari, G. et al.	Muscle regeneration by bone marrow – derived myogenetic progenitors in: Science 1998; 279: 1528 – 1530
Frankenberg, G.	„Die Würde des Klons und die Krise des Rechts" in: KJ 33 (2000) 3, S. 325 – 332
Flöhl, Reiner	„Ein Waterloo in der Zelltransplantation" in: FAZ vom 10. März 2001, Nr. 59/S. 9.
Fischer, Andrea Renesse, Margot v.	„Niemand hat das Recht über den Lebenswert eines Menschen zu entscheiden" in: FAZ vom 3. März 2001, Nr. 53/S. 11
Freed, C. F. et al.	"Transplantation of embryonic dopamine neurons for severe Parkinson`s Disease" in: N Eng J Med 2001; 344: 710 - 719
Frommel, M.	„Taugt das Embryonenschutzgesetz als ethisches Minimum gegen Versuche der Menschenzüchtung?" in: KJ 33 (2000) 3, 341 – 351
Frühwald, Wolfgang	Der „optimierte Mensch". Über Gentechnik, Forschungsfreiheit, Menschenbild und die Zukunft der Wissenschaft. Interview. in: Forschung und Lehre 2001, S. 402 – 405
Fuchs, Michael	„Der Einzelne und seine Einmaligkeit. Überlegungen zu einem Argument in der Debatte um die asexuelle Fortpflanzung" in: Ludger Honnefelder/Christian Streffer (Hrsg.), Jahrbuch für Wissenschaft und Ethik Band 5 (2000), S. 63 – 89, Berlin 2000
Fumagalli, Manuel	Rechtsprobleme vorgeburtlicher Diagnoseverfahren Frankfurt am Main 2006

Gearheart, J. D. "New potential for human embryonic stem cells"
in: Science 1998; 282: 1061 – 1062

ders. „Potential der Stammzellenforschung"
in: Wolf – Michael Catenhusen (Hrsg.),
Humane Stammzellen, S. 7 – 22,
Stuttgart 2001

Gordijn, Bert „Das Klonen von Menschen – Eine alte Debatte aber immer noch in den Kinderschuhen"
in: Ethik Med 1999; 11: 12 – 34

Gröner, Kerstin „Klonen, Hybrid- und Chimärenbildung unter Beteiligung totipotenter menschlicher Zellen"
in: Hans-Ludwig Günther/Rolf Keller (Hrsg.),
Fortpflanzungsmedizin und Humangenetik – Strafrechtliche Schranken,
S. 293 – 325, 1. Auflage, Tübingen 1987

Gutmann, Thomas „Auf der Suche nach einem Rechtsgut: Zur Strafbarkeit des Klonens von Menschen"
in: Claus Roxin/Ulrich Schroth (Hrsg.),
Medizinstrafrecht, S. 353 – 379,
2. Auflage, Stuttgart, München, Hannover, Berlin, Weimar, Dresden 2001

Günther, Hans-Ludwig „Strafrechtliche Verbote der Embryonenforschung"
in: MedR 1990, S. 161 – 167

ders. „Strafrechtlicher Schutz des menschlichen Embryos über §§218 ff StGB hinaus? – Eine Exemplifizierung kriminalpolitischer Grundsätze der Verhaltenskriminalisierung in neuen Grenzbereichen von recht und Medizin"
in: derselbe/Rolf Keller (Hrsg.),
‚Fortpflanzungsmedizin und Humangenetik – Strafrechtliche Schranken,
1. Auflage, Tübingen 1987

Habermas, Jürgen „Die Zukunft der menschlichen Natur: auf dem Weg zur liberalen Eugenik?"
Frankfurt am Main 2001

ders. „Biologie kennt keine Moral“
in: Die Zeit 9/1998

Haniel, Anja „Therapeutisches Klonen“
in: Universitas (56.Jahrgang)
S. 228 – 238, März 2001

Hare, R. M. „Embryonenforschung: Argumente in der politischen Ethik“
in: Sass, Hans-Martin (Hrsg.), Medizin und Ethik
Stuttgart 1989, S. 118 - 138

Harris, John „Der Wert des Lebens: Eine Einführung in die medizinische Ethik“
Berlin 1995

Hauskeller, Christine „Die Stammzellforschung – Sachstand und ethische Problemstellungen“
in: APuZ, B27/2001, S. 7 - 15

Haverich, Axel „Reproduktion von Geweben und Organen“
in: Wolf – Michael Catenhusen (Hrsg.),
Humane Stammzellen, S. 23 – 37,
Stuttgart 2001

ders.
Martin, Ulrich „Potential adulter Stammzellen: Kann auf die Verwendung embryonaler Stammzellen verzichtet werden“
Gutachten vom Mai 2001

Heinemann, Thomas „Möglichkeiten und Grenzen der Gewinnung und Verwendung humaner embryonaler Stammzellen“
in: Gesundheitswesen 2001; 63: 2 -8

ders. „Klonierung menschlicher embryonaler Stammzellen. Zu den Statusargumenten aus naturwissenschaftlicher und moralphilosophischer Sicht“
in: Ludger Honnefelder/Christian Streffer (Hrsg.),
Jahrbuch für Wissenschaft und Ethik Band 5
(2000), S. 259 – 276, Berlin 2000

Heng B.C. et al.	"Comments about possible use of human embryonic stem cell-derived cardiomyocytes to direct autologous adult stem cells into the cardiomyogenic lineage." in : Acta Cardiol. 2005, vol. 60, n°1, pp. 7-12
Herdegen, Matthias	„Die Menschenwürde im Fluss des bioethischen Diskurses" in: JZ 2001, S. 773 - 779
ders.	in: *Maunz/Dürig/Herzog*, siehe dort
Herzog, Roman	„Der Verfassungsauftrag zum Schutze des ungeborenen Lebens" in: JR 1969, S. 441 - 445
ders.	„Ich warne vor absoluten Verboten" in: Die Welt vom 28. Mai 2001
Hildt, Elisabeth	„Transplantation von fetalem Hirngewebe" in: Nikolaus Knoeppfler/Anja Haniel (Hrsg.); Menschenwürde und medizinethische Konfliktfälle, S. 131 – 148 Stuttgart, Leipzig 2000
Hirsch, Günter	„Zeugung im Reagenzglas" in: MedR 1986, S. 237 – 240
Hoerster, Norbert	„Forum: Ein Lebensrecht für die Leibesfrucht" in: JuS 1989, S. 172 – 178
ders.	„Nur wer die Sehnsucht kennt" in: FAZ vom 24. Februar 2001, Nr. 47/S. 46
ders.	„Hat der Embryo wirklich ein Interesse am Leben" in: FAZ vom 23. Juli 2001, Nr. 168/S. 44
Hoffmann, Hasso	„Biotechnik, Gentherapie, Genmanipulation – Wissenschaft im rechtsfreien Raum" in: JZ 1986, 253 - 260

Honnefelder, Ludger
Taupitz, Jochen
Winter, Stefan F.
Das Übereinkommen über Menschenrechte und Biomedizin. Argumente für einen Beitritt.
Sankt Augustin 1999

ders.
Das Menschenrechtsübereinkommen zur Biomedizin des Europarates. Zur zweiten und endgültigen Fassung des Dokuments
in: Ludger Honnefelder/Christian Streffer (Hrsg.), Jahrbuch für Wissenschaft und Ethik Bd. 2 (1997), S. 305 – 318
Berlin 1997

ders.
Stellungnahme aus ethischer Perspektive zur „Allgemeinen Erklärung über das menschliche Genom und die Menschenrechte" der UNESCO
in: Ludger Honnefelder/Christian Streffer (Hrsg.), Jahrbuch für Wissenschaft und Ethik Bd. 3 (1998), S. 225 – 230
Berlin 1998

Honsell, Heinrich
Handbuch des Arztrechts
Zürich 1994

Höffe, Otfried
Lexikon der Ethik
5. Auflage, München 1997

ders.
„Rechtspflichten vor Tugendpflichten"
in FAZ vom 31. März, Nr. 77/S. 11

Höfling, Wolfram
„Zygote – Mensch – Person"
in FAZ vom 10. Juli 2001, Nr. 157/S. 8

ders.
„Verfassungsrechtliche Aspekte des so genannten therapeutischen Klonens"
in: Zeitschrift für medizinische Ethik 2001; 47: 277 – 284

Hufen, Friedhelm
„Nicht nur Embryonen haben Grundrechte"
in: FAZ vom 21. Mai 2001, Nr. 117/S. 10

ders.
Erosion der Menschenwürde
in: JZ, 2004, S. 313-318

Hüppe, Hubert — „Gefahr für die Menschenwürde? Die sog. Bioethik – Konvention des Europarates“ in: idea – Dokumentation April 97, 10/97

Humpherys, D. et al. — “Epigenetic instability in ES – Cells and cloned mice” in: Science 2001; 293: 95 - 97

Hwang et al. — „Patient-Specific Embryonic Stem Cells Derived from Human SCNT Blastocysts“ in Science 2005; 308: 1777-1783

Iliadou, Ekaterini — Forschungsfreiheit und Embryonenschutz Diss. iur. Regensburg 1998 Berlin 1999

Isensee, Josef; Kirchhof, Paul — Handbuch des Staatsrechts der Bundesrepublik Deutschland Band II: Verfassungsstaat 3. Auflage, Heidelberg 2003

dies. — Handbuch des Staatsrechts der Bundesrepublik Deutschland Band VI: Freiheitsrechte 2. Auflage Heidelberg 2001

Itskovitz-Eldor, J. et al. — “Differentiation of human embryonic stem cells into embryoid bodies compromising the three embryonic germ layers” in: Mol. Med. 2000; 6: 88 – 95

Jaenisch, Rudolf — “Epigenetic Instability in ES Cells and cloned mice” in: Science 2001; 293: 95 – 97

Jarass, Hans D.; Pieroth, Bodo — Grundgesetz für die Bundesrepublik Deutschland 8. Auflage, München 2006

Jescheck, Hans – Heinrich — Lehrbuch des Strafrechts Allgemeiner Teil 4. Auflage, 1988

Jonas, Hans | Technik, Medizin und Ethik
Zur Praxis des Prinzips Verantwortung
3. Auflage, Kassel 1990

Jütte, Robert (Hrsg.) | Geschichte der Abtreibung
München 1993

Kant, Immanuel | Metaphysik der Sitten
in: Kant`s gesammelte Schriften, Bd. VI
hrsgg. von der königlich Preußischen Akademie der Wissenschaften
Berlin 1914

Kato, Y.
Rideout, W. | „Development Potential of Mouse Primordial Germ Cells"
in: Development 1999; 126: 1823 – 1832

Keller, Rolf | „Embryonenschutzgesetz und Biomedizin-Konvention"
in: FS für Theodor Lenckner zum 70. Geburtstag,
hrsgg. von Albin Eser/Ulrike Schittenhelm /Heribert Schumann, S. 477 – 494,
München 1998

ders. | „Beginn und Stufungen des strafrechtlichen Lebensschutzes"
in: Hans-Ludwig Günther/Rolf Keller (Hrsg.),
Fortpflanzungsmedizin und Humangenetik – Strafrechtliche Schranken, S. 111 – 135,
1. Auflage, Tübingen 1987

ders. | „Fortpflanzungstechnologie und Strafrecht"
in: Hans-Ludwig Günther/ Rolf Keller (Hrsg.)
‚Fortpflanzungsmedizin und Humangenetik – Strafrechtliche Schranken, S. 193 – 209,
1. Auflage, Tübingen 1987

ders.
Günther, Hans-Ludwig
Kaiser, Peter | Kommentar zum Embryonenschutzgesetz
Stuttgart 1992

Kersting, Wolfgang | „Hantiert, wenn es euch frei macht"
in FAZ vom 17. März 2001, Nr. 65/S. I

Kirchenamt der Evangelischen Kirche in Deutschland und Sekretariat der Deutschen Bischofskonferenz — Gott ist ein Freund Deines Lebens. Herausforderungen und Aufgaben beim Schutz des Lebens. Gemeinsame Erklärung des Rates der Evangelischen Kirche in Deutschland und der Deutschen Bischofskonferenz,
5. Auflage, Gütersloh 1991

Knoeppfler, Nikolaus — „Menschliche Embryonen und medizinethische Konfliktfälle"
in: ders./Anja Haniel (Hrsg.), Menschenwürde und medizinethische Konfliktfälle, S. 55 – 66
Stuttgart, Leipzig 2000

Kollek, Regine — „Klonen ist Klonen – oder nicht?
Warum der erste Menschenklon nicht die Gestalt ist, an der sich die Urteilsfindung begründen muss"
in: Johann S. Ach/Gerd Brudermüller/Christa Runtenberg (Hrsg.), Hello Dolly, S. 19 – 45
Frankfurt am Main 1998

Koechlin Büttiker, Monica — Schranken der Forschungsfreiheit an menschlichen Embryonen
Diss. iur. Basel 1997
Basel, Frankfurt am Main 1997

Körner, Uwe — „Mensch von der Zeugung an? Über den Beginn und die Schutzwürdigkeit menschlichen Lebens"
in: ders. (Hrsg.), Ethik in der menschlichen Fortpflanzung,
S. 293 – 313
Stuttgart 1992

Korff, Wilhelm (Hrsg.) Honnefelder, Ludger — Lexikon der Bioethik Band 1
Gütersloh 1998

dies. — Lexikon der Bioethik Band 2
Gütersloh 1998

Kummer, Christian — „Soll man das therapeutische Klonen verbieten?"
in: Stimmen der Zeit 2001; 219: 199 – 201

Lanza, R. P. et al. — "Human Therapeutic Cloning"
in: Nature Medicine 1999; 5: 975 – 977

Laufs, Adolf — „Fortpflanzungsmedizin und Menschenwürde"
in: NJW 2000, S. 2716 – 2718

ders. — „Die künstliche Befruchtung beim Menschen – Zulässigkeit und zivilrechtliche Folgen"
in: JZ 1986, S. 769 – 777

Leist, Anton — Eine Frage des Lebens:
Ethik in der Abtreibung und künstlichen Befruchtung.
Frankfurt am Main, New York 1990

Lerche, Peter — "Verfassungsrechtliche Aspekte der Gentechnologie"
in: Rudolf Lukes und Rupert Schulz (Hrsg.)
Rechtsfragen der Gentechnologie
Köln, Berlin, Bonn, München 1986

Lenzen, Wolfgang — Liebe, Leben und Tod
Eine moralphilosophische Studie
Stuttgart 1999

Losch, Bernhard — „Lebensschutz am Lebensbeginn: Verfassungsrechtliche Probleme des Embryonenschutzes"
in: NJW 1992, S. 2926 – 2932

Luchsinger, Thomas — Vom Mythos Gen zur Krankenversicherung.
Gentherapie zwischen Ethik und Recht im internationalen Vergleich.
Basel, Genf, München 2000

Lücke, Jörg — „Das universale Verfassungsrecht als Quelle eines Weltgemeinschaftsrechts zur Lösung globaler rechtspolitischer Probleme – Eine Darstellung am Beispiel des Schutzes menschlicher Embryonen"
in: MedR 2002, S. 432-435

Maihofer, Werner — siehe *Benda, Ernst*

Markl, H. „Eine Raupe ist noch kein Schmetterling“
in FAZ vom 27. November 2001, Nr. 276/S. 49

ders. „Von Caesar lernen heißt forschen lernen“
gekürzte Fassung eines Vortrages bei der Hauptversammlung der Max-Planck-Gesellschaft zur Förderung der Wissenschaften
in FAZ vom 25. Juni 2001, Nr. 144/S. 52
fragmentweise auch:
„Research doesn`t denigrate humantiy“
in: Nature 2001; 412: 479 – 480

Mangoldt, Hermann v.
Klein, Friedrich
Starck, Christian (Hrsg.)
Das Bonner Grundgesetz
Band 1: Präambel, Art. 1 bis 19
5. Auflage, München 2005

Maunz, Theodor
Dürig, Theodor
Grundgesetz Kommentar
Band I: Art. 1 – 11
Loseblattsammlung
Stand: Erstbearbeitung 1958
und Neubearbeitung März 2006, München

Maurach, Reinhart
Zipf, Heinz
Strafrecht Allgemeiner Teil, Teilband 1
Grundlehren des Strafrechts und Aufbau der Straftat
8. Auflage, Heidelberg 1992

Merkel, Reinhard „Rechte für Embryonen?“
in: DIE ZEIT 5/2001

ders. „Forschungsobjekt Embryo Verfassungsrechtliche und ethische Grundlagen der Forschung an menschlichen embryonalen Stammzellen“,
München, 2002

Mersson, Günter „Fortpflanzungstechnologien und Strafrecht“
Bochum 1989

Mieth, Dietmar „Probleme der Ethik in der Biomedizin am Beispiel der Klonierungsdebatte”
in: Johann S. Ach/Gerd Brudermüller/Christa Runtenberg (Hrsg.), Hello Dolly, S. 156 – 187
Frankfurt am Main 1998

ders.	„Ethische Grundfragen der Fortpflanzungstechnologie und Humangenetik" in: Hans Ludwig Günther u. Rolf Keller (Hrsg.), Fortpflanzungsmedizin und Humangenetik – Strafrechtliche Schranken, S. 23 – 36 1. Auflage, Tübingen 1987
ders.	„Wann beginnt das menschliche Leben? Theologisch-ethische Überlegungen" in: Christoph Fuchs, Möglichkeiten und Grenzen der Forschung mit Embryonen, S. 89 – 97 Stuttgart, New York 1990
Morgan, Derek Lee, Robert G. (Hrsg.)	Blackstone´s Guide to the Human Fertilisation & Embryology Act 1990. Abortion & Embryo Research, The New Law. London: Blackstone Press Ltd: 1991
Morrison, Sean J.	"Can anything make anything?" in: Current Biology 2001; 1: R7-R9
Munsie, M. J. Michalska, A. E. O`Brien, C. M. Trounson, O. Pera, M. F. Mountford, P. S.	"Isolation of pluripotent embryonic stem cells from reprogrammed adult mouse somatic cell nuclei" in: Current Biology 2000; 10: 810 – 813
Müller, Ulrich	„Gebt uns die Lizenz zum Klonen" in: FAZ vom 9. März 2001, Nr. 58/S. 41
Müller-Jung, Joachim	„Der blühende Wahnsinn" in: FAZ vom 12. März 2001, Nr. 60/S. 49
Münch, Ingo v.	Grundgesetz Kommentar 1. Band: Art. 1 – 19 5. Auflage, München 2000
Munsie, Megan S. Michalska, Anna O`Brien, Carmen M.	„Isolation of pluripotent embryonic stem cells from reprogrammed adult mouse somatic cell nuclei" in: Current Biology 2000; 10: 989-992

National Academy Press — Stem Cells and Future Regenerative Medicine
Committee on the Biological and Biomedical Applications of Stem Cell Research
Bert Vogelstein, Chair
Washington D.C., 2001

National Bioethics Advisory Commission — Ethical Issues in Human Stem Cell Research
Volume I: Report and Recommendations of the Nation Bioethics Advisory Commission
Shapiro, Harold T., Chair
Rockville, Maryland 1999

National Bioethics Advisory Commission — Ethical Issues in Human Stem Cell Research
Volume III:
Religious Papers
Shapiro, Harold T., Chair
Rockville, Maryland 2000

dies. — Cloning Human Beings
Shapiro, Harold T., Chair
Rockville, Maryland 1997

National Institutes of Health DHHS (U.S.) — Stem Cells: Scientific Progress and Future Research Directions
June 2001

Nationaler Ethikrat — „Stellungnahme – Klonen zu Fortpflanzungszwecken und Klonen zu biomedizinischen Forschungszwecken"
Berlin 2004

ders. — „Stellungnahme zum Import humaner embryonaler Stammzellen"
Berlin 2001

Neidert, Rudolf — „Zunehmendes Lebensrecht"
in: Dt. Ärztebl. 2000; 97: 3483 – 3486

Nida-Rümelin, Julian — „Wo die Menschenwürde beginnt"
in: Tagesspiegel vom 3. Januar 2001

Nickel, Lars Christoph Schmidt-Preisigke, Angelika Sengler, Helmut	Transplantationsgesetz: Kommentar Stuttgart, Berlin, Köln 2001
Nüsslein-Volhard, Christiane	„Wann ist ein Tier ein Tier, ein Mensch kein Mensch" in: FAZ vom 2. Oktober 2001, Nr. 229/S. 55
Orlic, D. et al.	„Bone marrow cells regenerate infarcted myocardium" in: Nature 2001; 410: 701 – 705
Palandt, Otto (Begr.)	Bürgerliches Gesetzbuch 65. Auflage, München 2006
Pap, Michael	„Die Würde des werdenden Lebens in vitro – verfassungsrechtliche Grenzen der extrakorporalen Befruchtung" in: Medizinrecht 1986, S. 229 – 236
Pieper, Annemarie	„Einführung in die Ethik" 4. Auflage, Tübingen 2000
Pieplow, Silvia	„Stammzellersatz nach Herzinfarkt" in: FAZ vom 5. Dezember 2001, Nr. 283/S. N1 u. N2
Poplutz, Christian	„Bioethik-Konvention – Eine Gefahr für die Menschenwürde?" abgedruckter Vortrag, in: Thomas Schirrmacher/Walter Schrader/Hartmut Steeb, Lebensrecht für jeden Menschen Bonn 2000
ders.	„Offene Fragen rund um die Bioethik-Konvention" in: ZfL 1998, S. 6-9
Prelle, Katja	„Embryonale Stammzellen – tiermedizinische Grundlagen und wissenschaftliche Perspektiven in der Humanmedizin" in: Zeitschrift für medizinische Ethik 2001; 47: 227 – 234

Prockop, D. J.	"Marrow stromal cells as stem cells for nonhematopoietic tissues" in: Science 1997; 276: 71ff
Psychrembel, Willibald (Begr.)	Medizinisches Wörterbuch 260. Auflage, Berlin, New York 2004
Rager, Günther	„Embryo-Mensch-Person: Zur Frage nach dem Beginn des personalen Lebens" in: Jan P. Beckmann (Hrsg.), Fragen und Probleme einer medizinischen Ethik, S. 254 – 278 Berlin, New York 1996
Rau, Johannes	Berliner Rede vom 18. Mai 2001 „Wird alles gut? Für einen Fortschritt nach menschlichem Maß", fragmentarisch abgedruckt in: FAZ vom 19. Mai 2001, Nr. 116/S. 45
Rehmann-Sutter, Christoph	„Human Cloning? 1. Teil: Der ethische Status von Nukleustransferembryonen. Anmerkungen zum therapeutischen Klonen." in: Schweizerische Ärztezeitung 2001; 82: Nr. 19 S.983 – 986
ders.	„Human Cloning? 2. Teil: Ist das therapeutische Klonen abgrenzbar?" in: Schweizerische Ärztezeitung 2001; 82: Nr. 23 S. 1214 – 1217
ders.	„Human Cloning? 3. Teil: Klonen und Reproduzieren" in: Schweizerische Ärztezeitung 2001; 82: Nr. 28 S. 1530 - 1534
ders.	„Human Cloning? 4. Teil: Klonen als Fortpflanzungstechnik" in: Schweizerische Ärztezeitung 2001; 82: Nr. 40, S. 2145 – 2149
Rendtorff, Trutz Winnacker, Ernst-Ludwig Hepp, H.	Das Klonen von Menschen. Überlegungen und Thesen zum Problemstand und zum Forschungsprozess

Hofschneider, P.H.
Korff, W
Knoepffler, Nikolaus
Kupatt, C.
Haniel, Anja

in: Nikolaus Knoepffler/Anja Haniel (Hrsg.), Menschenwürde und medizinethische Konfliktfälle,
S. 9 – 24
Stuttgart, Leipzig 2000

ders.

„Jenseits der Menschenwürde. Zum ethischen Diskurs über humane Stammzellen. Ein Kommentar"
in: Ludger Honnefelder/Christian Streffer, Jahrbuch für Wissenschaft und Ethik Band 5 (2000),S. 183 – 195
Berlin 2000

Reppel Michael
Boettinger , Cornelia
Hescheler, Jürgen

Beta-adrenergic and muscarinic modulation of human embryonic stem cell-derived cardiomyocytes.
Cell Physiol Biochem 2004; 14:187-196

Riedel, Ulrike

„Wer die Ethik nicht hören will, muss das Recht hören"
in: FAZ vom 7. Mai 2001, Nr. 105/S. 50

Ritter, Johannes

Historisches Wörterbuch der Philosophie,
Bd. 2, D – F
Basel 1972

Rohwedel, Jürgen

„Stammzellen – neue Perspektiven für Gewebeersatz?"
in: Zeitschrift für medizinische Ethik 2001; 47: 213 – 225

Ross, Jan

„Das Monströse"
in: DIE ZEIT 35/2000

Röger, Ralf

Verfassungsrechtliche Probleme medizinischer Einflussnahme auf das ungeborene menschliche Leben im Lichte des technischen Fortschritts
Habilitationsschrift, Köln 1999

Römpp, Hermann (Begr.)
Deckwer, Wolf-Dieter (Hrsg.)
Ackermann, Wilfried (Hrsg.)

Römpp-Lexikon Biotechnologie, Gentechnik
2. Auflage, Stuttgart 1999

Rössner, Dieter	„Der Rückzug des Strafrechts auf das „Formale“ – Verwaltungsakzessorietät des strafrechtlichen Embryonenschutzes“ in: Hans-Ludwig Günther/Rolf Keller, Fortpflanzungsmedizin und Humangenetik – Strafrechtliche Schranken, S. 247 – 261 1. Auflage, Tübingen 1987
Roxin, Claus	Strafrecht, Allgemeiner Teil Bd. 1, Grundlagen – Der Aufbau der Verbrechenslehre 4. Auflage, München 2006
Royal Society, Council	Whither Cloning? January 1999
Sachs, Michael (Hrsg.)	Grundgesetz Kommentar 3. Auflage, München 2003
Sadler, Thomas W.	Medizinische Embryologie 10. Auflage, Stuttgart, New York 2003
Saerbeck, Klaus	Beginn und Ende des menschlichen Lebens Diss. iur. Münster 1973 Berlin, New York 1974
Sass, Hans Martin	Hirntod und Hirnleben in: Medizinethische Schriften, Heft 20 Bochum 1989
Schäuble, Wolfgang	„Vergesst die Mutter nicht“ in FAZ vom 21. Mai 2001, Nr. 117/S. 49
Schiebler, Theodor Heinrich	Histologie 4. Auflage, Berlin 1996
Schiebler, Theodor Heinrich Schmidt, Walter Zilles, Karl	Anatomie 8. Auflage, Berlin 1999
Schlingensiepen-Brysch, Irene	„Wann beginnt das menschliche Leben?“ in: ZRP 92, 418 – 422

Schmidt-Bleibtreu, Bruno
Klein, Franz
Kommentar zum Grundgesetz für die Bundesrepublik Deutschland
10. Auflage, Neuwied 2004

Schmidt-Jortzig, Edzard
„Die Würde des Menschen ist unantastbar"
in: Recht 1997, S. 21 – 22

Schmoll, Heike
„Wann wird der Mensch ein Mensch"
in: FAZ vom 31. Mai 2001, Nr. 125/S. 15

Schockenhoff, Eberhard
„Die Ethik des Heilens und die Menschenwürde"
in: Zeitschrift für medizinische Ethik 2001; 47: 235 – 257

ders.
„Einspruch im Namen der Menschenwürde"
in: FAZ vom 23. April 2001, Nr. 94/S. 10

Schönke, Adolf
Schröder, Horst
Strafgesetzbuch Kommentar
27. Auflage, München 2006

Schreiber, Hans – Ludwig
„Zur rechtlichen Problematik der Stammzellenforschung"
Redemanuskript eines Vortrages beim Hearing „Möglichkeiten und Grenzen der Stammzellenforschung" der Stiftung Niedersachsen und des Niedersächsischen Landtags vom 31. August 2001

ders.
siehe auch *Winter, Stefan F.*

Schütze, Hinner
„Die Bedeutung von Statusargumenten für das geltende deutsche Recht"
in: Ludger Honnefelder/Christian Streffer, Jahrbuch für Wissenschaft und Ethik Band 5 (2000), S. 305 – 328
Berlin 2000

Schwarz, Kyrell-A.
„«Therapeutisches Klonen» – ein Angriff auf Lebensrecht und Menschenwürde des Embryos"
in: KV 2001, S. 182 – 210

Schwägerl, Christian
„Strohhalme für die Ethik"
in: FAZ vom 20. Oktober 2001, Nr. 244/S. 41

Schweizerische Akademie der medizinischen Wissenschaften	Positionspapier der zentralen Ethikkommission zur Gewinnung von und Forschung an menschlichen Stammzellen Basel 2001
Schweizerischer Nationalfonds	Positionspapier des SNF zur Verwendung von menschlichen embryonalen Stammzellen in der biomedizinischen Forschung, 2001
Schöne-Seifert, Bettina	„Von Anfang an“ in: DIE ZEIT 9/2001
Sekretariat der deutschen Bischofskonferenz (Hrsg.)	Der Mensch sein eigener Schöpfer? Zu Fragen von Gentechnik und Biomedizin Die deutschen Bischöfe, Nr. 69, 2001
Sendler, Horst	„Menschenwürde, PID und Schwangerschaftsabbruch” in NJW 2001, 2148 - 2150
Shamblott, M. et al.	“Derivation of pluripotent stem cells from cultured primordial germ cells” in: PNAS 1998; 95: 13726 – 13731
Shamblott, M. et al.	“Human embryonic germ cell derivates express a broad range of developementally distinct markers and proliferate extensively in vitro“ in: PNAS 2001; 98: 113 - 118
Siep, Ludwig	„Zur ethischen Problematik des Klonens“ in: Ludger Honnefelde/Christian Streffer, Jahrbuch für Wissenschaft und Ethik Bd. 3 (1998), S. 5 – 14 Berlin, New York 1998
Simon, Jürgen	„Rechtliche Regulierung des Klonens von Menschen in Deutschland, Ländern der EU und den USA“ in: Nikolaus Knoeppfler/Anja Haniel, Menschenwürde und medizinethische Konfliktfälle, S. 25 – 47 Stuttgart, Leipzig 2000

Singer, Peter	Praktische Ethik 2. Auflage, Stuttgart 1994
Sleator, Alex	Stem Cell Research and Regulations under the Human Fertilisation and Embryology Act 1990 in the revised edition. London 2000
Smits AM et al.	The role of stem cells in cardiac regeneration. in: J Cell Mol Med 2005.
Soergel, Hans Theodor	Bürgerliches Gesetzbuch Bd. 1, Allgemeiner Teil, 13. Auflage, Stuttgart, Berlin, Köln, Mainz 2000
Starck, Christian	„Der verfassungsrechtliche Schutz ungeborenen menschlichen Lebens“ in: JZ 1993, 816 - 822
ders.	„Hört auf unser Grundgesetz zerreden zu wollen“ in: FAZ vom 30. Mai 2001, Nr. 124/S. 55
Staudinger, Julius von (Begr.)	Kommentar zum Bürgerlichen Gesetzbuch Erstes Buch, Allgemeiner Teil, §§1 – 12; 13. Bearbeitung, Berlin 1995
Steinborn et al.	“Mitochondrial DNA Heteroplasmy in Cloned Cattle Produced by Fetal and Adult Cell Cloning” in: Nature Genetics 2000; 25: 255 – 257
Stellpflug, Martin	„Embryonenschutz in England“ in: ZRP 1992, S. 4 – 6
Stern, Klaus	Das Staatsrecht der Bundesrepublik Deutschland Band III, Allgemeine Lehren und Grundrechte München 1988
Sternberg-Lieben, Detlev	Musikdiebstahl Diss. iur. Berlin, 1985
ders.	„Gentherapie und Strafrecht“ in: JuS 1986, S. 673 – 680

Stewart, C. L. Gadi, I. Bhatt, H.	"Stem cells from primordial germ cells can reenter the germ line" in: Dev Biol 1994; 161: 626 – 8
Stratenwerth, Günther	Schweizerisches Strafrecht Allgemeiner Teil I – Die Straftat 3. Auflage, Bern 2005
ders.	Schweizerisches Strafrecht Besonderer Teil I – Straftaten gegen Individualinteressen 6. Auflage, Bern 2003
Spaemann, Robert	Die Unantastbarkeit des menschlichen Lebens Zu ethischen Fragen der Biomedizin. Instruktion der Kongregation für die Glaubenslehre. Freiburg i. Br. 1987
ders.	„Wer jemand ist, der ist es immer" in: FAZ vom 21. März 2001, Nr. 68/S. 65 – 66
ders.	„Gezeugt, nicht gemacht" in: DIE ZEIT 4/2001
Stellmach, Claudia	UNESCO-Bio-Politik: Neue Technik – alte Eugenik Kontext und Perspektiven der UNESCO-Deklaration „Menschliches Genom und Menschenrecht" in: Michael Emmrich (Hrsg.), Im Zeitalter der Bio-Macht: 25 Jahre Gentechnik eine kritische Bilanz, S.275 – 340 Frankfurt am Main 1999
Strauer, B.E. Zeus, T.	„Intrakoronare, humane autologe Stammzell-transplantation" in: DMW 2001; 126: 932 - 938
Streinz, Rudolf	Europarecht 7. Auflage, Heidelberg 2005

Szaif, Jan	„Artifizielles Werden. Zur ethischen Problematik der künstlichen Herstellung des menschlichen Genoms" in: Ludger Honnefelder und Christian Streffer (Hrsg.), Jahrbuch für Wissenschaft und Ethik Band 5 (2000) S. 53 – 62, Berlin 2000
Taupitz, Jochen	„Die Neufassung der Deklaration von Helsinki des Weltärztebundes vom Oktober 2000" in: MedR 2001, S. 277-286
ders.	„Abgestufte Menschenwürde" in: PZ 2001, S. 2903-2912
ders.	„Der rechtliche Rahmen des Klonens zu therapeutischen Zwecken" Redemanuskript zu einem Vortrag während des Hearings „Möglichkeiten und Grenzen der Stammzellenforschung" der Stiftung Niedersachsen und des Niedersächsischen Landtages vom 1. September 2001
ders. Schelling, Holger	„Mindeststandards als realistische Möglichkeit Rechtliche Gesichtspunkte in deutscher und internationaler Perspektive" in: Albin Eser (Hrsg.), Biomedizin und Menschenrechte, S. 94 – 111 Frankfurt am Main 1999
ders.	siehe auch *Deutsch, Erwin*
ders.	siehe auch *Honnefelder, Ludger*
Theise, N. D. et al.	"Liver from Bone Marrow in Humans" in: Hepatology 2000; 32: 11 – 16
Thomson, J. A. et al.	"Embryonic Stem Cells Derived from Human Blastocysts" in: Science 1998; 282: 1145-1147
ders.	"Isolation of a primate embryonic stem cell lines" in: PNAS 1995; 92: 7844 – 7848

ders.	"Pluripotent cell lines derived from common marmoset (Callithrix jacchus) blastocysts" in: Biology of Reproduction 1996; 5: 254 - 259
Tinneberg, Hans Rudolf (Hrsg.)	Grundlagen, IVF, ethische und juristische Aspekte Stuttgart, New York 1995
Tettinger, Peter J.	„Die Charta der Grundrechte der Europäischen Union" in: NJW 2001, 1010 – 1015
Trechsel, Stefan Egeter, Istok	Schweizerisches Strafgesetzbuch vom 21. Dezember 1931 Kurzkommentar 2. Auflage, Zürich 1997
Tröndle, Herbert Fischer, Thomas	Strafgesetzbuch und Nebengesetze 53. Auflage, München 2006
Ulmer, Claus-Dieter	Embryonenschutz durch Bußgeldtatbestände? Zugleich ein Beitrag zur Diskussion um das Verhältnis von Strafrecht und Ordnungswidrigkeitenrecht. Diss. iur. Tübingen 1995
United Nations Educational, Scientific and Cultural Organization	International Bioethics Committee: The Use of Embryonic Stem Cells in Therapeutic Research, Paris 2001
Viebahn, Christoph	„Achsenbildung und Individuation während der embryonalen Entwicklung des Menschen" in: Ludger Honnefelder/Christian Streffer, Jahrbuch für Wissenschaft und Ethik Band 5 (2000), S. 277 – 290 Berlin 2000
Graf Vitzthum, Wolfgang	„Gentechnologie und Menschenwürde" in: MedR 1985, S. 250 – 257
ders.	„Die Menschenwürde als Verfassungsbegriff" in: JZ 1985, S. 201 – 252

ders. „Gentechnik und Grundgesetz“
in: Festschrift Günter Dürig, hrsgg. von Hartmut Maurer, S. 185 – 206, München 1990

Vogel, Gretchen “Stem Cells: New Excitement, Persitent Questions”
in: Science 2000; 290: 1672-1673

dies. “Can old cells learn new tricks?”
in: Science 2000; 287: 1418 – 1419

Wakayama, T. et al. “Full-term development of mice from enucleated oocytes injected with cumulus cell nuclei”
in: Nature 1998; 394: 369-374

Warnock, Mary A question of Life.
The Warnock Report on Human Fertilisation and Embryology
Oxford 1985

Wilmut, Ian et al. “Viable offspring derived from fetal and adult mammalian cells“
in: Nature 1997; 385: 810-813

Winnacker, Ernst-Ludwig „Niemand will den Menschen die Utopien nehmen“
in: FAZ vom 15. Dezember 2001/Nr. 292, S. 44

Winter, Stefan F.
Fenger, Hermann
Schreiber, Hans-Ludwig Genmedizin und Recht
München 2001

ders. siehe auch *Honnefelder, Ludger*

Wobus, A. M. „Entwicklungskompetenz embryonaler Stammzellen – Gegenwärtige und zukünftige Anwendungen“
in: nova acta leopoldina 2000, Nr. 318, Bd. 83, S. 59 – 77

Wolf, Eckhard — „Kerntransfer und Reprogrammierung"
in: Wolf – Michael Catenhusen (Hrsg.), Humane Stammzellen,
S. 83 – 95, Stuttgart 2001

Wolfrum, Rüdiger
Zeller, Alissa — Gutachten zur Einfuhr von humanen toti- und pluripotenten Stammzellen aus dem Ausland nach Deutschland zu wissenschaftlichen Zwecken, 1999

ders. — Forschung an humanen Stammzellen: ethische und juristische Grenzen
in: APuZ, B27/2001, S. 3-6

Young, L. E. et al. — "Epigenetic change in IGF2R is associated with fetal overgrowth after sheep embryo culture"
in: Nature Genetics 2001; 27: 153 – 154

Zülicke, Freddy — Chancen und Risiken von Gentechnik und Reproduktionsmedizin
in Medizinethische Schriften, Heft 118
Bochum September 1998

Die Reihe RECHT UND MEDIZIN wird von den Professoren Deutsch (Göttingen), Laufs (Heidelberg) und Schreiber (Göttingen) herausgegeben. Ihre Aufgabe ist es, Monographien und Dissertationen auf dem Gebiet des medizinischen Rechts zu veröffentlichen. Dieses Gebiet, das an Bedeutung noch zunehmen wird, umfaßt auf der juristischen Seite sowohl zivilrechtliche als auch straf- und öffentlich-rechtliche Fragestellungen. Die Fragen können von der juristischen oder von der medizinischen Seite aus untersucht werden. Übergreifendes Ziel ist es, den medizin-rechtlichen Fragen nicht etwa ein gängiges juristisches Denkschema überzuwerfen, sondern die besonderen Probleme der Regelung medizinischer Sachverhalte eigenständig aufzufassen und darzustellen.

Die Adressen der drei Herausgeber sind:

Prof. Dr. Dr. h.c. Erwin Deutsch (Zivilrecht und Rechtsvergleichung)
Höltystraße 8
37085 Göttingen

Prof. Dr. Dr. h.c. Adolf Laufs (Zivilrecht und Rechtsgeschichte)
Kohlackerweg 12
69151 Neckargemünd

Prof. Dr. Dr. h.c. Hans-Ludwig Schreiber (Strafrecht und Rechtstheorie)
Grazer Str. 14
30519 Hannover

RECHT UND MEDIZIN

Band 1 Erwin Deutsch: Das Recht der klinischen Forschung am Menschen. Zulässigkeit und Folgen der Versuche am Menschen, dargestellt im Vergleich zu dem amerikanischen Beispiel und den internationalen Regelungen. 1979.

Band 2 Thomas Carstens: Das Recht der Organtransplantation. Stand und Tendenzen des deutschen Rechts im Vergleich zu ausländischen Gesetzen. 1979.

Band 3 Moritz Linzbach: Informed Consent. Die Aufklärungspflicht des Arztes im amerikanischen und im deutschen Recht. 1980.

Band 4 Volker Henschel: Aufgabe und Tätigkeit der Schlichtungs- und Gutachterstellen für Arzthaftpflichtstreitigkeiten. 1980.

Band 5 Hans Lilie: Ärztliche Dokumentation und Informationsrechte des Patienten. Eine arztrechtliche Studie zum deutschen und amerikanischen Recht. 1980.

Band 6 Peter Mengert: Rechtsmedizinische Probleme in der Psychotherapie. 1981.

Band 7 Hazel G.S. Marinero: Arzneimittelhaftung in den USA und Deutschland. 1982.

Band 8 Wolfram Eberbach. Die zivilrechtliche Beurteilung der *Humanforschung*. 1982.

Band 9 Wolfgang Deuchler: Die Haftung des Arztes für die unerwünschte Geburt eines Kindes ("wrongful birth"). Eine rechtsvergleichende Darstellung des amerikanischen und deutschen Rechts. 1984.

Band 10 Hermann Schünemann: Die Rechte am menschlichen Körper. 1985.

Band 11 Joachim Sick: Beweisrecht im Arzthaftpflichtprozeß. 1986.

Band 12 Michael Pap: Extrakorporale Befruchtung und Embryotransfer aus arztrechtlicher Sicht; insbesondere: Der Schutz des werdenden Lebens in vitro. 1987.

Band 13 Sabine Rickmann: Zur Wirksamkeit von Patiententestamenten im Bereich des Strafrechts. 1987.

Band 14 Joachim Czwalinna: Ethik-Kommissionen - Forschungslegitimation durch Verfahren. 1987.

Band 15 Günter Schirmer: Status und Schutz des frühen Embryos bei der *In-vitro*-Fertilisation. Rechtslage und Diskussionsstand in Deutschland im Vergleich zu den Ländern des angloamerikanischen Rechtskreises. 1987.

Band 16 Sabine Dönicke: Strafrechtliche Aspekte der Katastrophenmedizin. 1987.

Band 17 Erwin Bernat: Rechtsfragen medizinisch assistierter Zeugung. 1989.

Band 18 Hartmut Schulz: Haftung für Infektionen. 1988.

Band 19 Herbert Harrer: Zivilrechtliche Haftung bei durchkreuzter Familienplanung. 1989.

Band 20 Reiner Füllmich: Der Tod im Krankenhaus und das Selbstbestimmungsrecht des Patienten. Über das Recht des nicht entscheidungsfähigen Patienten, künstlich lebensverlängernde Maßnahmen abzulehnen. 1990.

Band 21 Franziska Knothe: Staatshaftung bei der Zulassung von Arzneimitteln. 1990.

Band 22 Bettina Merz: Die medizinische, ethische und juristische Problematik artifizieller menschlicher Fortpflanzung. Artifizielle Insemination, In-vitro-Fertilisation mit Embryotransfer und die Forschung an frühen menschlichen Embryonen. 1991.

Band 23 Ferdinand van Oosten: The Doctrine of Informed Consent in Medical Law. 1991.

Band 24 Stephan Cramer: Genom- und Genanalyse. Rechtliche Implikationen einer "Prädiktiven Medizin". 1991.

Band 25 Knut Schulte: Das standesrechtliche Werbeverbot für Ärzte unter Berücksichtigung wettbewerbs- und kartellrechtlicher Bestimmungen. 1992.

Band 26 Young-Kyu Park: Das System des Arzthaftungsrechts. Zur dogmatischen Klarstellung und sachgerechten Verteilung des Haftungsrisikos. 1992.

Band 27 Angela Könning-Feil: Das Internationale Arzthaftungsrecht. Eine kollisionsrechtliche Darstellung auf sachrechtsvergleichender Grundlage. 1992.

Band 28 Jutta Krüger: Der Hamburger Barmbek/Bernbeck-Fall. Rechtstatsächliche Abwicklung und haftungsrechtliche Aspekte eines medizinischen Serienschadens. 1993.

Band 29 Alexandra Goeldel: Leihmutterschaft – eine rechtsvergleichende Studie. 1994.

Band 30 Thomas Brandes: Die Haftung für Organisationspflichtverletzung. 1994.

Band 31 Winfried Grabsch: Die Strafbarkeit der Offenbarung höchstpersönlicher Daten des ungeborenen Menschen. 1994.

Band 32 Jochen Markus: Die Einwilligungsfähigkeit im amerikanischen Recht. Mit einem einleitenden Überblick über den deutschen Diskussionsstand. 1995.

Band 33 Meltem Göben: Arzneimittelhaftung und Gentechnikhaftung als Beispiele modernen Risikoausgleichs mit rechtsvergleichenden Ausblicken zum türkischen und schweizerischen Recht. 1995.

Band 34 Regine Kiesecker: Die Schwangerschaft einer Toten. Strafrecht an der Grenze von Leben und Tod – Der Erlanger und der Stuttgarter Baby-Fall. 1996.

Band 35 Doris Voll: Die Einwilligung im Arztrecht. Eine Untersuchung zu den straf-, zivil- und verfassungsrechtlichen Grundlagen, insbesondere bei Sterilisation und Transplantation unter Berücksichtigung des Betreuungsgesetzes. 1996.

Band 36 Jens-M. Kuhlmann: Einwilligung in die Heilbehandlung alter Menschen. 1996.

Band 37 Hans-Jürgen Grambow: Die Haftung bei Gesundheitsschäden infolge medizinischer Betreuung in der DDR. 1997.

Band 38 Julia Röver: Einflußmöglichkeiten des Patienten im Vorfeld einer medizinischen Behandlung. Antezipierte Erklärung und Stellvertretung in Gesundheitsangelegenheiten. 1997.

Band 39 Jens Göben: Das Mitverschulden des Patienten im Arzthaftungsrecht. 1998.

Band 40 Hans-Jürgen Roßner: Begrenzung der Aufklärungspflicht des Arztes bei Kollision mit anderen ärztlichen Pflichten. Eine medizinrechtliche Studie mit vergleichenden Betrachtungen des nordamerikanischen Rechts. 1998.

Band 41 Meike Stock: Der Probandenschutz bei der medizinischen Forschung am Menschen. Unter besonderer Berücksichtigung der gesetzlich nicht geregelten Bereiche. 1998.

Band 42 Susanne Marian: Die Rechtsstellung des Samenspenders bei der Insemination / IVF. 1998.

Band 43 Maria Kasche: Verlust von Heilungschancen. Eine rechtsvergleichende Untersuchung. 1999.

Band 44 Almut Wilkening: Der Hamburger Sonderweg im System der öffentlich-rechtlichen Ethik-Kommissionen Deutschlands. 2000.

Band 45 Jonela Hoxhaj: Quo vadis Medizintechnikhaftung? Arzt-, Krankenhaus- und Herstellerhaftung für den Einsatz von Medizinprodukten. 2000.

Band 46 Birgit Reuter: Die gesetzliche Regelung der aktiven ärztlichen Sterbehilfe des Königreichs der Niederlande – ein Modell für die Bundesrepublik Deutschland? 2001.
2. durchgesehene Auflage 2002.

Band 47 Klaus Vosteen: Rationierung im Gesundheitswesen und Patientenschutz. Zu den rechtlichen Grenzen von Rationierungsmaßnahmen und den rechtlichen Anforderungen an staatliche Vorhaltung und Steuerung im Gesundheitswesen. 2001.

Band 48 Bong-Seok Kang: Haftungsprobleme in der Gentechnologie. Zum sachgerechten Schadensausgleich. 2001.

Band 49 Heike Wachenhausen: Medizinische Versuche und klinische Prüfung an Einwilligungsunfähigen. 2001.

Band 50 Thomas Hasenbein: Einziehung privatärztlicher Honorarforderungen durch Inkassounternehmen. 2002.

Band 51 Oliver Nowak: Leitlinien in der Medizin. Eine haftungsrechtliche Betrachtung. 2002.

Band 52 Christina Herrig: Die Gewebetransplantation nach dem Transplantationsgesetz. Entnahme – Lagerung – Verwendung unter besonderer Berücksichtigung der Hornhauttransplantation. 2002.

Band 53 Matthias Nagel: Passive Euthanasie. Probleme beim Behandlungsabbruch bei Patienten mit apallischem Syndrom. 2002.

Band 54 Miriam Ina Saati: Früheuthanasie. 2002.

Band 55 Susanne Schneider: Rechtliche Aspekte der Präimplantations- und Präfertilisationsdiagnostik. 2002.

Band 56 Uta Oelert: Allokation von Organen in der Transplantationsmedizin. 2002.

Band 57 Jens Muschner: Die haftungsrechtliche Stellung ausländischer Patienten und Medizinalpersonen in Fällen sprachbedingter Mißverständnisse. 2002.

Band 58 Rüdiger Wolfrum / Peter-Tobias Stoll / Stephanie Franck: Die Gewährleistung freier Forschung an und mit Genen und das Interesse an der wirtschaftlichen Nutzung ihrer Ergebnisse. 2002.

Band 59 Frank Hiersche: Die rechtliche Position der Hebamme bei der Geburt. Vertikale oder horizontale Arbeitsteilung. 2003.

Band 60 Hartmut Schädlich: Grenzüberschreitende Telemedizin-Anwendungen: Ärztliche Berufserlaubnis und Internationales Arzthaftungsrecht. Eine vergleichende Darstellung des deutschen und US-amerikanischen Rechts. 2003.

Band 61 Stefanie Diettrich: Organentnahme und Rechtfertigung durch Notstand? Zugleich eine Untersuchung zum Konkurrenzverhältnis von speziellen Rechtfertigungsgründen und rechtfertigendem Notstand gem. § 34 StGB. 2003.

Band 62 Anne Elisabeth Stange: Gibt es psychiatrische Diagnostikansätze, um den Begriff der schweren anderen seelischen Abartigkeit in §§ 20, 21 StGB auszufüllen? 2003.

Band 63 Christiane Schief: Die Zulässigkeit postnataler prädiktiver Gentests. Die Biomedizin-Konvention des Europarats und die deutsche Rechtslage. 2003.

Band 64 Maike C. Erbsen: Praxisnetze und das Berufsrecht der Ärzte. Der Praxisverbund als neue Kooperationsform in der ärztlichen Berufsordnung. 2003.

Band 65 Markus Schreiber: Die gesetzliche Regelung der Lebendspende von Organen in der Bundesrepublik Deutschland. 2004.

Band 66 Thela Wernstedt: Sterbehilfe in Europa. 2002.

Band 67 Axel Thias: Möglichkeiten und Grenzen eines selbstbestimmten Sterbens durch Einschränkung und Abbruch medizinischer Behandlung. Eine Untersuchung aus straf- und betreuungsrechtlicher Perspektive unter besonderer Berücksichtigung der Problematik des apallischen Syndroms. 2004.

Band 68 Jutta Müller: Ärzte und Pflegende, die keine Organe spenden wollen. Transplantatmangel muss nicht sein. 2004.

Band 69 Ihna Link: Schwangerschaftsabbruch bei Minderjährigen. Eine vergleichende Untersuchung des deutschen und englischen Rechts. 2004.

Band 70 Susann Tiebe: Strafrechtlicher Patientenschutz. Die Bedeutung des Strafrechts für die individuellen Patientenrechte. 2005.

Band 71 Jörg Gstöttner: Der Schutz von Patientenrechten durch verfahrensmäßige und institutionelle Vorkehrungen sowie den Erlass einer Charta der Patientenrechte. 2005.

Band 72 Oliver Jürgens: Die Beschränkung der strafrechtlichen Haftung für ärztliche Behandlungsfehler. 2005.

Band 73 Stephanie Gropp: Schutzkonzepte des werdenden Lebens. 2005.

Band 74 Clemens Winter: Robotik in der Medizin. Eine strafrechtliche Untersuchung. 2005.

Band 75 Barbara Eck: Die Zulässigkeit medizinischer Forschung mit einwilligungsunfähigen Personen und ihre verfassungsrechtlichen Grenzen. Eine Untersuchung der Rechtslage in Deutschland und rechtsvergleichenden Elementen. 2005.

Band 76 Anastassios Kantianis: Palliativmedizin als Sterbebegleitung nach deutschem und griechischem Recht. 2005.

Band 77 Ulrike Morr: Zulässigkeit von Biobanken aus verfassungsrechtlicher Sicht. 2005.

Band 78 Nora Markus: Die Zulässigkeit der Sectio auf Wunsch. Eine medizinische, ethische und rechtliche Betrachtung. 2006.

Band 79 Michael Benedikt Nagel: Die ärztliche Behandlung Neugeborener – Früheuthanasie. 2006.

Band 80 Regina Leitner: Sterbehilfe im deutsch-spanischen Rechtsvergleich. 2006.

Band 81 Martin Berger: Embryonenschutz und Klonen beim Menschen – Neuartige Therapiekonzepte zwischen Ethik und Recht. Ansätze zur Entwicklung eines neuen Regelungsmodells für die Bundesrepublik Deutschland. 2007.

Band 82 Amelia Kuschel: Der ärztlich assistierte Suizid. Straftat oder Akt der Nächstenliebe? 2007.

www.peterlang.de

Printed by
CPI books GmbH, Leck

MIX
Papier | Fördert gute Waldnutzung
FSC® C083411

Kolibri 360 GmbH
Ferdinand-Jühlke-Straße 7
99095 Erfurt, Deutschland
produktsicherheit@kolibri360.de